마인드 육아의 힘

마인드 육아의 힘

ADVANCED PARENTING

아픈 아이, 느린 아이와
도전을 함께 헤쳐 나가는
더 깊고 특별한 육아법

켈리 프레이딘 지음 · 석혜미 옮김

라이프앤페이지
Life&Page

ADVANCED PARENTING

힘든 도전을 마주한 세상의 모든 부모에게

- 켈리 프레이딘Kelly Fradin

추천의 글

현역 소아과 전문의인 저자, 켈리 프레이딘 박사는 어릴 때 희귀종양 치료를 받았는데, 당시 그녀의 부모는 딸이 힘든 치료를 잘 받을 수 있을까 걱정이 태산이었다. 하지만 어린 켈리의 관심은 오직 "그래도 놀 수는 있죠?"였다. 부모와 아이의 눈높이는 다르다. 부모 자녀 사이에 항상 소통을 강조하는 이유다. 육아 과정에서 부모는 학교, 병원, 지역사회와도 소통해야 한다. 육아는 즐거우면서도 힘든 여정이다. 특히 아이가 아프면 불안, 슬픔, 공포, 스트레스 등 정신건강 문제가 부록처럼 따라온다. 프레이딘 박사는 아픈 자녀와 함께 병을 이겨내기 위해 다양한 소통을 위한 육아 전략을 꼼꼼하게 제시한다. 끝없이 쏟아지는 의료정보와 수많은 의료기관 중에 선택은 부모 몫으로 돌아오는 현실에서, 현장에서 이러한 문제에 맞닥뜨린 가족을 만나면서 함께 고민하며 터득한 엄청난 지혜를 이 한 권의 책을 통해 내려 받을 수 있는 것은 대단한 행운이다.

ー 반건호(ADHD 대표 전문가, 경희대 소아정신과 교수)

중학생인 나의 둘째 아이는 틱 장애를 5년째 치료 중이며, ADHD와 소아우울증을 앓았고, 지적장애 판정을 받은 특별한 이력을 가졌다. 그로 인해 엄마인 내 삶도 특별해졌다. 검사, 진단, 치료를 반복하는 중이며, 학교도 학원도 그 어느 것도 쉽지 않다. 저자가 이 책의 독자로 설정한 '힘든 도전을 마주한 세상의 모든 부모' 중 한 사람이 바로 나일 것이다. 그런 아이를 키우고 책임져야 하는 내 일상이 온통 걱정으로 가득한 건 어찌 보면 당연한 일이다. 그런 나는 온 신경이 아이의 문제에 집중되어 사소한 일 하나하나를 응급 상황으로 여기는 실수를 범하곤 했다. 그게 아이를 위한 최선이 아니라는 점을 알면서도 말이다. 이 책은 도움과 치료가 필요한 아이의 양육이라는 나처럼 힘든 도전 과정에 있는 부모가 어떤 마음가짐으로 아이를 양육하고 스스로의 몸과 마음을 어떻게 건강하게 유지할 수 있을지에 관한 넓고 깊은 지침서이다. 단단하게 기초를 다지고, 지금 해야 할 것들을 시작하고, 감당하기 어려운 부모 자신의 감정과 번아웃에서 스스로를 지켜내면서도 의지가 꺾이지 않고 계속 나아갈 방법을 알려주면서 따뜻한 용기를 주고 있다. 부모는 아이를 가장 잘 알고 효과적으로 지원할 수 있다는 점에 자부심을 느껴야 한다는 저자의 주장에 깊이 공감했고, 그럼에도 주변에는 언제나 도움을 주려는 사람이 있다는 사실을 떠올려준 점에 깊이 감사했다. 특별한 아이로 인해 좁아진 마음으로 자기 연민에 빠졌던 지난날의 내 모습을 돌아보게 되었고, 앞으로 남은 부모로서의 삶을 어떻게 살아가야 할까에 관해 멈추어 생각하며 마음이 뜨거워졌다.

— 이은경(전 초등교사, 자녀교육 베스트셀러 저자)

이 독특하고 아름다운 책에서 프레이딘 박사는 환자, 부모, 그리고 전문가로서의 진심 가득한 개인적인 경험을 담아 부모들이 절실하게 필요로 했던 정보를 제공한다.

— 에드워드 할로웰(하버드 의과대학 교수, 《ADHD 2.0》《하버드 집중력 혁명Driven To Distraction At Work》 저자)

이 책은 장기, 단기, 의료, 정서 등 거의 모든 종류의 도전을 마주한 자녀를 둔 부모에게 주는 신의 선물이다. 이 책을 통해 부모들은 더 용감하고, 더 똑똑하고, 현실적이면서도 낙관적으로 느끼게 될 것이다. 소아암을 앓았던 어린 시절, 수많은 아이들을 진료한 소아과 의사, 그리고 '자녀의 아픔을 이해하는 엄마'로서 저자의 공감과 경험에서 빚어진 실질적인 조언은 도움이 필요한 누군가를 안심시키며 강력한 빛을 발한다!

— 리노어 스커네이지(Let Grow 회장, 자유로운 아이들Free-Range Kids 운동의 창시자)

예기치 않게 복잡한 육아 여정에 직면한 사람들을 위한 치료제이다. 우리는 결코 혼자가 아니며 폭풍을 헤쳐 나갈 길이 있다는 것을 명확히 알려준다.

— 푸자 레스키지(정신과 의사, 《리얼셀프케어Real Self-Care》 저자, Gemma의 CEO 겸 설립자)

이 책은 특별한 도전을 받는 부모의 도구 상자에서 가장 필수적인 무기고이다.

— 지비 오웬스(Moms Don't Have Time to Read Books 팟캐스트, 《북엔드Bookends》 저자)

육아는 늘 어려운 일이다. 게다가 발달 과정이 다르거나, 진단이 어려운 아이를 키우는 경우에는 훨씬 더 복잡하다. 어려움을 겪는 가족을 지원하는 데 필요한 모든 정보를 담고 있는, 철저하고 사려 깊은 책이다.

— 멜린다 모이어(《바보가 아닌 아이 키우기How to Raise Kids Who Aren't Assholes》 저자)

차 례

추천의 글   **06**

한국어판 서문 · 그 어느 곳에서든 당신을 응원하기 위해   **12**

서문 · 진정 필요한 도움의 손길   **16**

PART 1
단단하게 기초 다지기

1장 · 문제를 대하는 나의 태도 알아보기   **31**

무엇을 가지고 도전에 임할 것인가? / '적당히' 걱정하기 / 부정하는 마음 / 세상이 끝나는 것은 아니다 / 파국화의 이유와 멈추는 법 / 어디에 에너지를 쏟아내고 있는가?

2장 · 우선순위를 정하는 것이 중요하다   **65**

보편적 욕구에 대한 것 / 특수한 욕구에 대한 것 / 욕구가 버거울 때 / 우선순위 조정하기 / 관련 전문가들의 의견을 하나로 만들기

3장 · 의학과 교육 정보 이해하고 파악하기   **96**

약물치료 / 진료 의뢰서에 대한 오해와 진실 / 배에 사공이 많을 때 / 후속 진료에 대한 생각 / 정신건강 문제에 대해 / 학교와의 협업은 어떻게 해야 할까?

4장 · 큰 그림으로 보는 도전의 과정   **128**

패턴 파악하기 / 부모에게만 보인다 / 미래의 불확실성 관리하기 / 주의 깊게 지켜보며 기다려도 되는 경우 / 현명하게 에너지 사용하기

PART 2
지금 우리가 해야 할 것들

———————————∞

5장 · 아이의 심리적 공간과 발달 단계 존중하기　　　151

단계별 특수한 고려 사항 / 육아의 갈등 해결하기 / 마음을 열고
소통하기 / 가능하면 부모의 어려움을 아이에게 전하지 말기 / 아
이에게 발언권과 통제력을 주자

6장 · 끊임없이 배워야 하는 이유　　　173

자료 조사와 의사를 최대한 활용하기 / 철저한 조사의 다음 단계
는 / 정보가 잘못되었다면 / 소셜네트워크의 이점─온라인과 오프
라인 / 정보 조사는 언제까지 해야 될까?

7장 · 도구, 기술, 정보를 활용하는 법　　　196

걱정은 노동이다 / 간호와 관련된 가족의 불균형 / 성과를 최적화
할 기술 / 시간 관리 계획은 어떻게 이루어질까? / 계획적인 시간
소비를 막는 장애물 / 의사소통: 학습자 주도 교육 / 조직적으로
접근하기

8장 · 혼자 다 감당하지 않고 균형 찾기　　　224

공동 양육자가 있어야 하는 이유 / 공동 양육자와 성공적으로 협
업하기 / 가족 밖에서 도움 받기 / 아이의 형제자매는 작은 조력자
여야 할까?

PART 3
부모와 아이의 감정 들여다보기

9장 · 감당하기 어려운 감정과 번아웃에서 나를 지키는 법　**251**

슬픔과 비탄 / 슬픔을 딛고 나아가는 과정 / 과거의 방식 / 죄책감의 모습으로 / 죄책감으로 인한 스트레스 / 공포와 불안 / 분노에는 이유가 있다 / 수치심에서 벗어나려면 / 번아웃이 왔다 / 부모의 번아웃 / 번아웃의 고리를 끊는 법 / 기분이 나아지려면 어떻게 해야 할까? / 대처 기술은 어떤 것이 있을까? / 이미지 떠올리기 / 유머를 발산할 수단을 찾자

10장 · 아이의 감정을 이해하게 되면　**300**

아이가 단호히 거부할 때 / 아이가 문제를 말하지 않거나 말할 수 없을 때 / 저항이 더 큰 문제의 징후일까?

11장 · 트라우마를 내려놓고 회복하는 삶으로　**317**

과연 이것이 트라우마가 맞을까? / 일반적인 트라우마 증상 / 트라우마를 마주하는 증거 기반의 치료법 / 기쁨을 찾으려면

PART 4
도전 이후 삶은 계속된다

12장 · 좋은 계획의 모든 것   **337**

모든 일을 해낼 수는 없다 / 안전 문제는 어떨까? / 감독하기의 중
요성 / 사회적, 감정적 행복 찾기 / 앞으로 일어날 일을 예측해보자

13장 · 의지가 꺾이지 않고 나아갈 수 있도록   **357**

내적 동기 최대화 / 외적 동기 고려하기 / 큰 목표 쪼개기 / 지역
사회, 함께하는 사람들에게 기대기

글을 마치며 · 도전을 향한 목소리들이 모여   **368**

참고 문헌   **373**

그 어느 곳에서든
당신을 응원하기 위해

아이를 위해 더 많이 배우고 도움을 얻기 위한 관심으로 이 책을 선택해주신 것에 대해 영광스러운 마음을 가장 먼저 전합니다. 이 책은 어릴 적 소아암을 앓았던 환자이자 현재 두 아이의 부모로서 건강과 교육 문제를 헤쳐 나갔던 경험, 또 병원을 찾은 부모들이 당황스러운 마음을 감추지 못한 채 불안과 혼란스러움에 압도되어 병원을 나서는 것을 지켜보며 얻은 소아과 의사로서의 경험에서 시작되었습니다.

저는 소아과 의사로서의 대부분의 경력을 사우스 브롱크스에서 쌓았는데, 그때 전 세계에서 온 다양한 국적의 사람들을 만났습니다. 이때 저는 문화적 차이를 이해하는 역량과 의사로서 겸손해야 할 필요성을 배웠습니다. 자녀를 돌보는 과정에서 목표와 지향점은 가족마다 다를 수 있습니다. 제가 의료 전문가라고 해서 모두에게 가장 좋은 것이 무엇인지 다 알고 있지는 않습니다. 실제로 의사로서 아이와 부모의 삶으로 밀착해서 들어가 가치 및 우선순위에 대해 배울 기회를 갖기 전까지는 누구에게나 조언을 하는 것이 어렵다는 것을 경험을 통해 깨달았습니다.

아쉽게도 저는 한국에 간 적이 없고, 한국에서 아이들의 건강과 교육 문제에 직면하는 것이 어떤 것인지 조금밖에 알지 못합니다. 그러나 제가 확실히 아는 것은, 미국에 있든 전 세계 어느 곳에 있든 대부분의 아픈 아이를 둔 부모가 자신들에게 필요한 도움을 받는 데 어려움을 겪고 있다는 사실입니다. 아이에게 닥친 시련 속에서 부모가 흔들리지 않고 방향을 잡고 가야 할 때 엄청난 감정소모와 불안을 감당해야 하지만 어떻게 이 길을 헤쳐 가야 하는지 그 모든 것은 부모의 손에만 쥐어져 있습니다. 소아과 의사는 진료실 밖으로 나가 아이의 생활 속으로 들어가거나 학교에서 직면하는 문제를 보지 않습니다. 결국 부모는 아이에 관한 모든 책임을 홀로 져야 하는 느낌을 받게 됩니다.

천식, ADHD, 알레르기, 아토피, 발달 지연, 소아우울증 등 성장하면서 크고 작은 도전을 경험하는 아이들이 전체 아동 인구에서 상당한 비율을 차지합니다. 이 아이들이 지원할 자원을 찾는 데 어려움이 있을 때 어떻게 할 수 있을까요? 엄청난 스트레스를 받는 상황이지만 분명 할 수 있는 일은 많이 있습니다. 그리고 예상치 못한 이 도전 속에서 많은 것을 이루어 나갈 수 있습니다. 연구와 교육을 통해 아이에게 무슨 일이 일어나고 있는지, 어떻게 아이를 도울 수 있는지 잘 이해할 수 있습니다. 아이의 삶에 놓인 다른 이해관계자, 조부모, 교사 및 돌봄 인력과 대화하면 긍정적인 영향을 미칠 수 있습니다. 아이를 위한 최상의 큰 그림 계획을 생각하면서 하나씩 해결해나가면 시간이 지나면서 천천히, 그렇지만 확실하게 느낄 수 있을 것입니다. 우리가 정말 원했던, 필요한 것을 얻을 수 있다는 것을요. 무엇보다 부모는 무관심과 사회적 고립감 속에 병원과 학교, 지역사회의 틀 안에서 아이의 치료만을 따라가야 하는 무력한 존재가 아니라, 아이를 가장 잘 알고 이해하는 제1의 전문가로서 능동적인 참여와 생생한 목소리를 통해 내 아이의 성장을 이끌며, 가족의 인생을 지지하고, 내 삶을 일으키고, 사회를 변화시키는 강력한 힘이 있는 존재입니다. 이것을 꼭 말하고 싶었습니다.

이 책은 아이를 위해 모든 것을 감당해야 하는 부모를 심층적으로 지원하고 도움이 되기 위해 쓰였습니다. 저의 경험과 애정 어린 마음, 실질적인 제안과 함께 다른 가족의 경험을 참고삼아 힘이 될 이야기를 발견하게 되기를 바랍니다. 책 속의 모든 것은 가족에게 필요한 것을 선택하기 위한 유용한 도구 상자가 될 것입니다. 아이를 가장 잘 돕기 위해 필요한 지원을 계속 찾아가면서 자신감이 높아지고 이로 인해 단단한 마음이 생기길 바랍니다.

쉽지는 않지만 부모가 되는 것은 우리 인생에서 가장 중요한 일 중 하나입니다. 때때로 그렇게 느껴지지 않더라도, 당신은 아이에게 가장 좋은 부모입니다.

-진심을 담아
켈리

진정 필요한 도움의 손길

2014년 어느 화창한 날, 뉴욕 지하철로 퇴근 중이었다. 당시 나는 몬테피오레 어린이병원 소아과 복합치료 팀에서 일했다. 소아과 의사, 간호사, 사회복지사, 치료 코디네이터로 이뤄진 우리 팀에서는 중증 환아를 지원했다. 장기이식, 선천성 심장병, 장기적인 호흡관 또는 산소호흡기가 필요한 만성 호흡부전 등 삶에 제약이 되는 심각한 질병을 앓는 경우에만 이 프로그램에 들어올 수 있었다. 또한 심각성이 덜하더라도 두 가지 질병이 있으면 지원 가능했다. 염증성 장질환과 뇌성마비 중 한 가지로는 자격이 되지 않았지만 동시에 앓고 있다면 복합치료 팀의 지원 대상이 되었다.

유독 힘든 일주일 중 특히 힘든 날이었다. 입원 중인 한 아이의 상태가 나아지지 않았다. 기존 유전병과 동반질병으로 인해 영양실조가 발생했다. 영양 상태가 좋지 않으니 영양보급관 주변 피부가 쉽사리 낫지 않았고, 영양보급관에 문제가 있으니 다시 영양실조가 심해졌다. 게다가 최근 감기에 걸리는 바람에 열이 내리고 산소호흡기가 필요하지 않을 때까지 다른 치료를 보류해야 했다. 치료 계획을 조정하는 회의가 한 시간 내내 이어졌다. 가족들은 왜 하필 지금 이런 일이 일어났는지 언성을 높이고 눈물을 보이면서도 의사, 영양학자, 위장병학자, 기타 관련자들의 서로 엇갈리는 조언 사이에서 최고의 계획을 세우려 애썼다.

새로운 분야

복합치료 분야의 소아과 의사로 일하는 느낌은 일반 소아과에서 느끼는 바와 크게 다르지 않다. 나는 아픈 아이와 그 가족을 돕기 위해 일했다. 더 위험하고 위급한 상황이 발생하고 증상이 복합적이었지만, 진단명이 더 많고 의료보험이 더 필요하다고 해도 결국 본질은 아이들과 가족을 돕는 일이었다. 진료 횟수가 많아서 좋은 점은 환아 가족에 관해 더 잘 알 수 있다는 것이다. 내가 담당한 아이들은 1년에 평균 4~8회 진료실을 찾았고 추가로 한두 차례 입원하였던 동안에도 만날 수 있었다. 환자와 함께 보내는 시간이 많아서 그들의 사정을 속속들이 알게 된 건 특권이었다. 지금 소아과 의사로서 아이가 아픈 가족의 삶에 대해 아는 것들 대부분은 그때 배웠다.

특히 힘든 날이면 퇴근할 무렵에서야 비로소 긴장을 풀고 하루를 돌아봤다. 그날도 지하철에 앉아 눈으로는 SNS를 대충 훑어보며 환자 가족의 일을 다시 생각하고 있었다. 어떻게 더 큰 도움이 될 수 있었을까 돌이켜보다가 이웃에 사는 친구의 전화를 받았다. 친구의 아들은 겨우 두 살에 극도의 호흡곤란을 동반한 감기를 몇 차례 겪은 끝에 천식 진단을 받았다. 친구는 왜 이런 일이 일어났는지, 왜 하필 지금인지 모르겠다며 남편과 시어머니, 소아과 의사, 새로운 호흡기내과 의사가 각자 다른 말을 하는 가운데 최선의 계획을 세우느라 머리가 아프다고 했다. 내가 매일 만나는 위중한 아이들에 비하면 천식은 비교적 쉬운 병이라는 생각이 먼저 스쳤다. 하지만 이야기를 나눠 보니 가족이 겪는 어려움에는 확실히 비슷한 면이 있었다.

그날 문제가 된 환자와 내 친구의 아들은 다른 장소에 있었다. 한 아이는 입원 상태로 중환자실에 들어가기 직전이었고, 한 아이는 놀이터에 있었다. 두 아이의 질병 역시 전혀 달랐다. 한 아이에겐 유전병이 있었고 한 아이의 질병은 환경 요인일 가능성이 컸다. 하지만 부모가 감당하는 스트레스는 비슷했다.

여기서 부모는 어떻게 상황을 정리하고, 이해하고, 앞으로 나아갈 수 있을까? 나는 두 가정을 다 도울 수 있었다. 현재 마주한 상황을 이해하고 아이의 병에 대해 조사하면서, 자신 있게 결정하는 데 필요한 자료를 찾도록, 앞으로 아이의 건강에 대해 적극적이고 선제적으로 대응할 팀을 구성하도록 도와줄 수 있었다.

그러나 동시에 15분에 불과한 진료 시간이나 병원 안내 문자 정도로는 그런 지원을 제대로 할 수 없다는 생각이 들었다. 어째서 환자 가족을 더 잘 도울 수 있는 시스템이 마련돼 있지 않은지 의문이었다. 육아는 힘들다. 부모는 아이를 너무 소중히 여겨서 모든 것이 완벽하게 계획대로 되길 바란다. 모든 발달상의 변화에 대비하고 필요한 것을 예측하면서 아이를 제대로 지원하고 싶어 한다. 그래서 전형적인 궤도를 벗어나면 육아는 더욱 힘들다.

우리 아이가 전형적인 발달 과정에서 벗어나거나 아이에게 정신적, 신체적 건강에 문제가 생기면 일상의 어려움은 더 커진다. 두려움과 불확실성이 삶을 압도하기 때문이다. 게다가 더 많은 도움이 필요한 아이를 키우는 부모를 위한 정보는 이상하게도 더 적다. 부모들은 그 어느 때보다 대량으로 쏟아지는 육아 콘텐츠의 홍수에 잠겨 있지만 대부분의 육아 조언은 영아 수면 교육부터 독립심이 싹트는 십대를 돕는 것까지 전형적인 궤도를 따르는 평균적인 아이에게 맞춰져 있다.

우리는 왜 그토록 많은 부모들이 인생에서 가장 힘든 시기를 표류하게 두는 것일까? 건강 문제가 있는 아이를 둔 가족은 역사적으로 언제나 편견을 마주했다. 조금은 더 포용적인 사회가 된 것은 감사한 일이지만, 아동의 약 3분의 1이 만성 질병을 경험하는데도 여전히 가용자원은 그에 따라오지 못하고 있다. 이제는 아픈 아이의 부모를 위한 플러스 알파 육아 기술 정보가 더 널리 알려져야 한다. 도전의 시기에 아이를 지원할 수 있는 심층 육아 기술 말이다.

도전 vs. 문제

이 책에서는 포용성을 위해 의도적으로 '도전'이라는 용어를 쓰려고 한다. 아이의 다리가 부러졌다면 보통은 곧 나을 것이다. 단기적 도전이다. 그래도 그 기간에 통증 관리 계획을 세우고 집 구조를 바꾸고 학교, 돌봄 서비스, 스포츠팀과 소통해야 한다. 그리고 종합병원 곳곳을 돌아다니며 다리가 나을 때까지 치료받아야 한다. 깁스를 풀어도 아이가 적응하고 회복하도록 지원이 필요하다. 의료인들은 이런 부상을 매일 보기 때문에 사소한 일로 생각할 수 있지만, 내 아이가 다치면 상황은 다르다. 생각하지 못했던 시간과 에너지를 투입해야 하는 응급 상황이다. 그 시간과 에너지는 어디서든 나와야 한다.

뇌성마비처럼 신체적 장애가 있는 아이를 돌보는 부모도 있다. 뇌성마비 환자는 어릴 때 뇌가 정상적으로 발달하지 못해 근육 협응력에 장애가 생긴다. 이는 장기적 도전이다. 이 경우에도 통증 관리 계획을 세우고 집 구조를 바꾸고 학교, 돌봄 서비스, 스포츠팀과 소통해야 한다. 그리고 종합병원 곳곳을 돌아다니며 치료받아야 한다. 아이의 적응과 회복을 위한 지원도 필요하다. 뇌성마비 환자와 다리가 부러진 아이를 돌보는 것이 같을까? 물론 그렇지 않다. 하지만 상황은 달라도 여러 과정을 헤쳐 나갈 때 필요한 기술은 비슷하다.

거의 10년 전부터 이 책을 구상했는데 처음 책의 구상 단계에서는 문제가 있는 가족을 도와야 한다고 생각했다. 어떤 도전은 문제처럼 느껴진다. 만성적 알레르기, 천식, 수술이 필요한 심장 결함, 부상 방지를 위해 통제되어야 할 행동 장애, 수술이 필요한 혈관종(적색 모반) 등이 그렇다. 이 책을 집어 들었다면, 현재 마주한 상황을 문제, 즉 삶에 방해가 되며 해결해야 할 부정적 요인으로 규정하고 있을 확률이 높다.

이 책이 필요한 사람들은 또 있다. 불안장애, 과잉행동, 자폐, 학습장애, 유전병 등을 가진 자녀를 키우는 경우다. 이러한 질병을 '교정'이 필요한 '문제'로 보는 시각이 편견을 확산한다는 사실을 분명히 말해두고 싶다. 나와 같은 의료인을 포함해서 우리 사회 구성원들은 장애가 있는 사람을 뭔가 '부족'하다고 치부하는 뿌리 깊은 장애인차별주의를 갖고 있다. 장애인차별주의는 인종차별주의나 성차별주의와 마찬가지로 해로운 고정관념과 배제의 시스템으로 이어진다. **어떤 차이는 개인의 정체성에 해당하며, 교정하려 하기보다는 받아들이고 포용해야 한다.** 일반적인 기본값을 벗어났기 때문에 앞으로 나아가기 위한 계획이나 도움이 필요할 수는 있지만, 진단받은 병이나 장애를 고치기보다 그것과 함께 잘 살아갈 길을 찾아야 할 때가 있다.

단순히 문제를 고치거나 해결하는 것이 아니라 아이와 부모를 포함한 가족 전체를 종합적으로 도와 험난하게 느껴지는 도전에도, 삶의 평화와 기쁨을 찾도록 하는 것이 내 목표다. 도전은 성장의 기회를 담고 있다. 한 사람의 어려움은 차이를 만들고 정체성을 만든다. 질병이나 장애는 개인이 삶을 경험하는 방식을 풍부하게 만들고 강화한다는 면에서 그 사람의 일부다. 나 역시 건강과 관련된 도전을 겪어보았기 때문에 이를 생생하게 절감한다.

어린 시절의 투병 이야기

네 살이었던 어머니날 전날 밤이었다. 나는 침대에서 떨어졌다. 가볍게 떨어졌을 뿐인데 엄청난 고통이 일었고, 급성충수염이 의심되어 긴급 수술에 들어갔다. 수술 결과 충수 감염은 없었지만 단순 추락으로는 설명할 수 없는 내출혈이 발견됐다. 의사들은 아동학대를 의심했고 출혈이 일어난 신장 제거에 동의하라고 압박했지만 부모님은 받아들이지 않았다. 당시 시골 병원에는 촬영 기술이 없었기 때문에 말도 안 되는 소리라고 생각한 것이다. 그래서 대형 병원에 가면 치료가 가능하리라 믿고 나를 비상계단으로 빼내어 노스캐롤라이나주 더럼에 있는 듀크 어린이병원에 데려갔다. 시간이 지나 소아과 의사이자 부모가 되고 보니 부모님이 얼마나 대단한 일을 했는지 알 것 같다. 건강하던 아이가 별안간 아파하는 당황스러운 상황에서, 부모님에겐 불확실성과 의료 전문가로부터 압박감에도 불구하고, 다른 계획을 시행할 확신을 가지고 있었던 것이다.

듀크 어린이병원 전문의들은 내가 '윌름스종양Wilms Tumor'이라는 희소 신장병을 앓고 있다고 진단했고 세계적인 수준의 치료 계획을 짜 주었다. 하지만 그때부터 우리 가족의 삶은 송두리째 뒤집혔다. 이 병원은 원래 살던 작은 마을에서 몇 시간 떨어진 곳에 있었다. 그래서 우리 가족은 뿔뿔이 흩어졌다. 아빠는 고향 집에 남아 일하며 가족을 부양했고 엄마는 일을 그만두고 듀크의 로널드 맥도널드 하우스(맥도널드에서 운영하는 자선단체, 환아와 아이들이 머물 수 있도록 병원 앞에 지어진 제2의 집 - 역주)에 들어가 병원 수속을 처리하고 내가 화학요법, 방사선 치료, 수술을 받는 동안 간호를 담당했다.

부모님의 엄청난 노력과 듀크 어린이병원 의료진, 로널드 맥도널드 하우스 덕분에 나는 병을 이겨냈다. 여섯 살에는 완전관해 진단을, 이어서 완치 판정을 받았다. 이후 성인이 되어 건강한 삶을 살고 있다. 이 경험을 통해 내게 가장 선명하게 남은 사실은 내 암 투병이 나보다는 엄마에게 훨씬 힘들었으리라는 것이다. 물론 주사를 맞고 수술을 받은 것은 나였으며, 머리를 밀고 가슴에 화학요법을 위한 이식형 관을 단 채 유치원에 들어간 것도 나였다. 그러나 엄마는 딸을 잃을까 봐 계속 두려워했다. 이것은 절대 완전히 사라지지 않는 강렬한 만성 스트레스였을 것이다. 코로나19가 창궐했을 때 나는 건강한 30대 후반이었고 엄마는 60대 초반이었지만 엄마는 여전히 내 건강을 걱정했다. 회복 후 수십 년이 지났는데도 내가 특별한 도움이 필요한 아이로 보였던 것이다. 그 강렬한 경험 때문에 말이다.

혼자가 아닌 길

나는 지금까지 도전을 마주한 가족들을 다각도에서 보았다. 소아과 의사로서 몇 년간 진료한 환자가 수천 명이다. 사랑하는 친구나 가족이 아파서 도와준 적도 있으며, 나 역시 암을 이겨내고 어른이 되었다. 이 책은 도전을 마주한 아이를 돕는 모든 과정을 다루려고 한다. 1부에서는 도전을 맞을 때의 준비와 우선순위를 생각해볼 것이다. 2부에서는 양육자가 이용할 시스템을 알아보고 이해한 뒤 큰 그림과 도와줄 사람들을 염두에 두고 계획을 짜는 법을 논의할 것이다. 3부에서는 가족 모두의 삶의 질을 개선하고 과정에서 기쁨을 찾는 전략을 다룬다. 4부에서는 종합적으로 계획을 확인하고 오랜 시간 지치지 않고 의욕을 유지하는 법을 이야기해보려고 한다.

부디 바라는 것은 이 책을 읽음으로써 시행착오를 거치는 과정을 줄이고 자신감을 얻게 되어 가족을 위해 옳은 결정을 할 수 있길 바란다. 일상의 사소한 변화가 전부인 작은 도전이든, 삶을 전체적으로 돌아보고 재구성해야 할 만큼 큰 도전이든 이 책의 일화와 정보가 도움이 되었으면 좋겠다. 처음으로 도전을 마주한 독자라면 이 책을 통해 이전에 비슷한 스트레스를 겪은 부모의 세계를 간접적으로 경험하며 육아에 필요한 시스템을 활용할 때 필요한 언어를 배울 것이다. 몇 년째 도전을 이어가며 이미 여기서 다룬 주제에 대해 여러 가지를 해결한 독자라면 책을 읽으면서 이제까지 거쳐온 길이 나와 가족 구성원에게 어떤 영향을 미쳤는지 생각해볼 수 있을 것이다.

어쩌면 자녀가 실제로 도전을 맞닥뜨린 것은 아니지만 혹시 그런 일이 생겼을 때 무엇을 알아야 할지 궁금하거나, 도전을 마주한 이웃 가족에게 어떤 도움을 베풀 수 있을지 고민하고 있는지도 모른다. 최대한 포용적인 시선으로 어떤 가족에게 닥칠 수 있는 광범위한 도전을 다뤘으나 특별한 상황과 경험의 구체적인 이야기를 모두 다룬 것은 아니다. 그러나 의도는 순수하다. 최대한 도움이 되고자 하는 것이다.

누구에게나 적용되는 내용을 담아야겠다고 결정한 이유는 두 가지다. 먼저, 유전병, 선천적 기형, 발달장애, (나처럼) 신장암 등 상대적으로 희소한 증상을 겪는 아이들이 많다는 사실이다. 환아 지원은 대부분 진단명을 기준으로 이뤄진다. 따라서 천식, 당뇨, 염증성 장질환 등 비교적 흔한 질병의 지원 공동체가 더 크고 활발하기 때문에 누구도 의도치 않았지만 희소병 환아 가족이 종종 소외되곤한다. 둘째, 도전을 마주한 부모들의 공통점은 생각보다 많다. 이러한 인간적 공통점에 집중하면 모두가 하나로 연결되어 있다는 사실을 깨달을 수 있다. 선천성 심장병, 미숙아, 영양보급관을 사용하는 아이 등 상황은 모두 다르지만, 진단명의 틀에서 벗어나면 다들 병원, 학교, 지역사회에서 아이를 지원한다는 공통점을 확인하고 연결망을 넓힐 수 있다. 그러면 **서로에게 배우고, 모든 구성원을 더 지원하고 이해하는 곳으로 우리 공동체를 가꿔 나갈 수 있을 것이다.**

어떤 상황에서도 혼자가 아니라는 사실을 기억하기를 바란다.

도전은 원래 고독한 경험이다. 아이의 사례가 특히 드물거나 사는 곳이 소도시라면 더욱 그렇다. 지역 의사나 가까운 학교 직원들은 같은 증상의 아이를 한 번도 본 적이 없고, 같은 경험을 했던 부모를 만나보기도 어렵다. 하지만 도전을 마주한 부모라면 누구나 심층 육아 기술을 필요로 한다. 성장호르몬 결핍인 아이와 헬멧이 필요한 사두증 환자이면서 발달이 지연된 아이는 서로 증상은 다르지만, 두 아이의 부모가 해당 증상과 관련하여 새로 밝혀지는 지식을 계속 조사해야 한다는 점은 같다. 아이가 자기 건강을 살필 수 있는 기술과 독립심을 길러줘야 할 책임도 같다. 또한 학교, 스포츠팀, 돌봄 인력과 협업하는 법을 알아야 하며, 아픈 아이에게 형제자매가 있다면 그 아이도 돌봐야 한다. 표면적으로 두 아이는 매우 다른 싸움을 하는 것 같지만, 더 깊은 차원에서 보면 비슷한 양상을 띠고 있다.

천식처럼 흔한 도전이라 해도 내 일이 되면 도전을 겪는 과정은 결코 평범하지 않다. 응급 상황을 겪은 아이가 트라우마에 시달리거나, 오히려 부모가 평생 예측할 수 없는 아이의 병과 함께 살아가야 한다는 사실을 받아들이지 못하기도 한다. 흔한 질병이라고 해도 각 가족의 경험은 특수하다. 표준적인 조언이나 15분 남짓한 진료는 가장 필요한 도움을 주지 못하고, 아이를 위한 최선의 계획을 짤 때 필요한 정보가 불충분하다고 느낄 수 있다.

부모의 힘

지금의 시스템은 부모가 아픈 아이를 지원하기 위해 시간과 에너지를 쏟아야 할 때 부모를 일종의 수동적인 피해자처럼 바라본다. 예를 들면 조산하여 신생아집중치료실에 오래 입원했다가 이후 여러 과를 돌며 물리치료와 영양치료 등을 받아야 하는 상황에서, 나쁜 사건이 일어났고 부모는 알아서 이 문제를 해결해야 한다. 우리는 어려운 시기를 겪는 이 부모에게 상황을 바꾸고 가족을 가로막는 장애물을 처리할 힘은 없다고 여긴다.

그러나 이 과정에서 부모가 가진 주체성에 집중하면 그들에게 힘을 실어줄 수 있다. 도전을 헤쳐 나가는 과정을 성취라고 전환해 생각해볼 수 있다. 물론 어렵겠지만, 실용적이고 중요한 방식으로 부모 자신과 아이에게 도움이 될 가치 있는 기술을 익힐 수 있다. 가족에게 일어나는 일을 수동적으로 지켜보는 대신 통제력을 가지고 어떻게 대처할지 선택할 수 있는 것이다. 변화를 촉구하는 목소리를 낼 수도 있다. 어려운 시기를 단지 지나가는 것이 아니라 그럼에도 불구하고 이 순간 역시도 삶의 질을 높일 수 있는 결정권이 주어진 것이다. 우리 가족에게 필요한 자원을 얻기 위한 움직임이 지역사회, 학교, 병원, 종합병원 시스템의 변화를 불러올 수 있다. 이러한 긍정적인 생각의 전환으로 이 여정을 함께해보자.

PART 1

단단하게
기초 다지기

문제를 대하는
나의 태도 알아보기

    내 딸은 조용한 아기였다. 상호작용을 곧잘 하고 사회성이 높았지만 옹알이하거나 소리를 내는 일은 드물었다. 예정일보다 일찍 태어나기도 했기에 나는 소아과 전문의로서 인내심을 가져야 한다고 생각했다. 그러나 엄마로서는 딸이 예상대로 발달하지 않아서 불안했다. 특히 첫째 아들과 차이가 컸다. 아이는 말소리나 환경소음에 오빠만큼 반응을 보이지 않았고, 직감적으로는 뭔가 잘못됐음을 알았다. 9개월 정기검진에서 청력검사를 요구했지만 의사는 만류했다. "따님은 괜찮아요. 귀에 염증도 없고 검사 결과도 정상이에요. 아이를 조금만 더 기다려 주시죠." 딸아이의 주치의 선생님은 발달 수준이 수용 가능 범위라며 추가 청력검사가 필요하지 않다고 판단했다. 주치의의 목적은 나를 막는 것이 아니었고 강력하게 요구했다면 소견서를 써주었을 것이다. 다만 아이가 옹알이를 시작하는지 좀 더 기다려보는 것이 불필요한 개입을 하지 않는 적절한 선택이라고 본 듯하다.

하지만 나는 여전히 주치의의 의견을 수긍할 수 없었다. 그래서 생후 1년 정기검진 몇 주 전에 따로 청력검사를 예약했다. 청력검사실에 들어간 딸아이는 요란하게 심벌즈를 쨍그랑대는 원숭이 인형에 반응하지 않았다. 청각에 문제가 있는 정도가 아니라 심각한 수준이었다. 알고 보니 중이에 만성적으로 물이 차서 꽤 심각한 청력 손실이 있었다. 주치의의 조언대로 기다렸다면 몇 년 뒤 유치원에 들어가서야 청력검사를 받았을지도 모른다. 그렇게 되면 이미 중요한 발달 과업을 놓친 후였을 것이다.

나 역시 소아과 전문의라서 왜 주치의가 검사를 보류했는지 전적으로 이해한다. 불필요한 소견서가 될 수 있으니 재량껏 판단한 것이다. 실제로 아이에게 청력 문제가 있다고 해도 당장 해결하든 3개월 후에 대처하든 큰 차이가 없으리라 생각했을 수도 있다. 소아과 의사는 하루에도 이런 판단을 수백 번 내리며 최선을 다한다. 그러나 엄마 입장이 되자 내 딸이 어떻게 세상과 상호작용하는지가 훨씬 더 중요한 일이 되었다. 딸아이가 소리를 듣고 가족과 소통하는 일을 조금이라도 늦추느니 불필요할지라도 검사에 시간을 낭비하는 편이 나았다. 체액을 제거하는 간단한 수술을 하고 일주일이 지나자 아이는 옹알이를 시작했고 한 달 안에 50단어를 말했다.

여기서 중요한 점은 나에게 모든 정보가 있었다는 것이다. 나는 소아과 전문의이기 때문에 청력검사와 언어 발달에 대해 알고 있다. 무엇보다 엄마이기에 딸에 대해 잘 알고 큰 아이의 발달 과정과 비교할 수도 있었다. 하지만 고민했고 흔들렸다. 내 직관을 의심하면서 딸에게 필요한 치료를 놓칠 뻔했다. 9개월 영아의 언어 발달 측면을 설명하기는 정말 힘들다. 옹알이를 얼마나 자주 하는지, 얼마나 크고 다양한 소리를 내는지, 환경의 소리에 어떻게 반응하는지 구체적으로 말하기 어렵다. 나 역시 뭔가 잘못된 것 같다, 아이가 너무 조용하다며 모호한 의견을 전달했을 뿐이다. 하지만 나는 걱정하고 있었다. 그런데도 왜 주치의와 나는 둘 다 이 사실을 왜 그렇게 지나치려 했을까?

강조하고 싶은 것은 부모의 직관은 매우 강력한 힘이 될 수 있다. 개빈 드 베커Gavin de Becker가 《서늘한 신호The Gift of Fear》에서 설명하듯, '인간은 어쩐지 의식적인 사고가 더 뛰어나다고 생각하지만, 사실 논리가 걸어갈 때 직관은 날아간다.' 부모는 의사보다 아이에 대해 훨씬 많이 알고 있다. 피곤할 때의 웃음도, 감기 기운이 있을 때 달라지는 얼굴빛도, 새롭거나 익숙하지 않은 상황에 대한 반응도 안다. 보통 부모가 걱정하는 데는 그럴 만한 이유가 있다. 곧바로 확실히 드러나지 않을 뿐이다.

딸아이의 청력검사가 몇 달 늦어졌다고 큰 문제가 되지는 않았겠지만, 딸의 이야기는 단순한 사실을 말해준다. **부모의 직관은 도전을 마주한 아이를 돕는 가장 중요한 자원이라는 것이다. 정보도, 자원도, 의사의 전문성도 좋지만, 부모가 자식에 대해 아는 바를 대체할 수 있는 것은 아무것도 없다.**

그렇다고는 하지만 21세기의 육아는 불안의 연속이다. 본능적인 반응과 직관이 매우 유용한 것은 사실이지만 부모들은 유념해야 한다. 상황을 고려하지 않은 최초의 직감은 잘못된 방향을 향할 수 있다. 부모의 기질과 이전의 경험은 본능의 목소리를 들을 것인지, 이후에 옳은 걸음을 뗄 것인지에 영향을 미친다. 가족, 교육자, 의사, 기타 공동체 구성원들은 부모를 도와 사실과 현실을 바탕으로 직관의 힘을 최대한 활용할 수 있는 자원이 된다.

도전을 마주할 때는 올바른 계획이 필요하다. 그러나 길은 여러 갈래가 있고 올바른 선택이 하나가 아닌 경우도 많다. 최선의 길을 택하기 전에 부모로서 무엇을 가지고 도전에 임할지 생각해보면 대응책을 마련하는 데 확실한 도움이 될 것이다.

무엇을 가지고 도전에 임할 것인가?

휴가를 떠나면서 짐을 챙긴다고 상상해보자. 누군가는 가볍게 짐을 싼다. 이 사람들은 융통성이 있고, 필요한 물건은 목적지에서 사도 된다고 생각한다. 이들은 깜빡하고 뭔가를 챙기지 않거나 갑자기 내린 비 때문에 우산을 사야 할 수도 있을 것이다. 반면 어떤 상황에도 대비할 수 있도록 필요할 만한 것을 모두 챙기려는 사람도 있다. 둘 다 본질적으로 틀렸다고 할 수 없다. 어떻게든 휴가를 즐기고 필요한 물건을 마련할 수 있다. 그러나 무엇을 가져가는지에 따라 계획은 달라진다. 필요한 물건을 챙기지 않았다면 사러 가야 한다. 무거운 가방을 여러 개 쌌다면 혼자서는 들고 다닐 수 없을지도 모른다.

짐을 싸는 사람의 성향으로 인해 위와 같은 접근의 차이가 발생할 수 있다. 계획하는 사람인가, 즉흥적인 사람인가? 구체적인 상황을 반영해서 전략이 바뀔 수도 있다. 혼자 사는 20대인가, 5인 가족인가? 어쩌면 연인이 깜짝 선물로 여행을 준비해서 미리 연락받지 못했을 수도 있다. 또한 여행 전 심리 상태에 따라 준비와 관련된 결정이 달라질 수도 있다. 인생 최고로 바쁜 시기를 보내고 있다면 여행 가방을 쌀 시간이 없을 것이다. 하지만 2년간 고대한 여행이라면 색깔별로 표시한 목록을 보면서 짐을 챙길 것이다.

이와 마찬가지로 도전에 임하는 가족마다 준비하는 방식은 다르다. 물론 기질적으로 느긋하다는 이유만으로 역경에 면역이 있지는 않고, '올바른' 출발점을 놓친다고 해서 '망한' 것도 아니다. 그러나 현실적으로 상황에 어떻게 대비하는지는 계획에 영향을 미친다.

짐을 가볍게 챙기는 가족은:

- 무엇이든 그때그때 결정하며 실전에서 배우는 것을 선호한다.
- 현재 마주한 도전에 적응하며 재빠르게 움직일 능력이 있다.
- 예상치 못한 상황에서 도전을 맞닥뜨렸다.
- 지금 마주한 특정한 도전에 대해 많이 알지 못한다.

- 의학적, 교육적 도전이 필요한 아이를 이전에 경험한 적이 없다.
- 상대적으로 덜 심각하거나 빨리 개선될 수 있는 도전 과제를 마주하고 있다.

짐을 무겁게 챙기는 가족은:

- 충분히 계획하고 연구한 후에 일에 접근하는 편을 선호한다.
- 삶에 더 많은 일이 일어나고 있다. 다른 자녀, 노쇠한 부모님, 직장 일, 금전적 스트레스로 집중이 요구되어 유연성과 적응력을 발휘하기 어렵다.
- 같은 종류의 도전을 마주했거나 심각성이 비슷한 일을 겪은 적이 있다.
- 더 심각하거나 더 긴 시간 집중하며 개입해야 할 것으로 예상되는 도전을 마주하고 있다.

짐이 무거운 가족도, 가벼운 가족도 성공적으로 도전을 헤쳐 나갈 수 있다. **강점과 약점을 포함해서 무엇을 가지고 도전에 임할지에 대한 통찰은 가족 구성원 모두를 위해 최선의 계획을 세우는 데 도움이 된다.**

부모가 아이와 같은 도전을 경험했다면 어느 정도 준비됐다고 느낄 수 있다. 예를 들면 부모와 아이에게 같은 학습장애나 음식 알레르기가 있는 경우다. 부모가 직접 경험한 지식은 가족에게 도움이 될 귀중한 자원이다. 하지만 이미 폐기된 개념(모든 것은 달라진다!)과 아이에게는 맞지 않는 고정관념을 가지고 있을 수도 있다. 학습장애를 극복할 수 있도록 도움을 준 선생님이 없었거나 심각한 알레르기 반응까지는 겪어보지 않았을 수도 있다. 아이의 경험이 부모와 똑같다는 법은 없다. 부모에게 경험이 있다면 배경지식이 있고 관련 용어와 상황을 알아서 좋지만, 오히려 부모의 경험에 의지하는 것이 스키여행에 슬리퍼를 신는 것과 같은 일이 되기도 한다. 어린 시절의 해변 여행에는 슬리퍼를 신어도 좋았지만, 슬로프에서는 더 이상 소용이 없는 것이다.

부모에게 해결되지 않은 감정적 트라우마가 있으면 더 큰 문제다. 학습 문제로 수치심을 느끼거나 따돌림을 당한 적이 있을 수도 있고, 심각한 알레르기 반응으로 중환자실에 입원해서 죽을 뻔했을 수도 있다. 이러한 고통스러운 기억이 아이를 보면서 되살아날 수 있다. 이럴 때는 가장 도움이 되는 경험을 유용하게 쓴 다음, 나머지 기억은 처리하고 치유할 방법을 찾아야 한다. 경험에서 아이를 도울 방법을 찾는 것은 좋지만, 과거에 매달려 무엇이 달라졌고 아이의 상황이 어떻게 다른지 이해하지 못하면 안 된다.

휴가를 앞두고 짐을 가볍게 쌌다면 목적지에 도착해서는 필요한 물건을 사고 정보를 찾아야 한다. 뇌성마비라는 병명조차 들어본 적이 없거나 발달장애 아동을 본 적이 없는데 자녀가 그런 진단을 받으면 비행기에 실은 가방이 통째로 사라진 느낌일 것이다. 갑자기 마주한 도전에 대해 미리 갖고 있던 개념이나 배경지식이 없으면 당장은 어쩔 줄 모를 것이다. 그러나 너무 걱정하지 말자. 상황에 필요한 것을 갖추기 위해 연구하고 더 많은 도움을 받아야겠지만, 그래도 효율적인 육아를 할 수 있다.

소아과 의사로서 나는 환자 가족 전체의 상황을 모를 때가 많다. 예를 들면 심각한 만성 두통이 있는 환자를 처음 만난다면 아이의 엄마 역시 몇 년간 두통으로 고생했다는 사실을 모를 수 있다. 엄마는 자신이 겪었던 부정적 경험을 아이가 반복한다고 생각하면 매우 힘들 것이다. 또는 아빠 쪽 조카가 네 달간 여러 의사를 찾아다니며 수십 가지 치료를 거쳐 끝내 뇌종양 진단을 받았다면 아이의 두통이 비슷한 운명을 의미하는 것은 아닌지 가족 전체가 공포에 질려 있을 것이다. 아니면 부모는 머리가 아파 본 적이 없어서 집에 처방전이 필요 없는 단순 진통제조차 없을 수도 있다. 가족 주치의인 내가 이런 맥락을 모르면 부모에게 어떤 종류의 지원이 필요한지 알기 어렵다. 의사는 환자 가족의 배경 상황을 알아야 한다.

그러나 이런 정보를 숨기는 가족들이 있다. 소아과 의사가 아이만 돕는다고 생각하는 가족이 있다. 아주 큰 오해다. **소아과 의사는 아이들의 성장, 발달, 건강을 돕는 지지자다. 이를 위해서는 가족 전체가 건강하게 살아가고 있는지 평가하고 지원해야 한다.** (미국소아과학회American Academy of Pediatrics의 브라이트 퓨처Bright Futures 예방 건강 가이드라인은 모든 진료 시 가족의 스트레스 요인을 묻는 개방형 질문을 할 것, 가족의 기능을 최적화하기 위해 가족과 지역사회의 강점을 능숙하게 활용할 것을 소아과 의사에게 권고한다.)

극단적인 예를 들면 이해가 쉬울 것이다. 엄마가 산후우울증을 않는다면 엄마의 정신건강은 아이에게 직접적 영향을 미친다. 가정 폭력이나 중대한 학대가 있다면 아이가 건강하고 행복하게 살 수 없다. 그러나 이보다 일상적인 상황에서도 소아과 의사는 아이뿐 아니라 부모까지 도울 책임이 있다. 가족 전체의 상황은 아이의 삶의 질과 직결되기 때문이다.

그러나 어떤 가족은 여전히 가정 상황 공개를 꺼린다. 진료 시간이 한정되어 있으니 눈앞의 문제에 집중하고 싶을 수도 있고, 가족 이야기가 적절하다고 생각하지 않을 수도 있다. 어쩌면 의료진의 판단을 피하고 싶은지도 모른다. 그러나 특히 상황이 감당하기 어렵거나 어려움이 있다면 가족의 상황을 의사에게 말하는 것은 중대한 변화 요인이 될 수 있다.

완전히 성장한 어른으로서, 부모는 자신의 태도와 성격에 따라 육아를 한다. 강점이 될 수 있는 부분이다. 외향적인 사람은 친구가 많아 도움을 얻기 쉽다. 열렬한 독서광은 이론적으로 만반의 준비를 한다. 직관적인 부모는 아이를 면밀히 관찰한다. 이와 같은 부모의 특성은 저마다의 방식으로 가족의 삶을 꾸려갈 때 도움이 된다.

성격 특성은 약점이 될 수도 있다. 조직적으로 일을 처리하는 것이 어려운 사람도 있고, 크고 복잡한 과제를 쪼개어 생각해본 경험이 많지 않은 부모도 있다. 일을 미루는 경향이 있거나 힘든 일을 해결하지 않고 회피하는 성향이 있을지도 모른다. 내향적인 성격이라서 도와줄 지인이 없을 수도 있다.

우리 모두에게 맹점과 편견이 있다. 의료인이라 해도 다르지 않다. 소아과 의사들은 누구나 심각한 희소병을 목격한다. 그런 병이 흔해서가 아니라 일하면서 수천 명의 환자를 보기 때문이다. 복통으로 내원한 1,000명을 진료하다 보면 그중 한 명 정도는 암을 진단받게 된다. 어떤 의사는 이런 경험으로 인해 자기 아이의 건강을 과도하게 걱정한다. 내 경우 아이가 크게 아플 가능성을 부정하거나 최소화하는 방식으로 공포에 대처한다. 그러나 자신의 성향을 인지한다면 편집증적인 부모는 마음을 가라앉힐 수 있고, 나처럼 문제를 무시하는 경향이 있는 부모는 계획을 세워 아이의 건강을 잘 관리할 수 있다. 나는 부모로서 아이의 진료 때마다 마지막에 묻는다. "제가 걱정해야 할 만한 문제가 있나요?" 그리고 남편의 의견을 신중하게 경청하여 내 의견을 보완한다.

결국 도전에 맞설 가장 중요한 무기는 아이를 향한 사랑이다. 부모는 세상 그 누구보다 아이를 아끼고, 그 누구보다 잘 아는 사람이다. 그래서 아이를 가장 잘 도와줄 수 있는 사람이다. 부모로서 자신의 강점과 약점, 관점과 편견을 정직하게 살펴보는 것은 최선의 방식으로 도전을 해결하기 위한 준비 과정이다. 자기 인식은 아이를 위해 최고의 지지자가 되는 데 필요한 균형을 찾아줄 것이다. 모든 부모는 어떤 상황에서도 아이를 도울 방법을 찾을 수 있다.

'적당히' 걱정하기

부모는 보통 내가 옳은 길을 가고 있는지 불확실한 것이 스트레스라고 토로한다. 걱정이 너무 많은지, 아니면 이 정도면 적당한 고민인지 어떻게 알 수 있을까? 아이의 체중이 영양실조 의심의 경계선에서 맴돌고 있다면 어떻게 해야 할까? 아이의 발달이 생각보다 아주 조금 느리다면? 갓난아이가 다른 아기들보다 까탈스러울 수 있고, 10대 아이가 예상보다 감정적인 모습을 보일 수도 있다.

아이의 모든 문제를 놓고 병이 아닌지 의심하는 습관은 좋지 않다. 사소한 일을 하나하나 문제나 응급 상황으로 여기면 안 된다. 과도한 걱정에는 득보다 실이 많다. 동시에 아이가 최고의 삶을 누리는 데 필요한 도움을 제때 주지 못하는 것도 바람직하지 않다. '적당히' 걱정하기란 골대에 농구공을 넣는 것과 같다. 필요한 힘을 계산하고 목표를 설정하여 정확한 거리만큼 공을 보내는 일이다.

도전을 과소평가해서 힘을 적게 쓴다면 골대에 닿지 못한다. 베이비시터, 선생님, 의사와의 대화가 도움이 될 수 있는 상황에서 에너지를 쓰지 않는다면 어떨까? 치료가 지연되며 아이의 증상이 악화할 수 있다.

반면 도전을 과대평가해서 과한 힘을 쓰면 제풀에 지치거나 백보드를 맞히며 골을 넣지 못하는 상황이 온다. 한쪽에 과도한 자원을 할당하려면 삶의 다른 중요한 영역에서 자원을 끌어와야 한다. 과한 걱정은 불필요한 불안의 원인이 될 수 있고, 육아의 기쁨도 놓칠 수 있다. 아이에게는 문제가 없는데도 뭔가 잘못됐다는 느낌을 받을 수 있다.

과거 삶의 다른 문제에 어떻게 대응했는지 돌이켜보면 내가 어려운 상황에 반응하는 기본적인 경향을 알 수 있다. 고등학교에서 시험을 앞두고 성적이 걱정될 때 문제를 회피하거나 애써 잊으려 했는가? 아니면 전전긍긍하며 행동을 바꾸고 공부했는가? 상황이 지난 후에 돌아보며 '과민반응이었나' 후회한 적이 있는가? 도전을 마주했을 때 기본적인 반응은 기질적 문제일 수 있다. 육아와 관련된 걱정이 너무 많은지 적은지는 보통 익숙한 패턴과 일치한다.

그렇다면 회피적인 사람과 최악의 상황을 상상하는 사람의 스펙트럼에서 자신이 어디에 있는지 다음을 참고하여 생각해보자.

부정하는 부모
- 본인보다 주변 사람들이 자녀의 문제를 더 걱정한다.
- 아이의 도전을 축소해서 생각하고 있다.
- 숲이 아니라 나무를 보고 있다.

겁내는 부모
- 사소한 모든 일이 끔찍하게 잘못된 듯 보인다.
- 작은 문제도 벅차다고 느낀다.
- 계속 마음에 걱정이 떠오르고 최악의 상황을 상상한다.

아이의 도전에 대한 자신의 반응이 도전의 무게에 어울리는지 신중하게 생각해보는 것이다.

아이에게 어떤 메시지를 전하고 싶은지, 아이가 도전을 마주하는 태도가 어떠하길 바라는지도 시간을 들여 고민해봐야 한다. 부모가 과잉 반응하는 모습은 아이가 자신의 도전을 이해하는 방식에 큰 영향을 미친다. 또한 아이는 부모의 대응을 통해 부모와 자신이 도전을 마주할 능력이 있는지 판단한다. 부모가 무의식적으로 반응했더라도 이후 최선의 의도를 담아 대응할 수 있다. 그러나 이를 위해서는 자신의 반응이 어떤지, 그 원인이 무엇인지 솔직하게 생각해야 한다.

부모는 문제를 부정할 수도 있고 최악의 상황을 상상할 수도 있다. 이런 경향이 심지어 흔하다는 사실을 알아야 한다. 양극단 모두 그 뿌리는 사랑이지만 극단적인 태도는 어느 쪽이든 아이에게 좋지 않다. 상황을 축소하고 회피하다간 효과적으로 개입할 기회를 놓치게 되며, 부모가 먼저 공포에 질리면 아이도 겁먹어서 지나친 스트레스를 받을 수 있다.

다행히 양극단의 경향을 해결할 수 있는 구체적인 방법이 있다. 이 방법을 통해 부모가 균형을 찾아 가족 전체가 건설적인 길로 나아가는 데 도움을 얻기를 바란다.

부정하는 마음

소아과 의사들이 흔하게 겪는 상황을 묘사해보려 한다. 여섯 살 아이가 호흡 문제로 진료를 보러 왔다. 아이는 작년에 학교를 24일 빠졌다. 응급실에 두 번 갔고 심한 독감으로 입원하기도 했다. 차트를 보니 천식 진단 이후 몇 차례 약 처방을 받았다. 이제 이해가 된다. 천식은 아이들에게 가장 흔한 만성 질병 중 하나로 관리가 매우 어렵다.

나는 아이의 천식을 관리하기 어려워진 요인이 있는지 살펴봐야겠다고 생각하며 진료실에 들어섰다. 아이에게 심각한 알레르기가 있거나 처방약 선택이 잘못되었을지 모른다. 나의 첫 질문은 최근에 천식 증상이 어땠냐는 것이었다. 아이의 아빠는 황당하다는 표정으로 아들은 천식 환자가 아니라고 했다.

혼란스러웠다. 차트가 잘못된 걸까? 나는 차트를 다시 보았다. 처방, 응급실 방문, 입원… 정확한 진료 기록이었다. 천식으로 병원을 찾은 일이 한두 번이었다면 의사소통 문제가 있었거나 설명을 잘못해서 아빠가 잘못 알고 있다고 생각했을 것이다. 그러나 아이는 수십 번 병원에 왔고 천식 흡입기까지 처방됐다. 진료마다 천식 진단을 받는데도 아빠가 받아들이지 않은 것이다. "천식이 아니라면 왜 호흡 문제가 있는 걸까요?" 내가 묻자 아빠가 대답했다. "모르겠어요, 가끔 기침을 심하게 하던데요."

이런 스무고개는 처음이 아니라서 문제를 바로 인지할 수 있었다. 바로 부정이다. 도전이 닥쳤을 때 가족들의 반응은 생각보다 다양하다. 부모는 아이를 매일 보기 때문에 그 누구보다도 정보가 많다. 잠은 얼마나 자는지, 얼마나 먹는지, 활동량은 어떤지, 기분은 어떤지 파악하고 있다. 무엇에 실망하고 기뻐하는지도 안다. 익숙한 환경, 낯선 환경에서 친구와 상호작용하는 모습도 훤히 알고 있다. 그야말로 아이에 대한 모든 정보를 가지고 있다.

이처럼 귀중한 지식은 판단의 순간에 필요한 정보지만, 늘 적절히 쓰이는 것은 아니다. 부모의 마음 깊은 곳에는 아이가 괜찮아야 한다는 강력한 욕구가 있다. 아이를 너무 사랑해서 뭔가 잘못됐다거나 남들보다 많은 도움이 필요한 상황은 상상하고 싶지도 않다. 어떨 때는 아이와 너무 가까이 있어서 문제가 커지는 것을 느끼지 못하거나 상황의 흐름을 보지 못한다. 땅에 머리를 묻고 문제를 부정하는 편이 훨씬 쉬울 때도 있다. 부정하는 동안에는 안전하게 느껴져서 함정에 빠지게 된다. 시간이 지나면서 나는 부정의 뿌리가 공포라는 사실을 알게 되었다.

의료 전문인인 나 역시 이 문제에서는 자유롭지 않다. 어느 날 아이가 잠에서 깰 때부터 심술이 나 있었다. 아침을 먹지 않으려 했고 콧물이 났다. 나는 바쁜 일정을 떠올리며 평상시처럼 일상을 서둘렀고, 남편이 몇 번이나 말해줘야 했다. "저기, 애가 아프잖아. 심술부리는 게 아니라." 나는 상황을 객관적으로 보지 못하고 논리적 이유(결근이나 결석을 하면 안 된다)와 감정적 이유(내 아이가 아플 가능성을 직면하고 싶지 않다)로 아무 문제가 없길 바라며 편향된 생각을 하고 말았다.

앞서 말한 천식 환자의 사례를 더 파고들어보자. 아이의 진료 기록을 모두 검토하자, 천식의 전형적인 증세가 확실하게 드러났다. 만성적인 밤 기침과 운동 시 숨 가쁨을 포함해서 모든 증상이 이를 말하고 있었다. 그런데도 아이 아빠는 격렬하게 천식 진단을 거부했다. 보호자가 이렇게 상황을 부정하면 당연히 아이에게 필요한 치료를 제공하는 데 크게 방해가 된다. 제대로 아이를 치료하려면 먼저 아빠가 문제를 받아들이고 이해해야 했다. 아빠는 아이가 마주한 도전의 규모를 인지하지 못했고, 따라서 꼭 필요한 지원을 해주는 데도 어려움을 겪고 있었다.

나는 아빠와 정면으로 맞서는 대신 궁금하다는 듯이 상황에 접근했다. "천식에 대해서 잘 아시는 것 같아요. 아이의 증상을 들어보면 천식이 확실한데, 혹시 제가 놓친 부분이 있을까요?" 그러자 더 많은 부분을 알 수 있었다. 아빠는 아동기에 천식 진단을 받았고 10대가 되면서 더 심해졌다. 중환자실 입원 경험도, 천식 때문에 산소호흡기를 달았던 적도 있었다. 아빠가 말했다. "제가 알기론 천식은 정말 심각해요. 제 아들은 그렇게 심하지 않아요."

비로소 대화가 되기 시작했다. 아들과 자신의 경험을 대비해서 이야기하며 아빠는 다소 안정된 모습을 보였다. 이제 같은 출발선에서 논의를 시작할 수 있었다. 아빠의 배경을 알게 된 나는 천식의 증상과 심각성이 얼마나 다양한지 맞춤형 교육을 할 수 있었다. 그리고 진단을 받아들여야 아들의 건강이 나아질 수 있다는 사실을 전달했다.

아빠가 아들에게 문제가 있다는 사실을 부정할 때는 건강 상태 개선을 위해 반드시 있어야 할 자원의 필요성을 과소평가했다. 천식 진단을 받아들이고서야 아이에게 필요한 보살핌을 제공하게 됐다. 또한 천식 환자가 모두 산소호흡기를 달지는 않으며, 반드시 증상이 계속 나빠지는 병도 아니라는 사실을 깨달았다. 치료의 궁극적 목적은 입원을 피하는 것이 아니며, 기침이 나아지면 수면의 질이 개선되어 행동 문제와 학교 성적이 함께 나아질 가능성도 있다는 것을 알게 되기도 했다. 천식을 관리하면 아들에게 인내심이 생기고 스포츠나 다른 신체활동에 대한 흥미를 갖게 되리라는 희망도 생겼다.

나와 아빠가 아이의 문제를 다르게 바라보고 있음을 이해하자 훨씬 많은 도움을 줄 수 있었다. 응급 입원을 피하고 호흡 문제를 관리할 수 있도록 약 처방을 했으니 가족 전체가 좀 더 편안하게 지낼 수 있었을 것이다.

부정은 다양한 형태와 크기로 나타날 수 있다. 그러나 그 본질은 해결해야 할 도전을 축소하고, 무시하고, 회피하는 태도다. 사랑이 크고 관심이 많은 부모도 그럴 만한 이유로 부정의 경향을 보일 수 있다. 부모는 아이가 건강하길 바라고, 그래서 가끔은 작은 징후들을 침대 밑에 쓸어 넣어 문제를 가장 늦게 파악하는 사람이 되기도 한다. 부모는 오랜 시간 아이의 점진적인 변화를 지켜보기 때문에 아이가 특이하거나 비정상이라는 관점을 잃어버린다. 아이와 아이의 행동에 너무 익숙해져서 비슷한 나이대의 평범한 아이들과 비교하지 않는다(그편이 옳을 때도 있다!). 이에 따라 도움을 청하거나 보살핌을 얻는 것을 주저하다가 문제가 될 수 있다. 물론 아이의 치료를 고의로 방해하는 부모는 없다. 부정은 무의식적일 때가 많다.

스스로 부정하는 경향이 있음을 인지하면 이 성향을 관리할 수 있어 아이에게 직접적인 도움이 된다. 무의식적으로 회피하고 싶은 문제를 더 자세히 보거나 정기적으로 거리를 두고 생각하기로 다짐해보는 것이다. 또는 의심되는 문제가 있으면 알려달라고 다른 사람에게 부탁해도 좋다. 돌봄 인력, 선생님, 친구, 가족은 아이에게 관심이나 자원이 필요하다고 생각할 때 언제든 말해도 된다고 느낄 수 있도록 말이다.

우리 가족을 살펴보면, 나에게는 부정의 경향이 있고, 남편은 대처가 필요할 때 자주 신호를 주는 사람이다. 남편의 말을 바로 받아들이지 않을 때도 있지만 그의 조언은 반갑고 도움이 된다. 내 성향을 인식하게 되면 아이를 돌보는 데 긍정적 영향을 준다.

세상이 끝나는 것은 아니다

문제를 부정하면 치료가 늦어져 아이에게 부정적 영향을 미칠 수 있지만, 반대로 지나친 과잉 반응 역시 좋지 않다. 부모가 어느 날 아이의 기저귀에 묻은 피를 발견했다고 하자. 이 증상의 이유를 알 수 없는 부모는 암이나 충수염처럼 수술이 필요한 응급 상황일지 모른다고 극단적인 상상을 한다. 그리고 스트레스를 받아 뜬눈으로 밤을 지새우며 위장병 전문의를 찾는다. 예약은 쉽지 않고, 돈과 시간을 쓰며 전문의가 암이 아니라고 판단할 때까지 기다려야 한다. 결과적으로 전문의를 찾을 필요는 없었고 아이가 적절한 진료를 받는 시점만 늦어질 수 있다. 비슷하게, 대변에 섞인 피를 충수염 등 수술이 필요한 응급 상황의 징후로 해석한 부모가 아이를 응급실에 데려갈 수도 있다. 응급실에서 검사를 통해 원인을 밝힐 수도 있겠지만, 소아과 주치의에게 전화하거나 방문하면 비용을 적게 들이고 아이를 바이러스와 박테리아에 노출하지 않고도 같은 결과를 얻을 수 있다. 물론 아이를 키우는 모든 부모는 가끔 불필요한 과잉 대응을 한다. 그러나 과잉 대응이 패턴화되면 불필요한 스트레스, 수면 장애, 의사결정 장애 등으로 이어질 수 있다.

작은 문제를 크게 만드는 성향이 아니고, 아이의 주치의와 신뢰 관계를 잘 구축했다면 적은 비용(과 적은 스트레스)으로 빠르게 더 나은 치료를 받을 수 있다. 주치의는 아이의 가족력과 진료 기록을 참고하여 혈변의 의미를 판단할 수 있다. 암이나 수술이 필요한 응급 상황이 아닐 것이라는 즉각적인 확신을 줄 수 있으며, 변비나 유단백 알레르기가 원인일 가능성이 가장 크다고 진단을 내릴 것이다. 부모는 소아과 의사와 힘을 합쳐서 맞춤형 지원으로 우려를 해결할 수 있고, 개입이 필요한 경우 전문의를 소개받을 수도 있다.

다른 상황을 생각해보자. 표현언어가 제한적인 아이가 있다. 이 아이가 발달과업을 달성하는 과정에서 요구되는 시간은 다른 아이들과 다를 수 있다. 파국화 경향이 있는, 즉 언제나 최악의 가능성을 상상하는 부모는 상황을 '포기'하는 경향이 있어서 아이가 표현 언어를 절대 익히지 못하리라고 생각할 수 있다. 그러면 아이에게 필요한 연습을 시킬 때 인내심이 적거나, 의욕적으로 치료를 예약하지 않는 태도를 보이게 될 수 있다. 좋은 동기에서 부정적인 태도가 나타날 수도 있다는 사실을 이해하는 것이 중요하다. 중요한 것은 현재 상황이다. 현재 아이의 모습을 있는 그대로 받아들이는 것이다. 그러나 어떤 부모는 공포나 트라우마 때문에 아이의 미래를 실제 가능성보다 더욱 제한하여 생각하곤 한다.

진단된 질병에 대해 부모가 보이는 태도는 아이에게 전달되기 마련이다. 아이가 연약하다, 아프다, 문제가 있다, 불이익을 받는다며 실제 아이가 겪는 문제보다 크게 부풀려 생각하면 아이 역시 이런 메시지를 내면화한다. 다양한 연구에서 이런 영향의 정도는 광범위하게 나타났다. 파국화는 누구나 직관적으로 느끼듯 부적응적 대응 방식이다. 연구에 따르면 파국화 경향이 있는 성인과 아동의 예후가 나쁘다는 사실이 확인됐다.

만성 통증에 대한 파국화 경향은 더 심각한 통증 인지와 우울증, 대처의 어려움으로 이어진다. 신시내티 어린이병원 연구진은 한발 더 나아가 부모의 파국화 경향이 자녀의 대처 능력과 이후 통증 및 기능 장애에 어떤 영향을 미치는지 연구했다.[1] 이 연구에서 부모와 아이가 유사한 대처 방식을 보인 사례는 70% 이상이었다. 파국화 경향 점수가 높은 부모의 자녀 역시 파국화 경향 점수가 높았다. 부모의 과거 투병 경험과 자녀의 과거 통증 심각도 요인을 통제한 후에도 파국화 설문에서 높은 점수를 기록한 부모의 자녀는 비슷한 경향을 보일 가능성이 컸다. 게다가 파국화 점수가 높은 부모와 자녀는 더 심각한 통증과 우울증을 겪었으며 일상 기능에 어려움을 겪었다.[2] 연구자들은 이 현상의 원인이 일부 유전적이라는 가설을 제시했다. 불안이 높은 부모는 파국화 경향이 높은데, 불안에는 유전 요인이 있다는 것이다.

그러나 다른 관점에서 보면 부적응적 대응 기술을 가진 부모가 아이의 불안을 강화할 수 있다는 것을 말한다. 만성 통증이 있는 아이가 어느 날 컨디션이 조금 안 좋아 보이면, 파국화 경향이 있는 부모는 공원 나들이를 취소하고 약을 먹고 쉬라고 할 것이다. 아이에게 공원 나들이는 기대하고 있던 계획이었다. 부모의 의도는 아니었겠지만, 아이는 통증이 삶을 제약한다는 사실을 배우게 된다. 파국화 경향이 덜한 부모라면 아이가 아프다는 것을 인지하면서, 충분히 대화하며 계획된 활동을 이어가는 한편 불편하지 않게 통증을 견딜 수 있도록 필요한 수단을 썼을 것이다. 부모의 부적응적 대처로 인해 아이가 인지하는 통증이 커지고 기능이 나빠질 수 있다는 사실은 무섭지만, 반대로 부모가 아이를 위해 더 건강한 대응 기술을 익혔을 때 아이의 삶의 질이 높아진다고 바꾸어 생각하면 희망이 생긴다. 이 소규모 연구는 통증 관리에 집중했으나 만성 통증을 겪지 않는 아이라고 해도 부모의 태도는 마찬가지로 건강에 영향을 미칠 것이다.

이러한 이유로, 가장 효과가 좋은 육아 기술 중 하나는 아이의 도전을 긍정적이고 건설적인 마음가짐으로 대하는 것이다. 아이가 도전에 어떤 태도를 보이길 원하는지 돌아보자. 부모에겐 그 태도를 설정할 기회가 있다. 물론 부모로서 겪는 스트레스 가운데 안정적인 태도를 유지하는 것은 쉽지 않다는 것을 안다. 그래서 건강한 대처 방식을 익히는 전략이 필요하다.

캐럴 드웩Carol Dweck은 베스트셀러 《마인드셋Mindset》에서 '성장 마인드셋Growth Mindset'이라는 용어를 다음과 같이 설명한다. "성장 마인드셋은 노력, 전략, 타인의 도움으로 기본적인 기질을 개발할 수 있다는 믿음에 기반한다." 평범한 도전을 마주한 평범한 아이에게 성장 마인드셋의 이점은 확실하다. 아이를 이런 메시지로 지도하자는 것이다. "아직은 학습 기술을 익히지 못했지만, 열심히 하면 목표를 이룰 수 있어." **아이의 상태는 고정된 것이 아니다. 성장 마인드셋은 가능성에 대한 믿음에 뿌리를 두고 있다.**

같은 방식은 일반적인 궤도에 있지 않은 아이들에게도 도움이 된다. "너의 병을 치료하는 건 큰 도전이지만, 열심히 노력하고 의사와 선생님의 도움을 받으면 병이 있어도 잘 사는 방법을 배울 수 있어." 성장 마인드셋은 처음 주어지는 카드는 시작점에 불과할 뿐 사람의 가치를 정하지 못한다는 사실을 담고 있다. 개인의 선택과 행동이 매우 다른 결과를 가져오며, 힘을 발휘하기 때문이다.

부모 역시 아이의 도전과 관련하여 익숙하지 않거나 어려운 과제를 마주할 때 고정형 마인드셋을 가지면 희망을 잃고 "못 하겠어" 라는 마음을 먹게 된다. 노력을 통해 성장 마인드셋을 장착하면 같은 도전에 대해 "상황이 어렵지만, 해결하는 법을 어떻게 배울 수 있을까?" 또는 "지금 필요한 도움을 어디서 얻을 수 있을까?"라는 질문을 하게 된다. 삶에서 어려운 시기를 거치며 최악을 가정하고 비극적으로 생각하게 될 수도 있지만, 생산적인 성장 마인드셋을 갖추어 건설적 대응을 배우고 연습할 수 있다.

부모가 한없는 낙관주의와 긍정주의를 가져야만 한다는 뜻은 아니다. 아이와 마찬가지로 부모도 도전에 대해 나름대로 반응한다. 불안이 높거나 트라우마를 겪은 부모는 특히 최악을 상상하는 경향이 있다. 스트레스 요인이 크면 부모 역시 감정의 동요를 겪어도 된다고 생각하자. 당연하다. 힘든 일을 마주하고 버겁다고 느끼거나 우울해도 괜찮다. 그러나 가장 힘든 순간에도 기억해야 한다. "그래도 할 수 있어." "상황을 어떻게 해결해야 할지 아직은 파악하지 못했어." "방법이 있을 거야" 시간이 지나면 상황이 나아질 수 있다고 믿는 사고방식이다.

부모로서 도전을 마주할 때면 실제로 일어나는 일과 내가 느끼는 감정의 크기가 비슷한지 돌아보아야 한다. 긴급하게 해결해야 할 문제가 생겨 당연히 비극적인 기분이 들 만한 상황도 있다. 그러나 어떨 때는 아이를 너무 사랑하는 나머지 사건에 비해 큰 감정에 빠져들기도 한다.

파국화의 이유와 멈추는 법

부모는 아이에게 문제가 생겼을 때 최종적으로 책임을 지고, 아이의 미래에 가장 크게 투자하는 사람이다. 부모의 관심과 경계는 아이의 여정에 긍정적인 변화를 만들어내는 경우가 많다. 부모가 미묘한 징후를 알아챈 덕분에 조기에 병을 발견하고 심지어 아이의 목숨을 구할 수도 있다. 그러나 극단으로 가면 스트레스가 커지면서 이점은 줄어드는 반면 과도한 걱정의 비용은 점점 누적된다. 물론 균형을 찾는 것이 이상적이다. **성실하게 즉각 대응하되 공포와 불안에 떠밀리지 않고 목적한 대로 움직이는 부모가 되어야 한다.**

파국으로 치닫는 생각을 하는 경향이 있다면 원치 않는 사고의 흐름을 차단하고 객관성을 유지할 수 있는 습관을 연습하고 개발해야 한다. 도움이 될 만한 몇 가지 사고 과정을 소개한다.

/ 중요도 분류 /

흔히 '80/20 법칙'이라고 부르는 파레토 원칙이 있다. 긍정적 결과의 80%는 20%의 투입으로 산출된다는 원칙이다. 육아와 아이의 이익 사이에 정비례 관계가 있다면 부모가 더 노력했을 때 항상 더 좋은 결과가 나와야 한다. 그러나 80/20 법칙에 따르면 육아의 20%가 결과의 80%를 만들어낸다. 도전을 마주한 부모에게 어떤 결정은 부담이 크다. 최적의 수술 계획 및 담당의를 선택하거나 아이를 지원해줄 최고의 학교를 찾는 것은 파급효과가 크므로 20%에 해당하는 결정이다. 반면 물리치료를 일주일에 한 번 받을지 두 번 받을지, 새로운 증상이 나타났을 때 하루 만에 치료받을지 사흘 정도 지켜볼지 등 아이의 삶에 미치는 영향 면에서 사소한 결정도 많다. 파국화 경향이 있는 사람은 모든 판단과 상황이 중요하다고 느낄 확률이 높다. 물론 아이와 관련된 모든 결정이 중요하게 느껴질 수 있지만, 그 영향이 모두 엄청난 것은 아니다. 새로운 증상이나 문제가 생겼을 때 잠시 진정하고 지금이 판도가 바뀔 만한 결정적 순간인지 생각해보면 효율적으로 중요도를 분류할 수 있다. 작은 결정에 더 큰 노력과 관심을 기울여도 실제적인 이점은 적을 확률이 높다.

/ 구획화 /

걱정하는 시간을 따로 정해두자. 골치 아픈 생각이 떠오를 때면 걱정 시간까지 미뤄두자고 나 자신을 달랠 수 있다. 이 습관은 걱정이 꼬리에 꼬리를 물지 않도록 생각을 '흘려보내는' 연습이다. 걱정되는 점을 인지하되 이를 처리하기 위해 남겨둔 시간과 여유가 있다는 사실을 떠올리면 감정적, 정신적으로 다소 자유로워진다.

/ 친구와 가족에게 도움 요청하기 /

친구, 선생님, 의사, 간호사, 종교 지도자, 가족 등 신뢰할 수 있는 사람과의 연락은 심리적으로 지지를 얻을 수 있는 중요한 방법이다. 적당한 사람을 찾기 어려울 수 있지만, 누군가와 대화를 나누면 걱정을 이해하고 균형 잡힌 시각으로 바라보는 데 도움이 된다.

들어줄 사람이 있으면 스트레스를 털어놓기만 해도 도움이 되지만, 이때는 의도를 명확히 밝혀야 된다. 나는 지지와 확신을 원하는데 친구가 선의로 해답이나 논리적 도움을 주려 할 수 있다. 걱정을 털어놓으려 했을 뿐인데 들어주는 대신 다른 의견을 말하거나 해결책을 주려고 하면 마음이 더 힘들어진다. 그러나 "확실한 계획을 세웠는데도 걱정돼, 그냥 내 상황만을 들어줄 수 있어?"라는 식으로 사전에 원하는 바를 말하면 높은 확률로 실제 필요한 감정적 지지를 얻을 수 있다.

/ 전문가의 도움 구하기 /

아이를 치료하는 의료진에게 불안한 마음을 털어놓는 것은 절대적으로 적절한 행동이다. 의사가 치료 계획을 바꿔 도움을 줄 수도 있다. 예를 들면 산모가 산후우울증으로 힘들어한다는 사실을 알게 되면 의사는 수유 여부나 엄마의 수면에 대한 조언을 통해 우울증에 잘 대처하도록 도울 수 있다. 마찬가지로 아이의 도전 앞에 가족 전체가 어려움을 겪고 있다면 의료진은 더 생산적이고 건설적인 조언에 집중할 수 있다. 부모가 힘들어하는 상황에서 부모의 노력과 참여가 필요한 치료를 권하는 것은 시기적절하지 않다. 스트레스를 가중할 뿐 아니라 가족의 상황을 고려하면 성공 확률도 낮다. 가끔은 비슷한 상황에 있는 가족을 소개하거나 집단치료를 제안하기도 한다. 또한 양육자의 정신건강을 위해 치료사나 상담사가 필요하지는 않은지 판단해줄 수도 있다. 어떤 부모의 경우 파국화 경향은 더 큰 기저의 불안이나 이전의 충격적 경험에 대한 반응일 수 있다. 이럴 때는 전문가의 도움으로 근본적인 문제를 해결하는 것이 가장 좋다.

⊰⊱ ──── 양육자의 건강, 스스로 지키자 ──── ⊰⊱

파국화 경향은 가족 분위기에 영향을 미치고, 부모의 건강에도 좋지 않다. 늘 과잉 각성 상태로 만성 스트레스를 받으면 신체적, 정신적으로 약해진다. 스트레스가 크면 수면의 질이 떨어지고, 이에 따라 대처 능력이 떨어져 증상이 더 심해지는 악순환의 고리로 이어진다.

스트레스 반응은 신체에 즉각적이고 단기적인 영향을 미친다. 위기를 맞으면 심장은 더 빠르고 세게 뛰고, 호흡이 변하고, 호르몬과 글루코스가 생리학적으로 조정되어 혈당을 높인다. 한편 장기적인 스트레스는 심장병, 암, 당뇨, 천식, 우울증 발병 확률 상승을 포함하여 건강에 중대한 영향을 미친다.

연구 결과까지 보지 않아도 양육자의 스트레스는 당연히 양육자 본인의 건강을 해친다. 천식, 암, 낭포성섬유증, 당뇨, 뇌전증, 소아 류머티즘 관절염, 겸상적혈구빈혈 등 다양한 만성 질병을 앓는 아동의 가족에 관한 연구 547건을 분석한 결과 양육자들은 건강 문제가 없는 아이의 부모에 비해 스트레스 수준이 훨씬 높았다.[3] 또한 스트레스가 클수록 양육자와 만성 질병이 있는 아이 모두 심리적 회복탄력성이 낮다는 사실도 증명됐다. 부모의 행복은 아이의 건강과 가족의 기능을 유지하는 데 필수적이다.

어디에 에너지를 쏟아내고 있는가?

아이의 보호자에게 위협받은 적이 여러 번 있다. 소아과 의사에게는 흔한 경험이다. 비이성적 협박을 받았다는 동료들도 많다. 너무 빈번한 일이라 병원에는 유사시 의사와 간호사를 보호하기 위한 대응체계를 마련해둔다.

이런 상황까지 치달았던 구체적인 사례를 언급할 수는 없지만, 이유는 설명할 수 있다. 이따금 이미 극한에 몰린 가족이 병원을 찾아온다. 경제적 어려움, 사회적 문제, 또는 속을 썩이는 가족 구성원 때문이다. 그런데 아이의 도전으로 또 다른 위기를 맞는다. 부모의 감정은 끓어 넘친다. 어떤 사람은 참을 수 없는 감정을 해소해야만 한다. 그래서 의사에게 소리를 지르거나 간호사에게 물건을 던지거나 원무과에 전화해서 욕을 하고 끊는다.

좀더 다양한 관점에서 이런 반응을 살펴볼 필요가 있다. 나를 몰아세우는 부모는 사실 아이가 아픈 것이 억울해서 화가 나고 아이를 잃을까 봐 겁먹은 사람들이었다. 이 모든 감정이 폭발했고 내가 거기 있었을 뿐이다. 그래도 소아과 의사를 위협한 적은 없다고? 그렇다면 우연히 그 순간 함께 있던 사람에게 화를 낸 경험은 없는가?

반면 극도의 스트레스를 받았을 때 반대로 반응하는 사람들도 있다. 짧게 답하고, 눈을 피하고, 전화를 받지 않고, 무엇이든 회피하려 한다. 진료실에 선글라스를 끼고 오는 엄마가 있었다. 조금 친해지면서 이것이 그 엄마의 기본 태도를 반영한다는 사실을 알게 되었다. 상황이 버겁거나, 불확실하거나, 아무것도 믿을 수 없을 때 벽을 세우고 혼자 일을 해결하려는 유형이었다.

도전을 마주했을 때는 반응의 에너지를 어떻게든 쏟아내야 한다. 가족의 어려움을 지켜보는 것은 대단한 스트레스다. 이를 참으면 그 에너지는 어디로 갈까? 누군가는 스트레스를 다른 사람에게 풀며 표면화하고, 누군가는 스스로 품고 내면화한다. 자신의 경향을 이해하면 의도에 따라 대응법을 선택할 수 있다. 어려운 상황에서 부모가 반응하는 대표적인 두 가지 방식이 있다.

/ 표면화 - 타인에게 스트레스를 푸는 경우 /

표면화하는 부모는 타인에게 화를 내며 감정을 쏟아낸다. 함께 일하는 사람에게 짜증을 내거나 논쟁하려 하는 사람들이다. 일이 잘 풀리지 않으면 다른 사람을 비난한다. 표면화의 대가는 명확하다. 가령, 의사와 관계가 멀어지면 치료의 질이 떨어진다. 직접 충돌하지 않더라도 회진 때 부모가 팔짱을 끼고 서서 퉁명스레 대답하면 좋은 치료에 필요한 열린 대화를 하기는 어렵다.

마찬가지로 선생님, 치료사, 돌봄 인력에게 스트레스를 풀어도 대가가 따른다. 아이를 아끼는 사람들이라 보복하지는 않겠지만, 이들과의 관계를 망치면 원활한 소통을 통해 아이를 제대로 보살피기는 어려울 것이다. 아이를 돌보는 사람들은 대화를 통해 주 양육자의 목표, 경험, 가정생활을 파악한다. 이러한 맥락이 공유되어야 아이의 도전을 더 효율적으로 해결할 수 있다.

부모가 스트레스를 표면화하면 의료진이 힘들긴 하지만, 경험 많은 의료진은 가장 화난 가족이 대체로 가장 큰 고통을 겪고 있다는 사실을 안다. 스스로 매우 화가 났다고 느끼면 이유를 설명하자. 의료진이 상황을 이해하면 나에게 필요한 지원을 제공할 수 있을 것이다.

/ 내면화 - 스스로 스트레스를 끌어안는 경우 /

내면화하는 사람은 문제가 생겼을 때 자신을 비난한다. 계획에 차질이 생기면 절망하거나 수치심을 느낀다. 내면화 경향이 있는 부모는 스트레스를 느끼면 회피하고 스스로 고립을 택한다. 자책도 심하다. 하지만 표면화에 비해 내면화에 대가가 따른다는 사실은 언뜻 이해하기 어렵다.

예를 들어 아토피 환아의 부모를 생각해보자. 의사가 권하는 방법에 따라 약을 발랐지만, 아이의 상태는 나아지지 않는다. 내면화하는 부모는 의사에게 "효과가 없으니 다른 방법을 써보자"고 말하는 대신 본인에게 잘못이 있다고 생각한다. 몇 시간이고 조사하고, 온라인에서 추천하는 제품을 사고, 스스로 해결하려고 노력한다. 이 태도에 대가가 따른다. 빨리 의사에게 말하고 도움을 요청했다면 계획을 수정하거나 해결책을 찾아보았을 것이다.

내면화하는 부모는 아이에게 필요한 지원을 받지 못하면 까다로운 조건이나 복잡한 의료보험 체계를 탓하지 않고 자기 잘못이라고 생각한다. 이들은 건강 문제, 불안, 우울증을 겪을 확률이 더 높다.[4]

내면화 경향을 자각하게 되면 이에 따르는 리스크를 줄일 기회가 생길 것이다.

/ 극단적인 태도 피하기 /

표면화와 내면화, 양극단 모두 문제를 안고 있다. 표면화로 인해 잠재적인 아군을 밀어내고 개선의 기회를 잃을 수 있다. 반면 내면화로 인해 어려움을 표현하지 못하면 필요한 지원을 놓치거나 정신건강에 문제가 생길 수 있다. 타인을 너무 비난하든 본인을 너무 비난하든, 결과적으로 고립은 깊어진다. 도전을 마주한 가족을 돕는 가장 중요한 방법은 곁에 도와줄 사람이 있다는 확신을 주고 고립을 막는 것이다.

우리가 통제할 수 없는 일은 너무나 많다. 그래서 스트레스를 예방하거나 예측할 수는 없지만, 반응하는 방식을 통제할 수는 있다. 불가피하게 스트레스를 받을 때 크게 숨을 쉬고 한발 떨어지려고 노력하면 내 반응을 선택할 여유가 생길 것이다. 심리학자 롤로 메이Rollo May는 1963년 "다시 생각하는 자유와 책임Freedom and Responsibility Re-examined"이라는 기사에서 이렇게 썼다. "나는 정신건강을 자극과 반응 사이의 간격을 인지하는 능력, 그리고 이 간격을 건설적으로 활용하는 능력이라고 정의한다."[5]

나를 가장 잘 아는 사람은 나다. 본능적인 반응이 일어나겠지만, 대응하기 전에 잠깐 멈추자. 그러면 내가 원하는 바를 생각하고 의도에 따라 대응을 바꿀 여유가 생길 것이다. 만일 내가 표면화하는 사람이고 예상치 못한 문제를 만났다면 "잠깐 시간이 필요해요"라고 말해보자. 그러면 심호흡하며 마음을 가라앉히거나 대처가 어렵다고 말하며 도움을 구할 수 있을 것이다. 이런 대응 방식의 전환은 자신의 좌절을 주변 사람, 특히 이 상황을 초래하지도 않았고 해결할 수도 없는 사람에게 해소하는 행동을 방지해준다. 내면화 경향이 있고 아이와 관련해서 막다른 길에 다다른 느낌이라면, 어려움을 극복하기 위해 다른 사람과 소통해야 한다는 사실을 기억하자.

/ 기본 반응을 알고 행동하기 /

누구나 스트레스를 받았을 때의 기본 반응이 있다. 앙투안의 아빠는 거북처럼 등껍질로 들어가는 사람이다. 앙투안은 유전적 증후군으로 심각한 지적장애가 있고 종종 자해하며 간질 발작을 일으킨다. 아이의 증상이 심해질 때면 180cm가 넘는 거구의 아빠가 잔뜩 움츠려 쪼그라드는 듯 보인다. 계획을 듣는 둥 마는 둥 고개를 끄덕인 뒤 이후 몇 주 동안 앙투안의 치료 때문에 전화해도 받지 않았다.

처음에는 이 가족을 많이 걱정했다. 앙투안의 복합적인 증상을 이해하고 있는지, 충분히 도움을 받고 있는지 알 수 없었다. 그러나 한순간도 아들에 대한 아빠의 헌신을 의심한 적은 없다. 아빠는 준비가 되면 연락을 해왔고 치료 계획을 따랐다. 아이에게 즉각적인 도움이 필요할 때면 어떻게든 치료를 시작했다. 관계가 깊어지면서 나는 당장 선택지를 들이미는 대신 이렇게 묻는 법을 배웠다. "지금 진행할까요, 아니면 시간을 갖고 새로 알게 된 사실들을 정리해 보시겠어요?" 앙투안의 아빠는 언제나 시간을 갖겠다고 했다. 아빠의 시간에 맞추는 편이 효율적일 때가 많았다.

앙투안의 담당 의사가 바뀔 때, 의사결정과 변화 적응이 조금 느린 아빠의 성향을 고려해서 내가 조언한 내용은 충분한 시간이 필요하다고 미리 의사에게 말하라는 것이었다. 의사들은 보통 빠른 대답을 기대한다. 새로운 처방, 혈액검사, 각종 검사에 바로 따르지 않는 부모를 '비협조적'이며 심지어 아이를 '방임'한다고 낙인찍기도 한다. 결정을 내릴 때마다 좀 더 알아볼 시간이 필요하다는 사실을 미리 알려두면 새로운 담당의가 그 성향에 맞는 계획을 세우는 데 도움이 될 것이다.

본능적 반응을 좋거나 나쁘다고 판단하기가 쉽다. 특히 극단적인 반응은 나쁜 것으로 여겨진다. 그러나 모든 감정이 정당하듯 모든 반응은 있을 수 있다고 생각해야 한다. 아이가 도전을 마주했을 때 옳거나 그른 반응은 없다. 그저 반응이 있을 뿐이다. 문제를 부정하거나, 증상을 극단적으로 파국화하거나, 스트레스를 타인에게 풀거나 본인이 끌어안고 가는 것은 모두 부모의 유효한 대처 방식이다. 나와 가족 구성원이 어떤 패턴을 보이는지 생각해보되 스스로에게 너그럽길 바란다. 핵심은 기본 반응을 의료진이 기대하는 대로 바꾸는 것이 아니다. 기본 반응을 알고 이해하는 것만으로도 힘이 생긴다. **자신의 경향을 인지하고 이름을 붙이면 선택의 주체성이 생긴다. 아이를 위해, 나 자신을 위해 나아가고 계획을 세울 때 최선의 길을 택할 수 있다. 이런 면에서 인지와 지식은 힘이다.**

- 무엇을 가지고 아이의 도전에 임하려 하는가?

- 현 상황에서 활용할 수 있는 미처 생각하지 못한 강점이 있는가?

- 한계와 맹점은 무엇인가?

- 실제로 마주한 문제를 고려할 때 반응의 크기가 적절한가?

- 스트레스를 표면화하는 편인가, 내면화하는 편인가?

2장

우선순위를 정하는 것이
중요하다

네 살의 내가 처음 암을 진단받았을 때, 부모님은 눈물을 글썽이며 나를 앉혔다. 내 병이 어떤 것인지 설명하고 시술, 화학치료, 방사선치료 등 앞으로 겪을 일을 어느 정도 말해줬다. 하지만 네 살의 나에게 중요한 건 하나뿐이었다. 스트레스 가득한 심각한 대화 중에 나는 눈을 크게 뜨고 물었다. "그래도 놀 수는 있죠, 맞죠?"

도전이 아이에게 어떤 영향을 미칠지 이해하려면 먼저 아이의 발달 상황이 어떤지, 무엇이 아이에게 가장 중요한지 이해해야 한다. 우리 가족의 경우 내가 당시 예정되었던 진료와 수술, 화학치료를 받는 내내 노는 것을 최우선순위에 뒀다. 엄마는 병원 놀이방이 열리는 시간을 꿰고 있었고, 특히 고통스럽거나 불쾌한 치료가 있을 때면 전략적으로 장난감 가게에 들러 일종의 뇌물을 준비했다.

하지만 내가 놀고 싶었던 것처럼 엄마와 아빠도 원하는 것이 있었다. 엄마는 상근직으로 근무하면서 야간 대학원에 등록하고 진학을 준비하고 있었다. 아빠는 높은 소득을 보장하기 때문에 우리와 몇 시간 떨어진 곳에서 살고 있었다. 가까이 살면서 나를 돌봐줄 수 있는 친척이 없어 무엇이 가능하고 불가능한지 결정을 내려야 했다. 엄마는 여전히 야간 MBA 과정을 듣고 싶어 했다. 장기적으로 가족 전체에 도움이 될 것이기 때문이었다.

가족 구성원 모두의 관점과 욕구를 이해하는 것은 양파 껍질을 벗기는 일과 같다. 가끔은 명쾌하고 선택적인 우선순위가 있어야 필요한 결정을 내릴 수 있다. 부모라면 대부분 본능적으로 사고 과정에서 아이의 우선순위를 중심에 놓는다.

그러나 최선의 선택을 위해서는 아이의 욕구가 가족 전체의 욕구와 균형을 이뤄야 한다. 부모, 형제자매, 다른 가족 구성원도 중요하다. 모든 가족은 공 여러 개로 저글링을 하고 있다. 어떤 공은 다시 튀어 오르는 것이라 어쩌다 놓쳐도 어떻게든 삶은 계속된다. 하지만 주의 깊게 지켜야 할 유리공도 있다.

매우 어렵지만 명백한 해결책이 보이는 선택의 순간이 있다. 부모 중 한쪽이 직장에 대해 어려운 결정을 내려야 했던 가족을 수도 없이 보았다. 한 아이의 엄마는 입원한 딸의 곁을 지킬 수 없었다. 근무를 더 뺐다간 해고될 것이고, 해고되면 가족 건강보험이 사라지기 때문이었다.

하지만 이렇게 명백하고 중요하고 긴급한 우선순위 외에도 다른 일들이 산재해 있다. 나의 우선순위, 배우자의 우선순위, 아이의 우선순위, 직장, 친구, 다른 가족과 관련된 일까지 다양하다. 모든 욕구를 고려하고 우선순위를 생각할 때 아래의 단순한 아이젠하워 의사결정 매트릭스[1]를 지침으로 삼아보자.

	긴급	긴급하지 않음
중요		
중요하지 않음		

아이젠하워 매트릭스에서 중요하고 긴급한 우선순위는 1사분면에 있다. 아이가 아파서 병원에 가는 것과 같은 발등에 불이 떨어진 문제다. 중요하지는 않지만 긴급한 일은 식료품 사기, 빨래, 아이의 형제자매를 위한 돌봄 서비스 예약 등이 있다. 중요하되 긴급하지 않은 일은 학교를 결정하거나 아이의 병에 대해 조사하기, 도우미 고용 등 주로 장기적인 프로젝트다. 긴급하지도 중요하지도 않은 일은 이미 최소화한 상태일 것이다.

긴급하고 중요한 일은 보통 먼저 처리하게 된다. 이것들은 유리공과 같기 때문이다. 하지만 눈앞에 닥친 할 일이 많으면 중요하되 긴급하지 않은 일을 잊어버릴 수 있다. 부모는 상황이 벅차다고 느껴서 도우미를 고용해야겠다고 생각하지만 급하지는 않으니 몇 주가 지나도록 고용 절차를 밟지 못한다. 심각하게 도움이 필요한 두 아이 사이를 오가며 돌보느라 셋째 아이의 독립심을 믿고 방임하는 가족도 있다. 이 상태로 시간이 지나면 셋째는 감정적 어려움을 겪으면서 위험한 곳에서 위안을 찾을지 모른다.

중요하지만 긴급하지 않은 일은 더 급박한 일을 처리하는 동안 어느 정도 뒤로 미룰 수 있고 또 그럴 수밖에 없지만, 장기적 목표나 아프지 않은 형제자매에게 관심을 기울이는 등 중요한 일에는 결국 관심을 쏟아야 한다. 우선순위를 염두에 두면 가장 중요한 일을 해결하는 쪽으로 에너지의 방향을 재설정할 수 있다.

아이의 나이와 발달단계를 생각하면 무의미해 보일 수 있지만, 아이들에게도 우선순위가 있다. 내 우선순위는 노는 것이었다. 아장아장 걷는 아이들은 자유롭게 주변 환경을 탐색하길 원한다. 아동기에는 가장 친한 친구들과 시간을 보내려는 뿌리 깊고 중요한 욕구가 있으며, 청소년기에는 프라이버시와 독립이 필요하다고 느낀다. 물론 건강도 중요하지만, 아이가 우선순위를 파악하고 지키도록 돕는 것도 부모의 가장 중요한 임무 중 하나다.

아래 두 개의 매트릭스가 있다. 1형 당뇨 환자인 여덟 살 샘을 상상해보자.

· 아이의 우선순위 ·

	긴급	긴급하지 않음
중요	야구할 시간 지키기 독립심	친구 관계 기분 좋은 순간
중요하지 않음	먹기, 자기 학교 최대한 빠지지 않기 '이상하다'고 느끼지 않기	새로운 기술을 배우거나 당뇨 합병증을 막는 등 장기적 목표

	긴급	긴급하지 않음
중요	안전 최적화 삶의 질, 건강, 학업 능력 개선	부모형제와의 관계
중요하지 않음	먹기, 자기, 위생 적절한 자원 공급과 돌봄	친구 관계 야구

위 사례를 보면 부모와 아이의 우선순위는 일부 일치한다. 먹기, 자기, 관계의 욕구는 양쪽 매트릭스에 모두 나타난다. 그러나 부모에 비하면 샘은 우정이나 야구를 훨씬 중요하고 긴급하다고 느낀다. 샘의 전두피질(의사결정과 관련된 뇌의 한 부분)이 아직 다 발달하지 않았기 때문에 안전이나 장기적인 당뇨 관리를 우선하지 않는 것은 어쩌면 당연한 일이다.

가족 구성원마다 관점과 우선순위가 다를 수 있다. 어떤 것도 꼭 옳다, 그르다고 할 수는 없다. 하지만 가족 구성원들의 매트릭스를 비교하면 일치하는 부분, 다른 부분, 대립하는 부분이 있다는 사실을 알 수 있다. 주 양육자가 이 대립을 무시하고 자신의 우선순위를 밀어붙이면 같은 목표를 공유하지 않는 가족 구성원과의 관계가 삐걱댈 것이다.

어떤 부모는 이렇게 말할지도 모른다. "걔 아직 애야. 야구까지 걱정하기엔 내가 할 일이 너무 많아." 그리고 재정적 이유로든 현실적 이유로든, 이런 결정이 단기적으로 그 가족에게 완벽한 선택일 수도 있다. 그러나 장기적으로는 배우자나 아이의 목표를 인지하지 못한 채 주 양육자의 우선순위를 기반으로 계속 의사결정을 한다면 자신의 우선순위와 선호가 무시당한다고 느끼면서 가족 구성원과 관계가 나빠질 수 있다.

다른 우선순위를 모두 알아두면 좀 더 사려 깊은 태도로 균형 잡힌 선택을 할 수 있다. 이제 아이와 어른의 가장 일반적인 욕구를 분석하고 우선순위를 정할 때 아이와 어른 모두에게 최선의 선택을 하는 법을 생각해보자. 많은 욕구를 고려해야 하지만, 모든 것을 동시에 우선순위에 둘 수는 없다.

보편적 욕구에 대한 것

조산아로 태어난 재슬린은 두 살 반이 되었고 발달 지연이 있다. 체구는 작지만 거침없고 활동적이었다. 가장 중대한 문제는 삼키는 능력이었다. 신경 손상 때문인지 묽은 액체를 삼킬 수 없어서 영양보급관으로 탈수를 방지했다. 음식은 아주 조심해서 먹여야 했다. 먹는 속도가 빠르면 역류해서 아이가 고통스러워하거나 토했기 때문이다.

재슬린의 부모는 역류 때문에 진료를 보러 왔지만 내가 보기에 진짜 문제는 우선순위 설정이었다. 재슬린은 물리치료, 활동치료, 언어치료, 섭식치료를 받고 있었으며 모든 영역에서 의미 있는 진전을 이뤄 가고 있었다. 영양보급관 없이 먹고 마실 수 있도록 섭취

량을 늘리는 목표는 긴급하지는 않아도 중요했지만, 섭식치료를 받으려면 집에서 자동차로 한 시간이 걸렸다. 치료와 교육을 모두 받으려다 보니 아이에게 밥을 먹일 시간이 부족했다.

스케줄 문제를 해결하려고 다양한 방법을 고려했지만 적절한 선택지가 없었다. 자는 동안 영양보급관으로 수분을 공급하면 역류했고, 이동 중이면 멀미가 났다. 물리치료 직전에는 불편할 수 있었다. 엄마는 재슬린을 치료에 데리고 다니는 것 말고도 집안을 돌봐야 했고 첫째 아이도 신경 써야 했다. 게다가 힘들게 배운 기술을 연습하기 위해서라도, 아이답게 놀기 위해서도 재슬린의 자유 놀이 시간은 꼭 필요했다. 결국 뭔가는 포기해야 했다.

스케줄 문제 해결에 앞서 가족 구성원의 욕구에 관해 이야기해 볼 필요가 있었다. 극한 상황에서 진료실에 들어서면 곧잘 잊게 되는 부분이지만, 의사는 기본적이고 보편적인 욕구를 인지하고 치료계획을 세워야 한다.

부모에게도 아이에게도 예측가능한 욕구가 있다. 인간에겐 휴식, 신체 활동, 야외 활동, 영양, 일관성, 사랑이 필요하다. 당연해 보이지만 아픈 아이와 아이를 돌보는 부모 모두 이 기본적인 부분을 무시하곤 한다. 이제 각각의 욕구를 검토하며 앞으로 나아가기 위해 이 욕구를 우선해야 하는 이유를 살펴보자. 어떤 보편적 욕구를 무시해 왔는지, 이를 필요한 만큼 충족할 방법이 있는지 생각해보려고 한다.

/ 휴식 /

이 부분은 과학적으로 명확히 밝혀져 있다. 수면만큼 삶의 질에 중요한 요소는 많지 않다. 수면은 행동, 기분, 회복, 면역, 학습, 성장에 도움이 된다. 그러나 병원, 학교, 직장, 보육 시설 등 기관에서는 아이나 부모의 수면을 우선하여 고려하지 않는 듯하다.

아이에게 적합한 서비스가 있는 학교는 너무 멀어서 일찍 일어나야 한다. 물리치료 예약이 가능한 시간은 아이의 낮잠 시간밖에 없다. 의사가 하루 네 번 먹는 약을 처방했는데 아이가 깨어 있는 건 불과 12시간이라 먹이기가 어렵다.

부모라면 보통 충분히 자지 못한 아이가 어떻게 되는지 잘 안다. 잠이 부족한 아이는 행동 문제가 많고 감정을 통제하기 어려워한다. 게다가 학업과 관련해서 수면 부족 상태에서는 기억력이 감퇴하고 인지 기능이 떨어지고 집중력이 낮다.[2] 수면 부족은 아이의 성장에도 방해가 된다.[3]

아이를 재우는 것은 일반적으로 육아의 가장 힘들고도 복잡한 부분이다. 도전을 겪는 아이는 잠들기를 더 어려워할 수 있다. 수면을 방해하는 증상 때문이다. 예를 들면 아토피가 있는 아이는 밤에 온몸을 긁으며 깨고, 천식이 있으면 기침하느라 깬다. 치료 때문에 아이를 깨워야 할 때도 있다. 당뇨가 있으면 한밤중에 혈당을 확인해야 하고, 늦은 밤 식사하거나 약을 먹어야 하는 아이도 있다. 영상 노출을 제한하는 등 수면위생은 모든 아이의 숙제지만, 행동 문제나 심리적 스트레스 요인이 있으면 더 힘들 수 있다.

나는 우선 통제할 수 있는 부분에 집중하라고 권하고 싶다. 수면을 우선순위에 두면 일상 스케줄, 수면 루틴, 영상 시청 시간, 기타 수면위생 문제에 더 나은 선택을 할 수 있을 것이다. 아이에게 수면 문제가 있다면 의료진에게 수면 목표를 이루기 위한 맞춤형 조언을 요청해보는 것이다. 부모로서 의료진을 압박해야 할 때도 있다. "아침에 이 일을 하길 바란다는 건 알겠어요. 하지만 계속 이렇게 일찍 일어날 수는 없어요. 다른 방법이 있을까요?"

아이가 잘 자지 못하면 부모의 수면 시간도 줄어든다. 부모는 밤에 아이를 돌보는 일 말고도 육아와 관련된 일, 의료 관련 조사, 잡일 처리와 건강 관련 제품 주문 등으로 밤을 새울 때가 많다. 또는 낮에 이런 일들로 너무 바빠서 아이가 잠든 후에야 나 자신을 위해 시간을 쓸 수 있다.

양육자의 수면이 부족하면 건강과 삶의 질도 위협받는다. 최근 몇몇 연구를 보면 수면 부족은 양육자가 겪는 가장 흔한 신체적 건강 문제 중 하나다.[4] 만성적인 수면 부족은 우울증,[5] 관상동맥심장병,[6] 당뇨[7] 등 심각한 질병으로 이어질 수 있다. 기대수명은 15%까지 줄어들 수 있으며,[8] 지속적인 수면 부족은 감염의 위험을 높일 수 있다.[9] 수면 부족은 반응을 둔화시켜 운전 등의 활동 시 안전을 저해할 수 있다.[10]

가장 염려되는 부분은 수면 부족으로 대처 능력이 떨어지면서 전반적인 일상 기능도 하락하는 악순환의 고리에 빠질 수 있다는 것이다.[11] 만성적 수면 부족은 좋은 의사결정을 하는 능력을 떨어뜨린다. 나쁜 결정의 결과를 처리하면서 스트레스가 쌓인다. 스트레스가 쌓이면 모든 면에서 좋지 않으며 수면 부족은 더 심해진다. 수면이 부족한 양육자들은 수면을 부족하게 만들었던 일을 처리할 능력이 더 없어진다.

미리 수면 시간을 확보하는 것은 필수적이다. 그러나 이 부분을 읽으면서 한밤중에 급하고 중요한 할 일이 생기는데 어떻게 수면 시간을 확보하겠느냐고 생각할 수 있다. 밤에 일하고 종일 아이를 돌보고 짬짬이 쉬는 부모를 많이 보았다. 나쁘고(일하고 늘 피곤한 것) 더 나쁜(일을 그만두고 생활이 어려워지는 것) 상황 사이에서 이뤄진 결정은 우리 사회가 제대로 기능하지 않는다는 방증이다. 이런 문제는 개인 수준에서 해결할 수 없을 것만 같다.

그러나 이런 어려움에도 불구하고 시도해볼 만한 방법이 있다. 아이와 부모의 수면을 확보하는 과정에서, 먼저 혼자가 아니라는 사실을 알아야 한다. 잘 시간을 확보하기 위해 도움이 필요하다고 목소리를 내면 지원받을 수 있을 것이다. 이런 문제는 스스로 해결해야 한다고 생각하는 부모가 많겠지만, 수면은 아이와 양육자에게 너무나 중요하기 때문에 의료진 역시 중요하게 여겨야 한다.

물론 실제로 수면에 방해가 되더라도 일정을 바꿀 수 없는 치료도 있다. 보조 양육자, 가족 구성원, 돌봄 인력과 밤에 교대하면 한 사람이 언제나 잠을 자지 못하는 상황을 방지할 수 있다. 낮 동안 아이를 돌보는 사람보다 급여를 받는 일을 하는 사람의 수면을 우선순위에 놓는 것은 흔한 일이다. 물론 그래야 할 때도 있지만, 다른 돌봄 인력이 있거나 아이가 학교에 가서 주 양육자가 낮에 쉴 수 있는 상황이 아니라면 이는 불공평하다.

누구나 알고 있는 이상이 불가능하게 느껴질 때도 있지만, 작은 변화가 모여 큰 차이로 이어지기도 한다. 알람을 맞춰 놓고 정해진 시간에 꼭 자러 가거나, 낮에 잠깐 모든 일을 중단하고 낮잠을 자는 방법도 있다. 잠자리에 들기 직전 영상 노출을 제한하고 백색소음 기계나 암막 커튼을 활용하여 수면 환경을 개선할 수 있다. 수면위생에 집중하면 수면의 양을 대단히 늘릴 수는 없다고 해도 질을 개선할 수 있다. 육아에도 시즌이 있으며 아이가 성장하면서 늘 변화가 일어난다는 사실을 기억하기를 바란다. 수면을 우선할 수 없는 시즌도 있으며, 그것도 충분히 정상적인 상황이다.

/ 신체 활동 /

신체 활동과 수면은 떼어놓기 어려운 변수다. 충분히 쉬는 사람은 에너지가 넘치고 활동적이며, 반대로 활동적인 사람은 수면의 질과 양이 뛰어난 경향이 있다. 성인의 경우 신체 활동이 관상동맥성심장병, 고혈압, 뇌졸중, 대사증후군, 2형 당뇨, 유방암, 대장암, 우울증, 낙상의 위험을 낮춘다는 강력한 증거가 있다. 바꿔 말하면 하루 20분의 중간 강도 활동, 또는 하루 10분의 활발한 활동을 하지 않는 것으로 정의되는 신체 활동 부족은 중대한 건강상의 위협이다. 신체 활동 부족은 사망 원인 4위로 기록됐다. 이론적으로 신체 활동 부족으로 인해 방지할 수 있었던 사망이 전 세계적으로 연간

500만 건 일어난다고 한다. 그러나 신체 활동 부족은 흔하다. 세계 인구의 거의 31%가 권장 활동량을 채우지 못한다.[12]

아이들은 학교에서 대부분의 시간을 앉아서 보낸다. 신체 활동이 학습 효과를 촉진한다며 더 관심을 가지고 우선순위를 부여하는 학교도 있지만 전국 공교육 기관이 이 부분을 안정적으로 신경 쓰지는 않는다. 그래서 가정에서 아이의 활동량을 챙겨야 한다. 스포츠 교실이나 댄스 수업에 보내기에는 동선과 교통, 비용 문제가 발목을 잡는다.

장애가 있는 아이의 신체 활동을 촉진하는 적절한 자원을 찾기란 거의 불가능하다. 말과 함께하는 언어 및 활동 치료의 한 종류인 재활 승마 치료는 뇌성마비, 감각 장애, 자폐가 있는 아이에게 매우 효과적이지만 가격 장벽이 높으며 국내 모든 지역에서 말을 키우는 것도 아니다. 일반적인 발달 과정을 따르는 아이를 위한 수영 교실을 찾기도 때로는 어렵다. 수영장은 적고 아이는 많다. 뇌성마비가 있거나 휠체어를 타는 아이라면 수영 교실을 찾기는 불가능에 가깝다. 수중 활동의 접근성을 높이는 것은 윤리적 측면에서뿐 아니라 의료적으로도 중요하다. 물에서 운동하는 감각 경험과 무중력 운동의 이점은 장애 아동의 통증을 줄이고 수면을 개선하고 식욕과 소화를 증진하는 데 대단한 효과가 있다.

신체 활동의 이점은 매우 커서 어려운 점이 많더라도 시간을 들여 극복할 가치가 있다. 기분을 안정시키고 인지, 행동, 식욕, 장운동, 면역반응, 심혈관계 건강을 개선하는 이점 때문이다. 나는 주로 하루를 구성하는 스케줄을 중심으로 아동의 신체 활동을 촉진할 방법을 찾았다. 어떤 아이들은 방에 상자만 쌓아 두어도 활발하게 놀지만, 계획하고 지도해야 움직이는 아이들도 있다. 스케줄 외에 다음을 고려하면 아이의 일상에 더 많은 신체 활동을 포함시킬 수 있을 것이다.

- **시행착오:** 아이가 댄스나 스포츠에 관심이 없다고 한 번 만에 포기하지 말자. 시간이 들더라도 아이가 즐길 수 있는 활동을 찾을 가치가 있다.

- **재미있게:** 어른들은 운동에 일처럼 접근한다. 그러나 게임, 경쟁, 스포츠, 탐험, 상상 놀이 등 참가자 모두 신체 활동을 즐겁게 할 방법을 찾으면 내적 동기가 생겨서 더 자주 움직이게 된다.

- **가족, 친구와 함께하는 신체 활동:** 아이들은 사회 활동을 할 때 더 열중해서 오랫동안 운동할 수 있다. 평소 걷기, 조깅, 자전거를 즐긴다면 아이와 함께할 방법을 찾아보자. 이것이 여의찮으면 아이의 친구들을 데려가보자. 우리 아이들은 나와 등산할 때는 불평하거나 지루해하지만 친구들이 같이 오면 활동을 더 즐거워하고 인내심도 커진다.

- **학교 선택:** 나는 아이들의 학교를 선택하면서 어떤 학교는 신체 활동에 전혀 자원을 할당하지 않는데 어떤 학교는 학교에 오는 날마다 1.5시간 운동을 권장한다는 사실을 파악했다. 이 부분에도 무게를 두고 학교 선택지를 고려할 수 있다.

- **학교 파트너십**: 아이가 학교나 개별화 교육 계획(Individualized Education Plan, IEP. 장애 아동의 강점과 약점을 고려하여 만든 개인 학습 계획 – 역주)에 어려움을 겪으면 신체 활동을 대처 기술로 활용하는 계획을 세울 수 있다. (아이가 화났거나 집중하지 못할 때 잠깐 걷거나 서 있게 하는 식이다.) 부모와 교사는 아이가 선호하는 신체 활동을 박탈하는 방법으로 벌을 주지 않도록 유의해야 한다. 예를 들면 ADHD와 관련된 행동 문제를 겪는 아이의 쉬는 시간을 빼앗지는 말자. 신체 활동 시간이 줄어들면 행동 문제는 더 나빠진다. 또한 신체 활동은 너무나 필수적인 것이라 활동 제한은 어떤 의미에서 식사 제한이나 수면 제한과 비슷하다고 볼 수 있다.

양육자 역시 일과 중 운동할 시간을 찾아야 한다. 아이들의 경우와 마찬가지로 운동하려면 시간, 에너지, 공간이 필요하고 돈이 드는 경우도 많다. 편한 시간에 할 수 있는 활동을 찾아야 하고, 집이나 동네에서 할 수 있으면 좋다. 어떤 부모에게는 운동에 대한 시각을 바꾸는 것이 도움이 된다. 선택적 여가가 아니라 꼭 필요한 일이라고 생각하고 우선순위를 두어야 하는 것이다. 예를 들어 부모들은 대부분 양치질을 반드시 한다. 이렇듯 충분히 반복하여 습관으로 자리 잡은 활동은 일상이 된다.

개인적으로 신체 활동의 가장 효과적인 동기는 명상 효과였다. 팬데믹 동안 정신적으로 힘들었는데 운동하면 기분이 좋아지고 집중력이 향상되고 에너지가 차올랐다. 운동 전후 주의 깊게 내 마음을 살피면 운동 후에 기분이 좋아지고 에너지가 채워진 것을 관찰할 수 있었다. 지금은 운동할 시간이 없다고 느낄 때마다 이런 정신적, 신체적 이점을 다시 떠올린다. 장기적인 건강상 이점이 있다는 사실도 알지만, 운동하자마자 느낄 수 있는 직접적인 이점이 훨씬 동기부여가 됐다. 운동 후 기분이 좋아지고 다른 일을 잘할 수 있다는 사실만으로 충분히 가치가 있었다.

/ 야외 활동과 자연 /

자주 잊히는 또 다른 우선순위는 자연과 교감하는 시간이다. 자연경관과 소리, 냄새가 부교감신경을 활성화하여 스트레스 호르몬인 코르티솔을 분비하는 신경 체계의 '투쟁-도피(Fight or Flight)' 반응을 직접적으로 진정시킨다는 사실은 잘 알려져 있다. 특히 아침에 밝은 빛에 노출되면 생체리듬이 균일해지고 멜라토닌 분비가 활성화되어 양질의 수면을 촉진한다. 아이들이 하루 한 시간만 야외에 있어도 근시의 위험이 줄어든다.[13]

연구에 따르면 녹지에서의 시간은 신체 활동과 혈압을 개선하고 인지 기능을 촉진하며 불안과 우울의 가능성을 낮춘다고 한다.[14] 플로렌스 윌리엄스Florence Williams는 저서 《자연이 마음을 살린다The Nature Fix》에서 야외에서 보내는 시간이 건강에 얼마나 강력한 이점을 제공하는지 풍부한 연구 근거를 들어 설명한다. 세계 곳곳에서 이러한 이론이 받아들여졌으나 서구 국가 일부에서는 그 중요성을 경시하는 경우가 있다.

　대다수의 부모들은 야외 활동을 우선순위로 여기지 않는다. 다른 과제가 많으니 안전하고 편안하게 야외에서 시간을 보내는 일이 어려울 수 있지만, 정신적, 신체적 건강상 이점을 생각하면 노력할 가치가 충분히 있다. '야외에서 1000시간(1000 Hours Outside)'이라는 조직은 영상 노출 시간과 야외 활동 시간을 동일하게 하라고 권장한다. 주말에 외출 시간을 두거나 하루 15분 가까운 공원에 가는 등 매일 규칙적으로 짧은 야외 활동을 하면 이 목표를 달성할 수 있다.

/ 영양 /

　부모들은 본능적으로 아이의 영양에 신경 쓴다. 자손을 먹이는 것은 유전자에 새겨진 본능이므로 영양은 부모가 무시할 가능성이 낮은 욕구다. 그러나 도전을 마주한 아이에게 영양 공급은 종종 치료에 해당한다. 매끼 정해진 양을 먹이면서 최적의 영양소를 제공해야 한다는 압박과 부담으로 인해 함께하는 식사의 기쁨과 즐거움이 사라질 수 있다. 먹는 행위는 단순한 열량과 영양소 주입이 아니다. 아이와 나 자신을 위해 음식은 회복이어야 한다. 즐거움을 누릴 기회이며, 유대와 공동체의 기준이기도 하다.

　부모라면 아이에게 밥을 먹이는 것은 절대 잊지 않지만, 본인이 끼니를 건너뛴 적은 많을 것이다. 부모는 아이의 욕구를 자신의 욕구보다 앞서 챙기며 내 끼니는 사소한 희생으로 여긴다. 그러나 적절한 영양이 건강에 필수적이라는 사실은 누구나 안다. 청소년 대상으로 끼니를 거르면 건강에 어떤 영향이 있는지 연구한 결과, 아침을 거르는 학생들은 학교 성적이 좋지 않았으며 심리사회적 어려움이 더 높았고 식단의 질은 떨어졌다. 구체적으로 과일을 덜 먹었고 비타민 D, 칼슘, 철분 함량도 낮았다.[15] 육아하는 부모 역시 식사를 거르면 이 열량을 보통 영양소 함량이 낮은 간식으로 채울 것이라고 예상할 수 있다.

도전의 혼란 가운데 하루가 계획대로 흘러가긴 어렵지만, 규칙적인 수면과 마찬가지로 규칙적인 식사는 에너지와 건강을 유지해서 가족의 삶을 지원하기 위한 중요한 부분이다. 아직 초기에 있는 영양심리학 분야는 장과 뇌의 신경학적 연결로 인해 음식이 정신건강에 미치는 영향을 점점 더 발견하는 중이다. 심리학자 우마 나이두Uma Naidoo는 저서 《미라클 브레인 푸드This Is Your Brain on Food》에서 기분을 좋게 한다고 알려진 당과 혈당지수가 높은 음식이 사실 우울증세를 심화하며, 전통적인 서구 식단은 체내 미생물 생태계에 악영향을 미쳐 과도한 불안을 유발했다고 설명한다.

식사 시간을 내기 어렵다면 도움을 요청하는 것도 방법이다. 도전에는 위임이나 아웃소싱이 어려운 부분도 있지만, 영양은 도울 의지와 능력이 있는 사람을 찾을 수 있는 영역이다. 미리 계획하는 것 역시 짐을 덜어줄 것이다. 아침 식사 때 점심도 만들거나 저녁 식사 때 나흘 치 점심을 대용량으로 만들어보자.

/ 일관성 /

안심시키는 말보다 안정적인 일상의 루틴이 안전의 감각을 느끼는 데 더 효과적이다. 아이들은 회복탄력성이 좋고 필요하다면 모든 상황에 적응하지만, 앞으로의 상황을 미리 알면 안전하다는 느낌을 받는다. 내가 담당했던 환자 가족 중에 아이가 다섯인 집이 있었다. 모두가 만성 질병으로 한 번 이상은 병원 신세를 졌다. 아이들이 이 상황을 어떻게 그렇게 잘 이겨내는지 묻자 부모는 일관된 육아 환경을 제공하기 위해 최선을 다한다고 했다. 아이 하나가 몇 달간 병원에 있으면 도와줄 사람에게 연락해 운전과 식사를 부탁했다. 밤에는 부부 중 한 명은 늘 병원에, 한 명은 늘 집에 있었다. 부부가 몇 주간 서로 만나지 못하기도 했지만, 아이들은 아픈 형제를 걱정하면서도 부모 중 한 명이 반드시 집에 있다는 사실에 위안을 받았다.

도전을 마주하면 일상이 방해받는 것은 어쩔 수 없다. 미처 생각하지 못한 잡일, 진료, 증세 악화가 종종 일어나지만 그래도 일상을 최대한 일관되게 지킬 수 있다. 아이에게 일상 계획을 미리 알려주면 좀 더 협조적인 태도가 되고 힘으로 다투지 않아도 된다.

루틴은 아이가 식사 시간과 수면 시간을 지키게 하는 최고의 방법으로 공인됐다. 1형 당뇨, 낭포성 섬유증, 암 치료 등 도전을 마주한 아이의 경우 성공적으로 정착시키는 일이 어렵긴 하지만, 루틴은 부모와 아이의 삶의 질을 높이는 한편 치료 이행에도 도움이 된다.[16~18] 루틴은 주 양육자가 자신을 위한 일을 할 수 있는 시간을 확보해주는데, 예측 가능한 루틴이 있으면 하루에 내려야 하는 결정의 수가 줄어들어 정신적 에너지를 아낄 수 있다.

어떤 사람은 월간 계획을 완벽하게 세우며 통제의 감각을 찾기도 하지만, 일일 루틴은 훨씬 단순하고, 익숙하고, 자동화된 하루를 가능하게 한다. 예를 들면 저녁 식사 후 숙제하기, 샤워하기, 조용히 책 읽기 등 루틴이 잡혀 있으면, 아이는 부모가 당장 보이지 않아도 안전하고 안정되었다고 느낄 수 있다.

/ 사랑 /

누구에게나 사랑이 필요하다. 내 말을 들어주고 나를 봐줄 사람이 필요한 것이다. 안전하고 안정적이고 서로를 보살피는 관계는 해로운 스트레스의 영향을 완화함으로써 평생 건강에 긍정적인 결과를 가져오는 것으로 밝혀졌다.[19] 안타깝게도 도전을 마주하는 것은 아이와 부모 모두에게 본질적으로 고립의 경험이다.

긍정적인 사회적 관계를 구축하는 것은 감정 절제, 공감, 의사소통 능력이 필요한 복합적 기술이다. 이 기술을 습득하는 데 도움이 필요한 아이들도 많다. 가끔은 다른 학습이나 발달상의 기술보다 인간관계를 맺는 기술을 우선순위에 둘 필요가 있다. 감정적 기술은 아이의 다른 능력을 키우고 아이가 사회 속에서 살아가며 행복을 찾는 데 중요한 이점으로 작용하기 때문이다. 가끔 부모는 아이의 사회적 욕구를 가족 내에서만 해결하려 하고 외부의 도움을 구하기를 망설이거나 회의적인 태도를 보일 때가 있다.

친구와 사회에 대해 더 살펴보면, 가족 외 극소수와의 의미 있는 관계도 아이에게 매우 귀중한 보완적 관점을 줄 수 있다. 부모와 자식의 관계는 특별하지만, 아이에게 사랑과 유대를 줄 수 있는 사람이 부모만은 아니다. 친척, 선생님, 간병인, 친구, 지역사회 구성원역시 아이와 긴밀한 관계를 맺을 수 있다.

사랑에 대한 아이의 욕구에 답하려면:

- 책 읽기, 포옹, 놀기 등 아이와 긍정적으로 유대를 맺을 시간을 규칙적으로 마련해두자.
- 중요한 관계를 구축하고 유지하며 우정을 쌓을 수 있는 기술을 가르치도록 하자.
- 아이에게 무조건적 사랑과 지지를 베푸는 어른은 아이를 위한 매우 귀중한 자원이다.

아이는 다른 사람과 어울리며 한숨 돌리기도 하고, 때로는 지지와 이해를 받는다. 물론 우정에 시간과 에너지가 드는 것은 사실이며, 다른 관계와 마찬가지로 지켜야 할 경계도 있다. 나와 가족의 삶에 타인을 들일 때는 이런 중요한 기술에 대해 부모를 통해 아이가 배우도록 하자.

/ 안전 /

어떤 도전은 직접적으로 아이의 안전을 위협하며 우선순위 목록의 맨 꼭대기에 올라선다. 양육자, 형제자매, 다른 가족 구성원을 포함해서 가족 모두는 안전하다고 느껴야 한다. 아이에게 생존을 위협하는 의료적 문제가 있다면 아이가 실제로 안전한 것만큼이나 안전하다고 느끼는 것도 중요하다. 생존을 위협하는 질병을 진단받게 되는 경험 자체가 트라우마로 남는 사람도 많다. 이 소식을 받아들이고 회복할 때까지 시간이 필요할 때도 있다.

음식 알레르기, 천식, 뇌전증이 있는 아이의 가족을 대할 때, 의사는 대비하고 경계하는 것이 아이의 건강에 얼마나 중요한지 강조해야 한다. 그러나 의사와 양육자는 아이 앞에서 소통할 때나 아이에게 이야기할 때 단어 선택에 유의해야 하며, 의사소통은 힘을 주는 어조로 이뤄져야 한다. 균형을 유지하는 것은 어렵지만 중요하다.

앞서 천식 진단을 받은 아이를 둔 친구 가족의 이야기를 했는데, 바이러스성 질환으로 호흡곤란이 반복되면서 두려움이 커진 친구 가족은 아이에게 호흡 문제가 생길 때마다 응급실을 찾았다. 그러나 두 아이 육아에 지친 상태에서 한 아이가 언제 호흡곤란을 일으킬지 모르는 혼란 속에 친구는 평정심을 잃어갔다. 친구가 몇 주나 자는 둥 마는 둥 하면서 잠자리 루틴은 무너졌고 두 아이 역시 잘 자지 못했다. 친구는 자기답지 않게 잘 판단하지 못했고 짜증을 잘 냈다.

친구의 사례를 보아도, 내가 담당했던 환자 가족들을 보아도 휴식, 신체 활동, 야외 활동, 영양, 일관성, 사랑이라는 기본적인 자기 돌봄을 우선하는 것은 육아 상황을 개선하는 첫 단계임을 알 수 있다. 내 친구는 새로이 진단받은 병에 대해 배우고 아이를 위한 계획을 수행할 능력이 충분한 사람이지만 제대로 쉬어서 활동할 수 있게 되기 전까지는 방황하며 버거워했다. 보편적 욕구는 가족을 위한 돌봄 계획을 세울 때 반드시 우선순위에 있어야 한다. 그렇다면 보편적 욕구 외에도 가족의 특별한 욕구와 관련하여 충돌하는 우선 순위 사이에서 어떻게 균형을 잡을지 논의하는 것이 도움될 것이다.

> 책을 계속 읽기 전에 잠시 다음 질문을 생각해보자.
>
> - 아이에게 지금 가장 필수적인 욕구가 무엇인가?
> - 나에게 지금 가장 필수적인 욕구가 무엇인가?
> - 적절하게 우선순위에 배치한 욕구는 무엇인가?
> - 최근 소홀히 한 욕구는 무엇인가?

특수한 욕구에 대한 것

내가 담당하는 환자가 병원 밖에서 어떻게 살아가는지 알게 될 때가 종종 있다. 한 뇌성마비 청소년은 기차에 대해 엄청난 열정을 가지고 유튜브 채널을 운영한다. 당뇨가 있는 여덟 살 소녀는 하루에도 몇 시간이고 춤을 춘다. 겸상적혈구성빈혈을 앓는 형제는 스포츠와 학업 분야에서 눈에 띄는 성취도를 보인다.

모든 계획의 중심은 아이다. 이상적으로 말하자면 아이의 가족과 돌봄 인력, 의료진과 교육진 모두 아이를 지원하는 데 집중해야 한다. **아이를 계획에 맞추는 대신 아이의 욕구에 맞춰 계획을 바꿔야 한다는 뜻이다.**

어쩌면 당연한 말로 들릴지 모른다. 부모는 실제로 아이를 위해 모든 결정을 내리기 때문이다. 그러나 의료와 교육 시스템은 그렇게 설계되지 않았다. 이러한 시스템은 천천히 그러나 확실히 가족 중심, 아이 중심으로 점점 개선될 것이다. 하지만 지금의 현실에서는 부모들이 아이와 관련된 결정에 가족의 가치와 욕구가 반영되도록 목소리를 높여야 한다.

부모가 의료와 교육 현장에서 경험하는 역학관계를 생각하면 쉬운 일은 아니다. 부모는 부모보다는 의사와 교육자에게 아이와 관련된 계획을 주도할 자격과 경험이 있다고 생각한다. 그러나 한 아이를 위한 계획을 세울 때 아이와 가족에 대한 부모의 전문성도 똑같이, 어쩌면 더욱 귀중하다. 전문가들이 아이를 위한 계획을 세우기보다 기존 계획에 아이를 억지로 맞추라고 요구한다는 느낌이 들면 의견을 말하는 것을 망설이지 않았으면 좋겠다.

부모는 아이가 무엇에 흥분하고 기뻐하는지, 또 무엇을 극히 싫어하는지 알고 있다. 하지만 아이에 대해 더 권위가 있는 유일한 사람이 있다면 그건 아이 자신이다. 아이와 관련된 결정에서는 아이에게 선택권을 준다면 과연 어떻게 할지도 생각해봐야 한다. 아이가 너무 어리거나 발달 단계상 아직 의사결정 절차에 참여하지 못할 경우라도 이를 습관화해야 하는 것이다.

많은 경우, 아이의 선호를 고려한다고 해도 결정은 달라지지 않는다. 부모는 아이가 원하지 않아도 반드시 약을 먹여야 할 때를 알며, 아이가 옳은 결정을 내리도록 돕는 사람이다. 그러나 부모가 독단적으로 결정할 수도, 아이의 의사결정을 존중할 수도 있는 회색지대는 점점 넓어진다. 지금은 부모의 우선순위를 고려하면서 아이의 우선순위 역시도 고려해야 한다는 점을 잊지 말아야 한다.

욕구가 버거울 때

아이가 도전을 마주하면 양육자의 시간과 에너지가 필요한 추가적인 욕구가 발생한다. 병에 대해 알아보고, 치료 계획을 조정하고, 추가적인 돌봄과 긴급 상황에 대비한 계획을 세워야 한다. 이런 일을 처리하려면 상당한 시간, 지성, 에너지가 필요하다. 안타깝게도 금전적 보상이 없고 인정받지 못할 때도 많지만, 아이와 가족이 행복하게 살아가기 위해서는 꼭 해야 할 일이다. 지금 알아둬야 할 **가장 중요한 사실은 도전을 마주한 아이의 양육자가 기존의 모든 욕구의 균형을 맞추는 한편으로 추가적인 책임을 감당할 방법을 찾아야 한다는 것이다.**

부모는 가족 구성원과 아이의 보편적 욕구와 특수한 욕구를 이해해야 한다. 현실에서 이러한 욕구를 충족시키는 작업은 너무 벅차게 느껴질 수 있다. 나는 1차 의료 기관에서 일할 때면 내원한 아이의 휴식, 신체 활동, 야외 활동, 영양, 일관성, 사랑이라는 보편적 욕구를 충족하기 위해 부모와 함께 방법을 찾는다. 그런데 논의가 끝날 무렵이면 부모는 해야 할 일이 너무 많아서 질려 버리곤 한다. 상대적으로 건강한 아이의 부모인데도 말이다. 아픈 아이를 간호하는 부모는 심지어 더 많은 욕구를 해결해야 하는 상황이다.

과부하가 느껴지면 잠시 한발 떨어져서 생각해보자. 가족의 욕구를 모두 떠올리면서 모든 욕구를 매일 최대한 완벽히 충족하는 것이 중요하지는 않다. 한 끼 식탁만으로는 건강한 식단을 유지하고 있는지 알 수 없다. 어떤 집이든 한 끼는 단백질 함량이 많고 한 끼는 섬유질이 많으며, 당이 많거나 지방이 과할 때도 있다. 영양에 대해 생각할 때는 한 주, 한 달, 한 해 기준으로 식단을 바라보아야 한다.

같은 맥락에서 육아 중에는 가족 모두 신체 활동을 많이 할 때도 있고 아무도 잠을 자지 못할 때도 있다. 배우자와 유대가 강해지거나 아이와 유대가 약해지는 시기가 있다. 그래도 괜찮다. 목표는 100점을 받는 것이 아니니까. 삶은 시험이 아니다.

어떤 욕구를 우선순위에서 제외할지 결정하는 것은 아픈 아이 부모의 가장 어려운 과제 중 하나다. 발달이 지연된 미취학 아동에게 의사는 여러 가지 발달치료를 권하곤 한다. 아이가 반나절을 유치원에서 지내며 규칙적으로 낮잠을 자고, 물리치료와 활동치료, 언어치료를 받는다면 다른 활동을 위한 시간이나 에너지는 남아 있지 않을 것이다. 가족의 스케줄은 부모가 선을 정하는 대로 만들어진다. 매일 치료받으면 일주일에 세 번 받을 때보다 진전이 빠르겠지만, 놀이와 휴식, 가족의 유대를 위한 시간은 없어진다. 이런 상황에서는 최선의 판단을 내리는 수밖에 없다.

우선순위 조정하기

주 양육자가 우선순위를 설정할 때 강력하게 의견을 낼 수 있는 사람은 누가 있을까? 바로 배우자, 다른 가족 구성원, 의료 전문가, 간병인 등이다. 모두가 자신의 가치를 육아에 반영한다. 현실에서 모두 의견을 나누고 합의하기까지는 상당히 긴 협상이 되겠지만, 이 과정에 시간과 에너지를 들이면 결국 이후의 삶이 편해진다. 합의된 계획이 있으면 돌봄 참여자 사이에서 불화가 생기거나 서로 실망하는 일을 피할 수 있다.

제이슨은 수줍고 머뭇거리는 성향의 일곱 살 남자아이로, 친구를 사귀고 함께 지내는 일을 어려워했다. 걱정이 많은 편이고 잠들지 못할 때가 많다. 확신을 원하고 어렵거나 무섭다고 판단되는 활동을 피할 때가 있다. 촉감에 예민해서 늘 입는 옷을 고집한다. 제이슨에게 전문가의 도움이 필요한지, 시기는 언제가 좋을지 엄마와 아빠의 의견이 다른 상황을 쉽게 상상할 수 있을 것이다. 서로 알고 있는 사실이 달라서 의견 대립이 일어나기도 한다. 아이와 더 많은 시간을 보내는 쪽, 즉 아이가 힘들어하는 모습을 직접 보았고, 학교 선생님의 전화를 받거나 확신이 필요해서 전화한 아이에게 답해주는 쪽은 불안장애 검사를 받아야 한다고 주장할 수 있다. 소통이 부족해서 한쪽이 상황을 잘 모른다면 반대하는 것도 무리가 아니다.

아니면 한쪽 부모는 제이슨이 항상 비슷한 모습을 보였으니 그 특징이 타고난 성격이라고 생각할 수 있다. 심리 상담은 상황을 지나치게 심각하게 만드는 것이며, 먼저 방과 후 활동이나 친구들과의 놀이 활동을 늘리는 편이 낫다고 여길 수 있다.

반면 다른 한쪽은 제이슨이 대처 능력과 자기조절 능력을 개선하는 치료를 받으면 친구 관계가 나아질 것이라고 말한다. 가족의 다른 욕구보다 이 부분을 우선시해야 한다는 것이다.

이러한 의견의 불일치가 과열될 때 가장 먼저 할 것은 갈등의 규모를 단계적으로 줄이는 것이다. 가치체계가 아닌 우선순위와 관련된 갈등이라는 사실을 확인하면 도움이 된다. 어떤 문제가 나에게는 1순위지만 배우자에게 3순위라면 상대가 왜 다른 일을 더 급박하다고 여기는지 생각해볼 수 있고, 최소한 상대 역시 이 문제를 의식하고 있다는 것도 알 수 있다. 하지만 내게 우선순위인 문제가 그의 순위권에도 없다면, 우리가 세상을 바라보는 방식이 너무나 다르다는 우려와 함께 이번 의견 충돌이 부부 관계의 더 깊은 균열을 반영하는 것은 아닌지 고민할 수도 있다. 아이의 행복이 너무 걱정되는 상황에서 배우자와 갈등까지 생기면 매우 화가 나고 공격받은 느낌이 들 수도 있다. 가족이라면 중요한 신념과 가치를 공유하고 싶어 하며, 아이에 대한 사랑과 헌신도 일치하길 바라기 때문이다.

이 사례에서 제이슨의 부모는 둘 다 아이가 힘들어하는 것을 알고 서로 다른 방식으로 문제를 해결하길 원한다. 공통의 목표를 성취하기 위한 최선의 시기와 방법에 관련된 의견 충돌은 어떻게든 해결할 수 있다. 그러나 뚜렷한 신념과 가치를 바탕으로 한 더 깊은 갈등은 훨씬 더 헤쳐 나가기 어렵다. 치료를 망설이는 부모는 제이슨의 경향이 정체성의 일부라고 보고 '아이를 바꾼다'는 개념에 분노할 수 있다. 또는 치료가 비효율적이라고 믿거나, 이런 문제는 부모가 직접 해결해야 한다고 생각할 수 있다.

이러한 신념의 충돌은 격한 갈등을 일으킬 수 있다. 신념에 관한 대화는 감정적으로 힘든 것도 있지만, 먼저 의견을 일치시키지 않으면 제이슨에게 가장 좋은 방향으로 나아가기는 매우 어렵다는 것이 더 큰 과제가 된다. 그렇다면 배우자가 왜 치료를 원하지 않는지 기저에 있는 신념에 대해 논의하고 공통점과 앞으로 나아가는 데 필요한 자원을 찾아야 한다. 치료를 원하는 쪽은 부부가 먼저 상담사를 만나서 당장 치료를 시작해야 한다는 부담을 갖지 말고 편하게 궁금한 부분을 물어보자고 제안할 수 있다. 그러면 주저하는 쪽에게도 치료를 받아들였을 때의 장점을 알아볼 시간이 생길 것이다.

가족 전체가 우선순위에 이름을 붙이고 인식하고 합의하면 부모는 아이를 더 효과적으로 지원할 수 있다. 부모가 함께 정리한 우선순위를 돌봄에 참여하는 사람 모두와 공유하면 공통의 목표에 도달하기 쉬울 것이다.

- 나의 우선순위는 무엇인가?

- 가족과 우선순위가 충돌하는 부분이 있는가?

- 아이 양육 계획에 모두가 합의할 수 있는 건설적인 방법은 무엇일까?

관련 전문가들의 의견을 하나로 만들기

1960년대, 삼촌은 두 살의 나이에 암을 진단받았다. 부모는 하루 1시간만 아이를 면회할 수 있었고 치료에 대한 자세한 사항을 알 수도, 결정에 관여할 수도 없었다. 이 시기, 의료진은 환자 가족을 치료의 참여자로 존중하는 분위기는 아니었다. 1987년 내가 암에 걸렸을 때는 상황이 달랐다. 소아과 의사들은 아이와 부모의 불필요한 분리가 아이에게 충격을 준다는 사실을 알게 됐고, 치료와 관련된 결정을 부모와 상의하기 시작했다.

내가 아팠던 해에 미 공중보건국장 C. 에버렛 쿠프가 진행한 공중보건 캠페인의 핵심은 가족에게 힘을 부여하는 것이었다. 1987년 공중보건국장 콘퍼런스에서 쿠프의 폐회사는 '부모와 전문가 간 파트너십을 통해 각 가족의 강점과 필요를 반영하는 지역사회 수준의 돌봄 체계 개발'[20]을 촉구했다.

오늘날 미국에서 가족 중심 치료가 현실이 됐다고 보긴 힘들지만, 의료계에서 지향해야 할 방향으로 명확히 인식되고 있다. 가족 중심 운동의 핵심은 각 가족에게 무엇이 가장 중요한가에 대한 존중이다. 만병통치식 접근으로 의료적 결정을 내리는 대신 가족의 신념과 선호를 반영하여 최선의 계획을 세우는 것이다.

현장 사례를 들어 설명하자면, 여름 수영 교실 일정을 방해하지 않도록 시술을 연기하거나 부모의 직장 스케줄 또는 형제자매의 학교 스케줄에 맞춰 아이를 퇴원시키는 일이 일반적이라는 뜻이다. 그래서 의료진은 부모가 가족의 욕구에 대한 정보를 공유해주길 바란다. 복합치료 진료를 시작할 때 나에게 가장 유용했던 조언은 "환자 가족의 궂은날에 너무 집중한 나머지 좋은 날에 대해 물어보는 것을 잊지 말라"는 말이었다.

의료진을 비롯하여 돌봄에 참여하는 사람들에게 아이가 열정적으로 하는 활동과 가족의 우선순위를 공유하면 내가 중요하게 여기는 부분을 존중받을 수 있을 것이다. 진료가 숨 가쁘게 진행되면 이런 수준의 유대를 이룰 시간이나 기회가 없을 수도 있다. 의사가 집중하고 있지 않다고 느낀다면 의사의 말을 멈추고 이렇게 말해도 좋다. "다른 이야기로 넘어가기 전에 오늘 진료에서 제가 가장 중요하게 생각하는 것은 아이의 수면 개선이에요. 계속 이렇게 살 수는 없거든요." 아이를 돌보는 인력 모두가 아이에게 중요한 부분을 존중해야 하지만, 부모의 관점을 확실히 전달하지 않으면 아이를 어떻게 지원해야 할지 알기 어렵다.

시술, 투약, 실험에만 집중하는 것처럼 보이는 의료진은 의외로 아이의 취미, 흥미를 보이는 운동, 우정까지도 최대한 지원하고 싶어 한다. 의료에 관한 생각이 근본적으로 바뀐 것이다. 모든 부모는 아이의 의견을 대변하지만, 아픈 아이를 간호하는 부모는 치료와 돌봄에 참여하는 사람들이 더 넓은 의미에서 의견을 일치시킬 수 있도록 추가적인 단계를 밟아야만 한다. 간병하는 부모는 더 부담이 크고 복잡한 결정을 해야 하는 만큼 아이와 가족에게 무엇이 중요한지 관련자들과 소통하는 것이 매우 중요하다. 물론 다른 사람과 소통하기에 앞서 가족의 특수한 상황을 고려하며 가족 구성원의 우선순위를 파악하고 일치시키는 것 역시 필수적인 단계다.

그 과정을 통해 앞으로 나아가면서 힘들 때마다 무엇이 가장 중요한지를 다시 생각하면 안정감을 찾을 수 있다.

다음의 질문을 통해 지금 우리 가족에게 무엇이 가장 중요한지 돌아보도록 하자.

- 지금 단기적으로 아이에게 무엇이 가장 중요한가?
- 건강을 해치는 수준까지 자신의 욕구를 방치한 영역이 있는가?
- 장기적으로 자신의 가족을 위해 우선순위에 두고 싶은 활동이 있는가?

3장

의학과 교육 정보
이해하고 파악하기

어떤 사람은 고난을 마주해도 어떻게든 삶을 헤쳐 나가고, 어떤 사람은 훨씬 더 힘든 시간을 보내기도 한다. 사회경제적 지위, 인종, 민족, 성적 지향, 성별, 장애, 지리적 위치, 교육 수준은 건강의 사회적 결정 요인이자 개인이 마주한 어려움을 쉽게 넘길 수 있을지에 관한 예측변수로 널리 알려져 있다. 사회적 결정 요인은 건강에 엄청난 영향을 미친다.[1]

이에 대한 사례는 매우 다양하다:

- 백인보다 흑인의 암 사망률이 높다.
- 삶의 질을 떨어뜨리는 수준의 충치는 빈곤선 아래의 아동에게 거의 2배 많이 발생한다.
- 부상과 자살은 미국 원주민과 알래스카 원주민 남성에게 더 흔

하다.

- 사회경제적 지위가 낮으면 당뇨, 심혈관계 질환, 만성 호흡기 질환, 자궁경부암, 정신질환의 위험이 크다.

이러한 차이의 근본 원인은 빈곤, 식량 불안, 주거 불안, 보험 부재, 인종차별, 계급 차별, 기타 구조적 불평등 등 다양하다. 그러나 지금껏 논의가 거의 없었던 근본 원인이 하나 있다. 바로 건강정보 이해력이다.

나는 경제 수준, 교육 수준, 인종·민족이 같은데도 의료 시스템을 얼마나 익숙하게 활용하는지에 따라 건강 관련 결과가 매우 달라진다는 사실을 여러 차례 확인했다. 이전 경험에서 얻은 지식도 중요하게 작용하지만, 경험이 필수는 아니다.

에드는 두 아이의 아빠다. 첫째는 선천성 심장병으로 호흡과 영양 섭취가 어려워 한동안 신생아 집중치료실에서 지냈다. 에드는 입원, 응급실 방문, 전문의 진료, 물리치료를 몇 번이고 반복하면서 가까워진 소아과 의사에게 병원 사회복지사를 소개받았다. 사회복지사는 보험 적용 사전 확인 절차, 자기부담금, 보험금 청구, 부모의 직장과 관련된 법적 보호, 적절한 교육에 대한 아이의 권리 등에 대해 배울 수 있도록 에드를 도왔다.

에드의 둘째 아이에겐 땅콩 알레르기가 있었다. 최초로 알레르기 반응이 나타나 응급실을 찾았을 때, 에드는 담당 의사에게 땅콩 알레르기를 가장 잘 관리하는 법에 대해 조언받고 같은 알레르기 환아 부모들의 도움을 구했다. 가족 모두가 식품성분표를 읽는 법을 배웠고 우연한 항원 노출에 대비했다. 에드는 몇 시간 동안 보험사와 싸운 끝에 응급 상황에 대비한 에피네프린 주사를 학교에 비치했다. 소아과 의사에게 받아야 할 서류가 많았지만 에드는 첫 아이를 기르며 서식과 보험 서류를 작성해본 경험이 많아 절차에 익숙했다. 둘째 아이의 땅콩 알레르기 때문에 가족 전체가 힘들었지만 필요한 지원을 받으며 대체로 수월하게 헤쳐 나갈 수 있었다.

첫 아이를 낳은 카멜라는 발진이 생긴 아이를 응급실에 데려갔다. 식품 알레르기 진단을 받았을 때 카멜라는 이해할 수 없었다. 식품 알레르기는 숨을 못 쉬고 입술이 붓는 심각한 증상인 줄 알았는데, 발진은 벌레에 물린 정도의 사소한 증상으로 보였다. 알레르기를 유발한 식품이 무엇인지도 알 수 없었지만, 응급실 의사와의 대화 끝에 둘로 좁혔다. 둘 다 이전에 아이가 문제없이 먹던 음식이기에 더더욱 심각한 알레르기는 아닐 것 같았다.

응급실에 온 것은 이미 늦은 시간이었고 카멜라는 지쳐 있었다. 의사에게 무엇을 물어봐야 할지, 진단과 약 처방이 무슨 뜻인지 알 수 없었다. 응급실 의사가 제대로 알고 말하는지 믿을 수도 없었다. 카멜라의 말에 집중하지도 않았고, 퇴원 수속 때는 아이 이름까지 틀리게 불렀기 때문이다. 카멜라의 엄마가 유당불내증이었기에 아이도 비슷하겠거니 했다. 그냥 아이가 그날 먹었던 음식을 최대한 먹이지 않기로 했다. 발진을 진정시키는 연고는 받지 못했지만, 아나필락시스에 사용하는 에피네프린 자동 주사 처방전을 받았다. 주사는 보험 적용이 되지 않았고 매우 비쌌다. 그래서 응급실에 다녀와 망설이는 사이 약 없이도 증세가 호전되는 것을 보고 결국 약을 받을 필요가 없다고 생각하게 되었다.

이후 몇 주 동안은 발진이 재발할까 걱정되어 이전 발진을 유발했을 가능성이 있는 음식 몇 가지를 먹이지 않았다. 온라인에서 제외식이(Elimination Diet, 음식물 알레르기를 확인하기 위해 증상에 관여되는 음식물을 검출할 목적으로 점차 하나씩 제거하여 가는 방법-역주)에 대한 글을 읽고 한 번에 하나씩 식재료를 다시 추가하면서 발진이 심해지지 않는지 지켜봐야겠다고 생각했다. 그러나 카멜라의 복잡한 계획을 제대로 공유받지 못한 돌봄 인력은 상황을 모른 채 아이에게 땅콩이 든 사탕을 먹였다. 이번에는 발진뿐만 아니라, 입 주위가 부어오르고 호흡이 곤란해져 다시 응급실에 가게 되었다. 카멜라는 이제야 아이에게 식품 알레르기가 있다는 사실을 확실히 이해했다. 제대로 진료를 보고 지시사항을 듣고 확실한 계획을 받았지만, 아이에게 뭔가를 먹이거나 어린이집이나 학교에 보내기 무서웠다. 약값을 어떻게 감당할지도 걱정이었다.

여기서 카멜라는 나쁜 엄마일까? 아이에게 잘못한 것일까? 이것은 옳은 질문이 아니다. 우리 사회는 모든 가족이 가진 자원은 다르다는 사실을 고려하지 않고 부모에게 모든 부담을 지우는 경향이 있다. 위 사례에서 에드는 첫 아이를 기르며 어렵게 습득한 귀중한 지식과 경험이 있었기에 둘째 아이의 의사와 어떻게 소통할지, 어디서 아이를 위한 자원을 찾을지, 어떻게 효과적으로 계획을 시행할지 알고 있었다. 아이가 긴급상황으로 응급실에 간 것은 카멜라의 잘못이 아니다. 필요한 지식과 지원이 없었을 뿐이다.

미국 공교육 시스템 어디서도 의료기관이나 교육기관을 활용하는 법에 대한 표준화된 커리큘럼은 찾아볼 수 없다. **전문가를 만나는 부모들의 자원과 지식 수준은 저마다 다르다. 그리고 의료 시스템은 모두에게 건강정보 이해력을 길러주도록 설계돼 있지 않다. 그래서 망망대해에서 길을 잃은 기분을 느끼는 부모가 많아지는 것이다.**

내 친구들은 진료 후에 전화해서 의사인 내게 치료 계획에 대해 묻곤 했다. "약물치료가 꼭 필요할까?" "주치의가 전문의를 봐야 한대. 이거 큰일이야? 걱정할 만한 일이야?" 또한 문제를 과하게 걱정하며 주치의와 상의하지 않고 바로 전문의를 찾는 친구도 있었다. (여기서 주치의의 개념은 접근성이 좋은 동네 소아과나 아이의 성장 과정을 줄곧 보아온 병원의 의료진으로 이해된다. 전문의의 경우, 상급병원의 세부 분야에 해당하는 의료진을 말한다.-역주) 이렇게 해서 더 신속히 처리되는 문제도 있지만 치료가 늦어지거나 혼란에 빠질 때가 더 많다. 예를 들면 지속적인 관리와 쌍방향 소통이 필요한 천식이나 변비 등의 문제는 주치의와 상의하는 편이 낫다. 단, 흉부외과 전문의나 위장병 전문의가 진단을 확인하거나 최적의 치료 계획을 세워줘야 하는 시점도 있을 것이다.

의료 시스템의 변화를 일으키는 것은 내 의지만으로는 되지 않는다. 현재 도전을 마주한 가족을 지원하는 자원이 턱없이 부족하다. 내가 할 수 있는 일이 있다면 가족들이 일반적으로 벽을 마주하는 부분에 대한 기초 지식을 제공하여 스스로 잘 헤쳐 나갈 수 있도록 돕는 것이다. 의료 시스템은 효율성을 촉진하고 치료의 질을 개선하기 위해 질병을 처리하는 과정에 상호 네트워크 시스템인 여러 프로토콜을 두고 있다. 진료실이 기계 같다고 느껴도 이해한다. 환자의 증상과 신체검사 결과를 투입하면 의료 산업 공단이 치료 계획을 내놓는다.

이 시스템은 일반적인 문제를 겪는 일반적인 사람에게는 괜찮을지 모른다. 열이 나고 목이 아프고 인두염 검사와 항생제가 필요하다면 프로토콜은 적당한 계획을 알려줄 것이다. 그러나 환자를 만나고 문제를 해결하는 것은 본질적으로 과학인 만큼이나 기술이다. 대화가 없다면 이 환자가 올해만 인두염을 네 번 앓았고 코골이가 심하다는 사실은 아무도 알 수 없다. 어쩌면 편도결석을 빼야 할지도 모른다. 너무 엄격한 식이 제한 때문에 면역 체계가 제 역할을 하지 않는지도 모른다. 환자의 상태가 사소하게라도 프로토콜을 벗어나는 순간 진단은 혼란에 빠진다. 틀에서 찍어낸 듯한 치료를 고수하면 완전히 잘못될 수 있는 이유는 일반적인 틀에 꼭 들어맞는 환자 사례가 더 드물기 때문이다. 예를 들면, 학령아동 40% 가까이는 만성 질환을 앓고 있다.

대학에 가기 전에 마지막으로 주치의를 만난 일이 어렴풋이 기억난다. 의사는 성인이 된 내가 건강 관리에 어떻게 접근해야 하는지 설명했다. 투병 경험과 관련 없는 일로 병원에 가더라도 반드시 의사에게 의료 기록을 모두 말해야 한다는 것이었다. 적절한 조언이었지만 표준 문진표로는 내 과거를 설명할 수 없을 때가 많았고 간호사는 의사가 빨리 검토할 수 있도록 기록을 요약해서 전달했다. 아이의 치료에 중요한 상황을 의료진이 다 모를 수도 있다는 것이다. 환자 가족들은 치료 계획과 약 처방전, 진료 의뢰서 등을 들고 가서 삶에 끼워 넣는다. **환자에게는 질병 말고도 정체성과 가치와 취미를 포함한 더 큰 삶이 있다. 그래서 아이와 부모의 삶을 지원할 수 있는 로드맵이 필요하다.**

특정한 도전과 맞서는 삶이 꽤 오래됐다면 의사에게 처방전이나 진료 추천서를 받는 일, 교육 평가팀에게 개별화 교육 계획을 받는 일이 있었을 것이다. 이러한 계획들과 관련된 사람들에게 이 계획이 진짜 의미하는 바가 무엇인지 전체적인 상황을 돌아보는 시간을 갖기를 권한다. 일반적인 정보를 검토하고 내 관점을 정리하면 아이와 가족에게 도움이 될 것이다.

약물치료

그리 오래되지 않은 일이다. 친구의 아들이 집중하길 어려워한다고 이야기하고 있었다. 나는 처음에 주의력 결핍 및 과잉 행동 장애Attention Deficit Hyperactivity Disorder(ADHD)의 가능성을 제기했다. ADHD라고 하면 많은 사람이 '잠시도 가만히 못 있는' 아이를 상상하지만, 과잉 행동보다는 주의력 결핍 증상이 있는 아이들이 해당될 때도 많은데 이 경우는 진단을 피해가곤 한다. 아이가 속으로 다른 생각을 해도 관찰자가 항상 알아볼 수는 없기 때문이다. 친구는 그렇게 생각한 적이 없었지만, ADHD에 관한 조사 끝에 아들의 증상과 일치하는 부분이 있다는 결론을 내렸다. 이후 몇 주간 친구는 돌봄 인력, 친구, 담임 교사를 찾아다니며 아들의 강점과 약점에 대해 대화를 나눴다.

체육 교사는 아이가 자주 지시사항을 잊어서 다시 말해줘야 한다고 했다. 아이 친구의 부모와 이야기해 보니 한 가지 활동을 계속하며 노는 다른 아이들과 달리 친구 아이는 자주 돌아다니며 놀이에 제대로 참여하지 않는 모습이라고 했다. 담임 교사는 아이가 '따라오고는 있지만 더 잘할 수 있다'는 의견을 내놓았다. 친구는 여러 사람의 의견을 들으며 생각을 더 굳혔다. 아들의 일상을 다른 시각에서 보게 된 것이다. 친구는 정신과 진료 예약을 잡았고 검사가 진행됐다. 정신과 의사의 소견 역시 ADHD였으며, 자세한 설명과 함께 자극제를 처방해주었다.

진단이 확실해진 후 친구가 약을 받아서 집에 도착했을 때 남편은 매우 확신이 없었다. 약물치료를 받아들이면 복잡하고 만성적인 질병을 인정하게 된다고 생각하는 것 같았다. 아픈 아이에게 약물치료가 필요할 수 있다는 사실은 모두가 알지만, 부모는 대부분 아이에게 약을 먹이고 싶어 하지 않는다. 실제로 매일 약을 먹이는 것은 힘든 싸움이다. 아이는 약을 거부하고, 시간 맞춰 먹이려면 늘 신경 써야 하며, 약이 떨어지지 않게 수시로 받아 오고 안전하게 보관하는 것도 일이다. 부작용과 다른 위험도 걱정된다. 하지만 약물치료가 필요할 때가 있고, 심지어 약이 삶을 바꿔놓기도 한다. 약을 먹으면 이 작은 아이가 배우고, 놀고, 친구를 사귀는 능력이 좋아지기 때문이다.

친구는 남편이 내켜 하지 않는다며 내게 부탁했다. "남편한테 약이 필요하다고 설명해줄 수 있어?" 나는 기꺼이 부탁을 들어줬다. 남편 역시 내 지인이기도 했다. 그러면서 나는 친구가 놓치고 있던 부분을 이야기했다. 친구는 몇 달에 걸쳐 정보와 의견과 자원을 구한 끝에 약물치료의 필요성과 유용성을 알게 되었다. 남편은 가끔 이야기를 듣긴 했지만, 그 과정에 똑같이 참여하거나 전문가와 직접 대화를 나눈 것은 아니었다. 나는 남편에게 의료인으로서 간단한 조언을 한 후, 아들을 가까이서 지켜본 돌봄 인력, 교사, 치료사, 의사와 만나 직접 이야기를 들어보라고 권했다. 남편은 2주 정도 사람들을 만나며 새로운 정보를 소화했고 결국 약물치료에 동의했다. 몇 달 후 이 가족을 만났을 때는 두 사람이 앞다투어 아이가 얼마나 잘 지내는지 열정적으로 이야기했다. 아이는 약물치료 이후 학업과 친구 관계에 더 활발하게 참여할 수 있게 되었다. 앞으로도 갈 길이 멀겠지만, 진단과 약물치료의 필요성을 받아들이는 것은 아들의 행복을 위한 필수적인 단계였다.

진단을 인정하고 약물치료의 필요성과 안전성을 받아들이려면 시간, 조사, 교육이 필요할 때가 있다. 약물치료에 동의했다고 해도 배우자, 돌봄 인력, 아이의 조부모는 정보 습득, 상담, 질문의 기회가 없었을 수 있다. 한쪽 부모가 약물치료에 대한 교육의 책임을 부담하고 다른 가족 구성원과 이해관계자에게 알리는 것은 큰 부담이다. 이런 상황에 있다면 망설이지 말고 의사에게 다른 양육자와 공유할 자료를 요청하는 것이 좋다.

치료의 목표를 이해하는 것도 약물치료를 이해하는 데 핵심적인 요소다. 아이가 영원히 이 약을 먹어야 하는가? 약물치료는 문제를 해결하는가? 부작용은 무엇이며 약물치료의 효과는 부작용을 감수할 가치가 있을 정도인가? 추가로, 약물치료의 효과가 없다면 대안은 무엇인가? 약물치료를 시작하는 것은 부담스럽게 느껴질 때가 많기에 여러 지점을 생각해봐야 한다.

약물치료를 할 때 지켜야 할 사항이 있다. 약은 대부분 온도에 민감하므로 차량, 욕실, 주방에 오래 보관하면 약의 품질이 떨어질 수 있다. 빛에 민감한 약은 햇빛에 노출하면 안 된다. 일부 액체 약, 특히 항생제처럼 약사가 가루로 제조한 약은 흔들어서 섞은 다음 1회 분량을 덜어내야 한다. 투여량을 측정하는 것은 매우 중요하며, 언제나 '몇 숟가락'이 아닌 밀리미터로 측정해야 안전하다.

장기적으로 잊지 않고 매일 약을 먹는 것은 매우 어려운 일이다. 평균적으로 성인이 정확히 약을 먹는 것은 절반뿐이다.[2] 맛과 질감의 호불호가 강한 아이가 떼를 쓸 때 약을 먹이려면 더 어려울 수밖에 없다. 복약 이행에 관한 연구에서는 80% 이상 약을 먹으면 된다고 보고 있다(그러나 더 높은 목표를 두길 바란다. 약을 먹어야 효과가 있으니까!). 약을 먹어도 개선되지 않으면 의사는 부작용 위험이 더 큰 약을 사용하게 되기도 한다. 복용 방법에 따라 약을 먹는 것은 어려운 일이며, 전체 인구 차원에서도 복약 방법 미준수는 공공 보건의 중대한 숙제다.[3] 아이에게 시간에 맞춰 약을 먹일 수 없었다면, 후속 진료에서 정직하게 말하는 것이 좋다.

시작할 준비가 되었다면, 약물치료를 쉽게 하는 몇 가지 실용적인 방법을 알아보자.

- 의사가 정한 복약 시간이 현실적인지 확인하자. 걱정되는 부분이 있다면 말하자. 하루에 네 번 먹어야 하는 약은 가능한 피하자. 가족의 현실을 생각했을 때 투약 간격이 너무 짧다면 의사에게 대안이 있는지 물어본다.

- 아이의 나이, 맛과 식감 취향, 가능한 약물의 선택지를 구체적으로 아는 의사, 간호사, 약사에게 약 먹이기에 대한 조언을 구한다. 어떤 아이는 물약을 격하게 거부하고 알약을 선호한다. 캡슐을 열어 가루약을 음식과 섞어 먹이는 편이 나을 수도 있다.

- 투약법의 정석을 알고 있어야 한다. 특히 비강 스프레이, 안약, 흡입기, 처방 연고 사용법을 철저하게 익혀둔다. 천식, 뇌전증, 식품 알레르기 등 응급 치료가 필요한 질병의 경우 아이를 돌보는 모두가 반드시 연습해야 한다.

- 약 먹을 시간을 기억하는 데 도움이 될 만한 전략이 있다. 투약 시간을 변동이 없는 일상(아침 식사 전, 이를 닦을 때 등)과 연결

하는 것이다. 휴대폰 알람 등 기술을 활용한다. 하루 알약 팩이나 스티커 같은 눈에 보이는 장치를 사용한다. 어떤 아이는 천식 예방용 흡입기를 아침에 잊지 않고 가지고 나가기 위해 학교에 갈 때 신을 신발에 넣어두기도 한다(이때 집을 나서기 전에 약을 먹는 것도 기억하면 좋을 것이다).

아이가 약을 먹는 책임을 가질 만큼 컸다면 아이에게 맡겨도 좋다. 하지만 오랜 시간, 어쩌면 몇 년간 관리 감독이 필요하다는 점을 알아두어야 한다. 배변 훈련에 비유할 수 있다. 아이가 세 살에 배변 훈련을 받았어도 몇 년간 외출하기 전에 화장실에 다녀오라고 말해주었을 것이다. 약물치료가 정말 중요하다면 어른의 감독이 필요하다.

진료 의뢰서에 대한 오해와 진실

어떤 부모는 다른 병원으로 가보라는 진료 의뢰서를 받으면 무시당했다고 생각한다. "주치의가 나한테 질렸나 봐." 아니면 "의사가 어쩔 줄 몰랐던 걸까"라고 여기거나, "전문의를 봐야 한다니 정말 심각한 상황인가 봐"라고 과대 해석하기도 한다. 매우 상식적인 부모도 왜 의사가 담당 환자를 다른 병원이나 의사에게 보내는지 이해하지 못할 때가 많았다.

모든 1차 의료기관 의사는 진료 의뢰서를 쓴다. 1차 의료기관 의사는 넓고 얕게 안다는 말이 있지만, 사실 우리는 넓게 많이 안다. 특히 언제 다른 전문의의 도움이 필요한지 안다는 사실이 중요하다.

소아과 주치의가 진료 의뢰서를 써줬다면 이유가 있을 것이다. 양육자는 그 이유를 알아야 한다. 진단을 위해 진료 의뢰서를 쓰는 경우가 있다. 소아과 의사는 짜증을 부리는 아이에게 유단백 알레르기가 있다고 의심하지만, 식이를 제한하려면 소화기내과에서 확실한 진단을 받아야 한다. 아이가 좀 더 크고 위산 역류가 심하면 내시경을 받을 수 있도록 진료 의뢰서를 쓸 것이다. 호산구성식도염이라는 병을 확인할 수 있다. 1차 의료기관 의사에게 의심되는 진단을 확인하는 방법은 소화기내과에 진료 의뢰서를 써서 검사받게 하는 것이다. 전문의가 식도 내벽을 확인해야 한다. 이러한 경우의 진료 의뢰서는 보통 일회성 진료를 목적으로 한다.

장기 관리를 위한 진료 의뢰서도 있다. 아이에게 염증성장질환, 선천성 심장병, 또는 ADHD와 학습장애 복합진단이 내려졌다면 적합한 전문의가 관리를 담당해야 한다. 전문의는 최초 평가 후 기존 소아과 주치의에게 참고 의견을 보내겠지만, 이후 계획은 전문의가 책임진다.

이유가 무엇이든 이후 일을 예측하려면 왜 진료 의뢰가 이뤄졌는지 알아야 한다. 앞으로 누가 아이를 담당할 것인가? 의사소통은 어떻게 할 것인가? 진료 스케줄은 어떻게 되는가? 처음에는 아이가 다른 의사에게 가야 한다는 사실에 무시당했다고 느낄 수 있지만,

반대로 의사는 환자를 존중해서 진료 의뢰를 한다. 주치의는 당신의 문제에 추가적인 자원이 필요하다고 판단하고 이 과정을 도우려고 한 것이다. 진료 의뢰의 이유를 알면 적극적으로 의견을 표현할 수 있다. 소화기내과 전문의가 아이의 역류를 장기적으로 관리하는 편이 아이에게 도움이 될지, 또는 평소 소아과 주치의가 역류를 관리하면서 아이의 증상으로 인해 의료적 재평가가 필요할 때만 전문의를 찾아가는 편이 나을지 선호하는 쪽이 있을 것이다. 진료 의뢰가 어떻게 이뤄졌는지 알면 의견을 낼 수 있다.

진료 의뢰서를 받아 아이가 다른 병원에 가게 되면 꼼꼼하게 질문하자. 다음과 같은 질문은 매우 중요하다.

- 봐야 할 진료가 얼마나 자주 있을까요?
- 이 특정 의사가 이상적인가요, 아니면 이 분야 전문의 누구든 상관없나요?
- 응급 상황에서는 기존 주치의, 소개받은 전문의, 긴급 치료 센터, 응급실 중 어디에 연락하나요?
- 전문의와 기존 주치의는 어떻게 소통하나요?
- 약 처방을 새로 하고 학교에 제출하는 서류를 담당할 사람은 누구인가요?

전문의가 아이 돌봄에 어떻게 참여하는지 알게 되면 적합한 의사를 선택하는 일에도 도움이 된다. 사소한 검사를 위한 일회성 진료라면 전문의가 누구인지는 크게 중요하지 않다. 예를 들어, 심각하지 않은 심잡음이 있어 심장초음파로 자세히 알아보려는 경우라면 편리성과 기존 주치의와의 소통을 우선하는 것이 좋다. 진단과 관련된 평가를 위한 일회성 진료의 경우, 특히 긴급하지 않다면 진료를 기다리거나 먼 곳까지 이동해서라도 가장 훌륭한 의사를 만나볼 가치가 있다. 예를 들어, 무지외반증이 우려되어 정형외과 전문의를 추천받았다면 진료는 한 번으로 끝날 가능성이 크기 때문에 전문의의 위치는 큰 문제가 되지 않는다.

진료 의뢰의 목적이 장기적인 관리나 수술이라면 전문의 선택은 더 중요한 결정이 된다. 주치의와 전문의에게 다음을 물어보자.

- 전문의의 전문 분야가 아이의 문제와 어떤 관련이 있을까요?
- 해당 전문의는 같은 종류의 사례를 얼마나 많이 다루었나요?
- 병원까지의 이동 편리성을 고려해야 할 만큼 진료 빈도가 높은가요?

배에 사공이 많을 때

앞으로 나아가는 최선의 길에 대해 관련자들의 의견이 일치하지 않을 때는 당면한 문제에 대해 터놓고 논의하는 것이 가장 좋다. 의외로 단순하게 끝날 때도 많다. 한 의사가 다른 의사의 계획을 보고 자신이 제안한 바와 다름없이 좋다거나 심지어 더 낫다고 인정할 수 있다. 한 의사가 진료 기록, 실험 결과, 검사 결과 등 다른 의사에게 없는 정보를 가지고 있어서 다른 결론을 내렸으며 이 판단이 합당할 수 있다. 의사는 대부분 누군가를 돕기 위해 의학을 선택한다. 확실한 설명을 듣고 싶거나 의견 충돌의 원인을 파악하는 등 건설적인 의도만 있다면 의사가 제안한 계획을 반박하더라도 기꺼이 논의에 참여할 것이다. 가끔 회색지대에 있는 문제는 가치와 우선순위를 반영하여 부모가 결정해야 할 경우도 있다.

교사나 정신건강 전문가가 협력하여 아이를 돌보고 있을 때도 같은 문제가 발생한다. 의사끼리 소통하기가 어렵다면 교사나 치료사와의 소통은 심지어 더 어렵다. 외부 의사와의 논의 등 행정 업무를 위해 빼놓은 시간이 아예 없을지도 모른다. 의사와 교사는 아이의 상태를 설명하는 언어도 서로 다를 때가 많다.

예를 들어 이런 일이다. 마니는 싱글맘으로, 명랑하고 떠들썩한 어린 남자아이 네이트를 키우고 있다. 네이트는 ADHD 진단을 받았다. 진단에 앞서 이뤄진 아동 발달 전문가와의 심도 있는 평가 시간을 통해 ADHD에 동반되는 학습장애 및 불안장애 등 기타 정신건강 문제의 가능성은 없다는 사실을 확인할 수 있었다. 마니는 네이트의 치료를 위해 교사 피드백을 받았다. 교사가 바라는 점은 주로 네이트가 교실 환경에서 학습하고 생산적으로 참여하는 것이다. 네이트는 또한 학교 밖의 작업치료사와 만나 숙제를 정리하고 아침에 등교 준비를 하는 등 일상 기능을 최적화하기 위해 수행기능을 높이는 치료를 받고 있다. 마니는 교사와 치료사에게 매주 피드백을 받고, 네이트의 약을 추가로 처방하거나 조정하는 소아과 주치의를 두세 달에 한 번 만난다. 계획이 수월하게 진행되던 차에 문제가 발생했다.

네이트는 집에서 잘 지냈고 민간 작업치료사와 만나면서 어려워했던 과업을 성취할 수 있게 되었지만, 학교 교사의 시각은 달랐다. 점심시간이 지나면 집중력을 잃고 말썽을 피우며 수업을 방해한다는 것이었다. 교사는 여러 방법으로 행동을 개선하려 해보았지만, 문제가 커져서 네이트는 교장실까지 가게 되었다. 교사는 네이트가 오후에 적절하게 행동할 수 있도록 약 종류를 바꾸거나 투여량을 늘려야 한다는 의견을 냈다. 마니는 이 소식에 여느 부모처럼 실망하고 방어적인 마음이 들고 화가 났지만, 그래도 네이트의 보호자로서 학교에서 일어난 일을 작업치료사, 의사와 논의해야 했다. 이런 상황에 마니에게 도움이 될 만한 다음과 같은 방법을 추천한다.

- **기록한다.** 피드백을 일기처럼 기록하면 도움이 된다. 날짜와 피드백을 준 사람을 표시하고 내용을 요약하는 정도로 충분하다. 다만 상황이 잘못된 방향으로 흘러간다고 느낄 때는 직접 인용을 포함하여 더 자세한 기록을 남기자.
- **최대한 많은 정보를 얻을 수 있도록 질문하자.** 특히 부모가 학교에 따라가지 않는 경우라면 학습 과정이 바뀌어서 아이가 어

려움을 겪거나 또래와 사회적인 문제가 있을 때 모를 수 있다. 점심을 어떻게 먹는지 등 사소한 질문까지 하는 것이 좋다.

- 아이를 돌보는 사람들의 의견이 불일치할 경우, 직접 의견을 나눌 자리를 만들어 보자. 현재의 약을 먹고도 네이트가 잘하고 있다고 주장하는 작업치료사는 학교 교사에게 학교에서 어떤 기술로 네이트의 행동을 돕고 있는지 물어보고 구체적인 제안을 해볼 수 있다.
- 마음을 열고 모든 사람의 관찰에 가치가 있다고 생각하자. 아이는 서로 다른 상황에서 서로 다르게 행동할 수 있으며 교사가 관찰한 모습을 통해 발견하는 점이 있을 것이다.

아이가 힘겨워하면 부모는 바로 자원을 더 투입하려 한다. 물론 더 많은 사람의 통찰이 도움이 될 수도 있다. 그러나 참여하는 사람이 늘어나면 관리하는 일도 늘어난다. 때로는 치료 조정 업무를 소아과 주치의, 사회복지사, 개별화 교육 계획 담당자, 보험회사 간호사 등 다른 팀원에게 넘기는 것도 고려해볼 수 있다. 치료 계획 위임은 확실한 의견 불일치가 있을 때 효과가 좋다. 예를 들면 한 의사는 수술을 추천하는데 다른 의사는 그렇지 않을 때다. 이런 경우보통은 부모가 이와 같은 치료 조정 업무를 부담한다. 치료를 능숙하게 조정하는 일이 아이와 가족에게 중요하다는 사실을 인지하는 것에서 출발하는 것이다. 조정에는 시간과 에너지가 든다. 선택지와 권리를 알고, 전략적으로 필요한 조사를 하고, 상황을 조직적으로 정리하고, 필요한 부분을 요구할 수 있는 것이 무엇보다 중요하다.

후속 진료에 대한 생각

다섯 살 난 제임스는 꿋꿋한 아이다. 선천성 심장병으로 몇 차례 수술을 거쳤지만 이제 심장 문제는 해결됐다. 심장 수술 전에는 호흡기 감염으로 몇 번 입원한 적이 있었다. 천식과 알레르기를 치료하려 했지만 큰 차도는 없었다. 한번은 폐 감염으로 흉강에 찬 감염된 체액을 뽑아내는 수술도 했다.

제임스의 병은 중증이라 흉부외과 전문의, 알레르기 전문의, 감염병 전문의의 진료가 필요했다. 수술과 투병이 이어지며 발달이정표보다 뒤처져서 발달 전문가의 도움을 받았다. 체중 증가가 느려서 영양보급관을 쓴 적도 있었기에 최근 성장 상태는 훌륭하지만 여전히 소화기내과 전문의를 만난다. 집안 내력이라 안경도 쓴다.

여러 가지 어려움에도 불구하고 제임스는 심장 수술 이후 대체로 잘 지내고 있었다. 1년간 심각한 호흡기 감염도 없었고, 천식이나 알레르기 증상도 많이 나타나지 않았다. 마지막 심장 수술 이후 체중 증가와 성장 상태도 매우 좋고, 마지막으로 심장병학과를 방문했을 때의 평가도 낙관적이었다. 그러나 제임스는 나와의 진료에 몇 번 오지 않았고 다섯 살에 보통 맞는 접종을 받지 않았다. 학교에서는 의무 접종을 하지 않았다는 이유로 복학을 거부했다. 제임스의 가족은 예외 신청을 하지 않았다.

제임스가 학교로 돌아가야 부모도 안정적으로 직장 생활을 할 수 있었기에 긴급으로 예방적 정기검진을 계획했다. 예후가 좋다고 알고 있었기 때문에 제임스를 만나게 되는 일이 기대됐다. 그러나 진료실에 들어서자 제임스 아빠는 매우 화나 보였다. 간호사에게 제임스를 부탁하고 나는 아빠와 사무실에 들어가 문제를 논의했다.

이 긴급하지 않은 '긴급' 진료는 아빠에게는 마지막 지푸라기와 같았다. 상사는 제임스의 아빠를 해고하겠다고 협박했다. 제임스가 병원을 오고가는 사이 가정에는 많은 빚이 쌓였다. 상황이 조금 안정되면서 부모 둘 다 경제적인 상황을 회복하기 위해 무리하게 여러 가지 일을 하고 있었다. 제임스의 상태는 나아졌어도 안과, 치과, 소화기내과, 영양학과, 천식 전문가, 알레르기 전문가, 심장병학과까지 진료는 여전히 많았다. 진료가 있을 때마다 엄마나 아빠가 직장을 쉬었고, 이미 학업이 뒤처져 있는 제임스도 학교에 빠졌다. 하지만 어떤 진료에서도 가족에게 가장 필요한 부분을 처리해주지 않았다. 바로 제임스가 계속 학교에 다닐 수 있게 하는 것이었다. 교육상, 발달상의 이점도 있지만 안정적인 보육을 위해서는 제임스가 학교에 다녀야 했다.

이 상황을 알게 되니 제임스의 주치의로서 미안하기 그지없었다. 제임스의 상태가 호전되었기에 도움이 되었다는 자부심을 느끼며 진료실에 들어섰지만, 정작 이 가족에 필요한 지원을 해주지 못하고 있었던 것이다. 목표 지점의 90%까지 왔는데 다 망쳐버린 기분이었다. 어떤 후속 진료가 필요하고 불필요한지 내 도움 없이 이 가족이 어떻게 판단하겠는가?

의사들에게는 표준 업무 흐름이 있다. 최초 진료 후 몇 달마다 후속 진료를 한다. 후속 진료에서는 증상이 개선되거나 안정되는지 재평가함으로써 환자 상태에 맞게 치료 계획을 조정한다. 그러나 전문의는 모든 것을 다 알 수는 없다. 의사들은 제임스의 호흡기 상태가 매우 많이 개선되어 진료 간격을 넓히거나 아예 문제가 생기면 병원을 찾는 것으로 해도 무방하다는 사실을 몰랐던 것이다.

보통 전문의들은 환자 가족의 상황을 알 만큼 장기적 관계를 유지하거나 큰 그림을 보기 힘들다. 현실적으로 말해서 무엇이 환자 상태 개선에 최선인지만 고려한다. 관리용 흡입기를 쓰는 천식 환아를 생각해보자. 호흡기내과 전문의는 계절이 바뀌고 아이가 자라면서 천식이 나아질지 나빠질지 확실히 예측할 수 없다. 또한 시중에 신약이 나올 수도 있고, 전문의 사이에서 표준으로 여기는 지침이 바뀔 수도 있다. 또 한 번의 진료는 환자 상태나 의료계의 합의가 바뀌었는지 생각해볼 재평가의 기회다. 전문의는 백 명이 후속 진료에 와서 치료 계획이 중대하게 변경된 사람이 한 명, 사소하게 조정된 사람이 스무 명이라면 합당하다고 볼 것이다. 전문의에게는 "이제 안 오셔도 됩니다"라고 말할 이유가 없다. 위험 부담이 있을 뿐이다.

반면 제임스 가족의 관점에서 보면 치료 계획에 중대한 변화가 있을 1%의 확률 때문에 진료에 가는 것이 큰 시간 낭비로 느껴질 수 있다. 부모의 직장에 문제가 있다는 큰 맥락을 전문의가 알았다면 후속 진료가 필수적인 상황이 아니니 문제가 있을 때 오라고 했을 것이다. 나는 제임스의 가족에게 다른 일이 많다는 걸 알고 진료 간격을 늘렸다. 신뢰 관계를 잘 구축했으니 정기 진료 외에 도움이 필요하면 연락하리라고 생각했다. 그러나 전문의 후속 진료가 가족에게 얼마나 부담이 되었는지는 몰랐다. 더 일찍 알았다면 여섯 건의 전문의 진료 중 우선순위를 둬야 할 부분과 건너뛰어도 될 부분을 결정하는 데 도움을 주었을 것이다. 또는 제임스의 아빠를 보호할 수 있도록 가족 건강 휴직 등 지원 제도를 알아보았을 것이다.

다행히 상사는 엄포를 놓았을 뿐이었고 제임스의 아빠는 해고당하지 않았다. 제임스의 건강이 호전되어 부모가 둘 다 일하게 되자 가족의 경제 상황은 좀 더 안정됐다. 그날의 교훈 덕분에 나는 부모들에게 더 일찍, 더 자주 아이의 투병으로 직장에서 힘들지는 않은지 묻는 습관이 생겼고, 사회복지 업무를 돕는 직원에게도 부모의 직장 보호를 최대한 적극적으로 지원하라고 요청해두었다.

의사들은 아이의 문제 상황이나 위기의 순간을 알게 되면 기꺼이 주의를 기울일 것이다. 그러나 아이에게 보이는 문제가 없다면 당연히 도움이 필요한 다른 아이에게 관심을 옮긴다. 하지만 누군가는 아이의 욕구를 살펴야 한다. 그래서 부모는 내 아이의 지지자가 되어야 한다.

나 역시 환자였다. 정장 바지와 넥타이, 의사 가운을 입은 의사가 내려다보는 가운데 일회용 가운을 입고 진찰대에 앉는 일은 불편했다. 의사가 환자의 치료를 지배하는 권력관계는 이제 많이 달라졌지만, 여전히 환자는 의사의 말을 따라야 한다는 압박을 느낀다. 의사는 환자에게 이렇게 저렇게 하라고 지시하고 환자는 질문이나 반박 대신 그저 그 말을 따른다. 다행히 부모들이 가족에게 가장 적절한 의사를 찾고 치료의 선택지를 조사해야 한다는 권장 사항은 점점 널리 퍼지고 있다. 후속 진료에 대해서도 역시 의문을 제기해도 좋다.

아이의 노는 시간, 낮잠 시간, 학교 시간이 중요하다는 데는 모두가 동의한다. 부모에게는 이런 욕구를 해결할 시간이 필요하다. 급여를 받는 일과 받지 않는 일에 투자할 시간도 소중하다. 시간을 낭비하는 것은 좋지 않다. 제임스의 사례가 보여주듯, 부모가 가족의 시간을 확보하고 싶다고 말한다면 전문의 진료 횟수를 줄임으로써 전반적인 가족의 부담을 낮출 방법을 찾을 수 있다.

예정된 진료에 대해 적극적으로 질문해서 큰 그림에서 치료 목적에 맞는지 확인하도록 한다.

- 이 진료의 목적은 무엇인가?
- 대안은 있는가? 몸무게나 혈압 변화를 이메일로 보내면서 다음 진료를 더 늦게 보는 방법은 어떤가?
- 진료를 미뤘을 때 어떤 위험이나 대가가 있는가?
- 아이의 상태를 관리하는 책임을 1차 의료기관의 주치의가 넘겨받을 수 있는가?

- 다른 문제가 없을 때 정기 후속 진료를 취소할 수 있는가? 문제가 생겼을 때 진료 예약을 잡는 방식으로 바꿀 수 있는가?

기억할 것은 의료진과 부모는 가족을 지원한다는 똑같은 목표를 향해 노력하고 있다는 사실이다.

정신건강 문제에 대해

나는 '뭔가 잘못된' 새라라는 이름의 아홉 살 소녀와 원격 의료 상담을 했다. 새라의 엄마는 아이가 새로운 경험을 앞두고 때로는 몇 달 전부터 걱정한다고 설명했다. 미술 캠프에서 친구를 만들 수 있을까? 거기서 그림을 제일 못 그리면 어쩌지? 점심을 혼자 먹으면 어쩌지? 잘 모르는 미술 재료를 써야 하면 어떡하지? 새라는 캠프 전주에 잠을 자지 못했고 작은 일에도 자제력을 잃었다. 저녁 식탁에 좋아하는 음식이 없으면 화를 폭발시키며 물건을 던졌다. 원래 성격과는 맞지 않는 행동이었다. 최근에 학교 교사와의 상담에서도 비슷한 의견을 들었다. 새라는 점점 더 친구들로부터 멀어졌고 익숙하지 않은 활동에 참여하지 않으려 했다.

이 상담의 목적은 새라의 상태를 이해하는 것이 아니었다. 부모는 이미 새라의 불안이 과도하다는 사실을 알고 있었다. 새라의 엄마도 몇 년간 불안장애를 다스리느라 고생했다. 엄마는 어떻게 가장 빨리 딸에게 필요한 도움을 줄 수 있을지 묻고 있었다. 흔한 이야기지만, 정신건강 문제로 도움을 받는 것은 여전히 쉬운 일이 아니다.

양질의 증거 기반 치료를 합리적인 가격에 제공하며 인종적·문화적으로 민감한 행동 건강 관리 센터를 찾는 것은 쉬운 일이 아니다. 2016년, 미국 아동 약 5명 중 1명에게 정신건강 문제가 있는 것으로 나타났지만 그중 절반은 전혀 치료받지 못했다.[4] 이런 격차의 원인과 치료를 가로막는 장애물은 다양하다. 일단 서비스 제공자가 부족하다. 많은 지역사회에서 정신건강 관련 평가와 치료를 제공하도록 훈련된 인력은 너무 적다. 미국 보험 시스템의 수가는 충분하지 않아서 많은 병원에서는 환자에게 추가 비용을 부담시키거나 보험을 아예 받지 않는다. 그래서 평범한 가정에서는 정신건강 관리 비용을 감당할 수 없다. 또한 부모-자식 상호작용 치료나 인지행동치료 등 다양한 능력과 연령대의 아동을 위한 증거 기반 치료의 접근성은 제한적이고 불안정하다. 아이의 정신건강 치료를 지원하려면 가족은 치료 서비스의 필요성을 받아들이고 정신건강과 관련된 도전을 마주한 사람에 대한 끈질긴 편견까지 받아들여야 한다.

실제적 장애물도 있다. 병원을 찾고, 대기 명단에 이름을 올린 채 기다리고, 충실히 치료받을 시간을 내는 것 모두 중대한 부담이다. 매주 진료가 있으면 부모의 도움이 많이 필요하다. 특히 학교 기반의 서비스를 선택할 수 없는 상황이라면 근무 시간 중에 아이를 진료실까지 데려가야 한다.

정신건강 문제가 정말 심각해질 때까지 도움을 요청하지 않는 가족이 너무나 많다. 이해되지 않는 바는 아니다. 부모는 아이를 사랑으로 키우며 시간이 지나면 문제가 안정되거나 사라지리라고 생각하고 싶어 한다. 최근에는 아이의 삶의 질을 위해 무엇보다도 정신건강이 중요하다는 인식이 커졌다. 정신질환은 대부분 신경생물학적 문제로, 신경전달물질의 불균형이 원인이다. 그러나 여전히 아이의 정신건강 문제를 직접 '고칠' 수 없었다는 사실에 슬퍼하고 상처받고 부끄러워하는 부모가 많다. 게다가 불안과 우울은 긴 시간에 걸쳐 서서히 변화가 일어나는 잠행성 발병인 경우가 있다. 부모는 아이와 너무 가까이 지내기 때문에 점진적으로 나빠지는 상황에 적응하여 이것이 일반적인 상태라고 생각할 수 있다. 어디부터 외부의 도움이 필요한지 판단하기 쉽지 않은 것이다.

새라의 경우 불안은 빠르게 오지 않았다. 물론 새로운 경험에 겁 없이 달려들던 아이가 하루아침에 주저하는 성향이 되었다면 부모도 이 변화를 우려했을 것이다. 그러나 새라는 원래 낯선 상황 앞에 늘 망설이는 성향이었고 이 성향이 서서히 강화된 것이다. 부모가 안심시켜 주길 바라는 모습 역시 처음에는 타고난 성격이며 아이가 느낀 바를 건강하게 소통하고 있다고 생각했을 것이다. 그러나 부모는 아이를 달래는 데 점점 많은 시간을 써야 했다. 하루나 한 주를 돌아보면, 새라의 엄마는 아이를 안정시키느라 최소 하루 한 시간을 쓰고 있었다. 친구와의 작은 의견 충돌이 괴로웠다는 이야기를 잘 들어주고, 학교 숙제를 몇 번이고 확인하는 것을 도와주고,

다른 사람과의 상호작용 후에 잘했다고 안심시켰다. 새라의 엄마는 학부모 면담 후 한발 떨어져서 상황을 보게 되었고, '보통' 자신이 새라의 남동생과 보내는 시간, 가족 전체가 함께하는 시간보다 새라를 달래는 데 투자하는 시간이 길다는 사실을 깨달았다. 가족 전체가 새라의 질병에 서서히 익숙해진 것이다. 치료가 시급했다. 사실은 벌써 시작했어야 했다.

정신건강 치료가 늦어지는 이유는 또 있다. 부모는 소아과 의사나 정신과 의사가 정신건강 문제의 해결책은 하나뿐이라며 약물치료를 권할까 봐 두려워한다. 정신건강 문제에 대한 모든 치료는 전면적인 평가 후에 이루어진다. 이 평가를 통해 아이의 상태와 치료 옵션에 대해 알 수 있으며, 가족들은 눈이 뜨이는 경험이라고 말하곤 한다. 최선의 방향은 전면적인 평가 후 치료사가 앞으로의 치료 계획을 제안하고 가족이 함께 결정을 내리는 것이다. 상황에 따라 의사나 치료사는 몇 가지 선택지를 제시할 수 있다. 상담·행동치료, 약물치료, 병행, 당장은 개입하지 않고 아이의 상태를 좀 더 지켜보는 것까지 다양한 대처 방식이 있다. 정신건강 문제를 대하며 혼란스러운 기분이 들 수 있으나, 아이와 가족을 위해 최선의 결정을 내리려고 노력해야 한다.

정신건강 치료사는 보통 의도를 가지고 한 가지 방법을 강권하지 않는다. 어떤 가족은 향정신성 약물 고려를 주저하고, 어떤 가족은 집중치료에 드는 시간과 비용을 감당하지 못한다. 선택지가 있다는 사실에 더 혼란스럽고 부담을 느낄 수도 있지만, 이를 선물처럼 생각할 수도 있다. **아이에게 도움이 되는 선택지가 몇 가지인지 물어보고, 현재로서 관심이 있든 없든 어떤 약물치료가 가능한지, 왜 추천하는지, 어떤 장단점을 고려해야 하는지 알아두는 것이다.** 한편 약물치료를 강력하게 추천받더라도 거절하고 대안을 묻는 것 역시 환자 가족의 권리다.

정신건강 약물을 두려워하는 사람도 있지만, 한편 많은 성인에게는 대화 요법이 문제를 해결할 수 없다는 선입견이 있다. 그러나 다양한 정신건강 문제에서 대화 요법이 매우 효과적이라는 사실을 증명하는 연구는 수백 건에 달한다. 대상자의 50%가 치료 8회 만에 개선을 경험했으며 75%가 대화 요법만으로 나아진다고 느꼈다.[5] 이는 다양한 종류의 정신질환과 연령층에 적용되며, 뇌 영상연구에 따르면 증상이 개선된 환자의 경우 뇌에서 약물치료를 했을 때와 같은 패턴이 나타났다고 한다. 치료 시간은 물론 치료실 밖에서 새로운 기술과 사고 패턴을 연습하는 시간은 향정신성 약물이 불러일으키는 변화와 유사한 뇌 구조 및 화학 반응의 변화를 가져온다. 대화 요법도 약물치료도 유효함을 뒷받침하는 증거다.[6] 다만 치료의 필요성을 실감한다고 해도 서비스에 접근하고 비용을 지불하는 데 어려움을 느낄 수 있다.

치료를 고려한다면 많은 궁금증이 생길 것이다. 가장 먼저, 어떤 치료사가 적합할까? 치료를 제공할 자격이 있는 전문가는 다양하다. 정신과 의사(의학 박사), 심리학자(정신건강 석사 또는 박사), 사회복지사(석사 또는 자격시험을 통과한 자), 부부 및 가족 치료사(부부 및 가족 상담 트레이닝), 상담사(석사 또는 자격시험을 통과한 자) 등이 있다. 가장 적합한 전문가를 학위로 판단할 수 있는 것은 아니다. 그러나 확실한 진단을 받지 않았거나 약물치료가 필요할 수 있다면 정신과 의사를 먼저 만나보는 것이 좋다. 그렇지 않은 경우에는 누가 아이와 가장 건설적인 관계를 쌓을 수 있을지를 기준으로 최선의 치료사를 선택해야 한다.

많은 치료사가 구체적인 치료 범위를 설정해둔다. 특정 연령대나 특정 정신질환에 전문성이 있는 것이다. 아이의 상태가 치료사의 관심 분야와 맞는지도 중요하다. 모든 치료사가 모든 치료를 제공하는 것은 아니므로 일곱 살 아이의 불안장애를 다룰 사람을 찾고 있다면 10대 청소년 우울증을 전문으로 다루는 치료사는 최선의 선택이 아닐 수 있다. 치료는 내밀한 것이므로 다른 전문가에 비해 성격과 스타일의 중요도가 훨씬 높다. 특히 아이가 불편하거나 어렵다고 느끼는 일을 시킬 때는 적합한 사람을 찾는 것이 큰 차이로 이어진다. **정신건강 치료에서는 환자와의 적합성이 너무 중요해서 더 잘 맞는 치료사를 찾아 두 번째, 세 번째를 만나는 것은 흔한 일이다.** 위에서도 말했지만, 비용 역시 또 다른 중요한 제약이다.

안타깝게도 많은 지역사회와 심지어 가족 내부에서도 정신건강에 대한 고정관념으로 부정적으로 생각하는 사람들이 있다. 진단명을 말했을 때 상대가 이렇게 반응한다면 운이 없다고 생각하는 편이 낫다. 슬픔, 불안, 기타 행동 정서 장애를 겪는 아이의 가족은 지역사회의 다른 사람에게 설명하기 어렵다고 느낄 수 있다. 그러나 이러한 도전을 공개했을 때의 잠재적 이점도 잊지 말았으면 한다.

아이가 신체적인 도전을 마주했다면, 지역사회에서 앞다투어 가족의 식사를 챙겨주고 도움의 손길을 내밀곤 한다. 정신건강 문제에 이와 같은 지원이 없는 가장 큰 이유 중 하나는 프라이버시다. 어려움을 공개하면 공감하고 도우려는 사람이 의외로 많다는 데 기분 좋은 놀라움이 생길 수 있다. 정신건강 문제를 겪고 있는 아동이 5분의 1이니, 외부인으로서 알 수는 없지만 아이의 같은 반 친구나 이웃 중에 비슷한 경험을 하는 가족이 있을 수 있다. 설령 아무도 도와주지 않더라도 아이의 진단명을 공개하면 다른 숨은 환자 가족에게 도움이 될 수 있다. 필요할 때 도움을 요청해도 된다는 마음이 드는 것은 상당한 안정감을 준다. 다른 건강 문제도 마찬가지지만, 정신건강 문제가 있는 아이의 가족은 수치심과 고립감을 느끼며 따돌림과 냉담함을 우려한다. 부모는 본인 역시 이러한 느낌과 싸우는 한편 아이가 긍정적인 자존감과 회복력을 기르고 유지될 수 있도록 관심이 필요하다.

학교와의 협업은 어떻게 해야 할까?

도전을 마주한 아이를 학교에 보내려면 시스템도 복잡하지만 감정적으로도 어려움이 많다. 헤더 래니어Heather Lanier는 저서 《특별한 아이 키우기Raising a Rare Girl》에서 특수한 요구사항이 있는 아이를 지역 학교에 보내려고 시도한 과정을 요약한다. 아이는 다른 아이들보다 작아서 도움이 더 필요했다. 래니어는 다음과 같이 썼다. "세 단계가 있다. 학교의 전문가들을 모아 아이에 대해 최대한 설명한다. 본능을 예민하게 깨워 이들의 반응을 관찰하며 유능하고 아이를 존중하는지 파악한다. 본능이 허락하면 아이를 보낸다."

부모로서 도전을 마주한 아이를 학교에 보내본 적은 없지만, 아이를 학교에 보내는 일 자체가 스트레스의 연속이라는 사실은 잘 안다. 아이를 차에서 내려줄 때 분리불안이 일어나고, 데리러 가면 아이는 부모에게 피로와 억눌렸던 감정을 표출하며, 학교에서 정확히 어떤 일이 있었는지 모른다는 새로운 불확실성도 스트레스다. 아이는 물을 충분히 마시고, 음식을 충분히 먹고, 화장실을 제대로 사용했을까? 또래 친구들이 친절하게 무리에 끼워줬을까? 학교에서 제공되는 교육에 유의미하게 참여했을까? 도전을 마주한 아이라면 걱정할 일은 더 많다.

그렇다고 해도, 학교는 부모와 아이 모두에게 중요하다. 부모의 삶과 아이의 삶을 분리하면서 둘 다 성장할 수 있다. 아이는 자라고 배우고 자신만의 공간을 갖게 되며, 부모는 자신의 문제를 다룰 삶의 여유를 갖게 된다.

그러나 아이를 학교에 보내는 변화는 쉽지 않다. 도전을 마주한 아이라면 더 위험하게 느껴진다. 실제로는 '나는 이 변화에 스트레스를 느낀다'와 '아이의 학교를 신뢰하지 않는다'를 구분하기가 매우 어렵다. 교사는 의료인과 마찬가지로 아이를 돕겠다는 열정으로 직업을 선택한다. 보통 교사들이 부모의 목표를 공유하고 아이에게 가장 좋은 방향으로 노력한다는 뜻이다.

교사, 치료사, 교육 전문가 역시 저마다 강점과 약점이 있는 인간일 뿐이다. 전문가도 모르는 것은 모른다. 의료계와 마찬가지로 교육계의 표준 지침은 시간에 따라 진화한다. 어떤 학교는 새로운 시도에 앞장서지만, 어떤 학교는 전통적인 접근을 고수한다. 학교가 제공하는 돌봄의 범위 역시 모두 다르다. 조사를 통해 알아내는 수밖에 없다.

학교를 결정해야 할 때는 아이에게 무엇이 필요한지 정직하고 솔직하게 말해야 한다. 또한 아이가 적절한 지원을 받지 못해 어려움을 겪지 않도록 적합한 학교를 선택해야 한다. 다른 학부모들에게 학교에서의 경험을 물어보는 것도 좋다.

아이 학교의 시스템이 어떻게 작동하는지 이해하고 있는지는 중요하다. 계획을 조정하고 효율적으로 소통하려면 필수적인 부분이다. 학교와의 소통을 더 체계화한다면 이점이 있을까? 도전을 마주한 아이를 도우려면 세부 사항이 중요할 때가 많다. 약물치료를 하지 않고, 적합한 전문의를 만나지 않고, 후속 계획을 이해하지 않고, 적합한 행동 및 교육적 지원을 찾지 않는다면 아이의 도전에 대처하는 데 더욱 어려움을 겪을 것이다. 그러나 큰 그림을 이해하는 것역시 육아 계획에서 너무 중요한 핵심적인 요소다.

4장

큰 그림으로 보는
도전의 과정

24주에 조산아로 태어난 마누엘에겐 합병증이란 합병증은 모두 발생했다. 뇌내출혈이 있어 수두증, 즉 뇌척수액이 두개강에 고이는 현상이 일어나 몇 차례 수술을 받아야 했다. 뇌손상은 반복성 발작으로 이어졌는데 약물치료로도 통제할 수 없었다. 폐병이 발생했고 호흡기 질병을 앓을 때마다 중환자실에 들어갔다. 섭식과 성장이 어려워 여러 차례 시술이 필요했고 중심정맥관이나 영양보급관으로 영양을 공급했다. 마침내 아이에게 맞는 식이요법을 찾았지만 바로 뇌수두증 수술 중 감염이 일어나 입원이 길어졌고, 장기적인 항생제 투여와 추가 수술이 필요했다. 감염이 치료될 때쯤 뇌전증 발작이 다시 심해지고 증상도 달라져서 추가 검사와 새로운 약물치료가 필요했다.

두 살이 되자 패턴은 확실해졌다. 한 가지 건강 문제가 나아지거나 안정되면 다른 문제가 나타났다. 호흡기 질환으로 마누엘이 다시 중환자실에 입원했을 때, 엄마는 울면서 둘째를 임신했다고 고백했다.

엄마의 마음이 힘든 이유는 새 아이가 태어나면 마누엘이 가족의 관심과 자원을 빼앗길 것이라는 죄책감이었다. 또한 조금이라도 경계를 늦추면 그토록 헌신한 아들에게 나쁜 일이 일어날까 걱정하고 있었다. 엄마의 이 말이 오래도록 기억에 남았다. "우린 그냥 이렇게 살아가야 해요. 마누엘의 상태는 계속 비슷하겠죠. 아이에게 최선을 다하되, 아이의 병이 내 삶의 전부가 되지는 않게 할 거예요."

아들에 대한 헌신도 감동적이었으나, 입원과 퇴원을 반복하는 혼란 가운데 이런 통찰이 가능했다는 점이 매우 인상 깊었다. 마누엘이 아프기 전에 자신과 남편이 어떤 사람이었는지 기억하고 만성적인 충격이 계속되는 가운데서도 가족의 장기적 목표를 떠올릴 수 있었던 것이다. 자신과 남편에게 중요한 일이었기 때문에 용기가 필요한 선택을 했다. 아직 어떻게 헤쳐 나갈지 확실히 알 수는 없지만 어떻게든 해낼 거라는 믿음이 있었다.

도전의 규모나 심각성과 관계없이, 부모는 아이를 너무 사랑하기 때문에 눈앞의 문제에 휘둘리기 쉽다. 물론 그래야 할 때도 있다. 위기 상황에는 단기적으로 자원과 관심을 한곳에 쏟아야 한다. 그러나 잠시 여유를 갖고 **큰 그림을 인지하며 의식적으로 가족 모두에게 좋은 계획을 세우는 것은 너무나 중요하다.**

패턴 파악하기

도전에는 보통 패턴이 있다. 패턴을 파악하고 있으면 앞으로 일어날 일을 예측하고 의도적으로 대응책을 선택하는 데 도움이 된다. 마누엘의 엄마는 아들의 병에서 어려운 패턴을 파악했다. 위기를 넘기면 또 위기가 오고, 상황은 점점 나빠졌다.

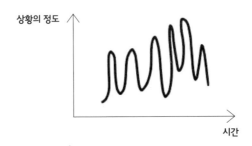

위 그래프에서, 가로축이 시간이라고 하자. 위아래는 각각 아이의 상태가 괜찮을 때와 더 힘들 때를 뜻한다. 증상이 더 심해지고, 진료가 많고, 일상에 지장이 클 때가 힘들 때에 들어간다.

마누엘의 엄마는 가족 전체가 계속 응급 모드로 살 수는 없다고 느꼈다. 둘째를 낳고 싶었고 30대 후반이었으니 무기한 미룰 수는 없었다. 다른 사람들이 이 선택을 손가락질할까 두려웠을 것이다. 그러나 내가 본 마누엘의 엄마는 큰 그림을 보며 중요한 다른 목표와 관계를 기억할 수 있는 통찰과 지적 이해가 있는 사람이었다.

심각성이 낮고 일상에 지장이 적으며 관리할 수 있는 도전도 있다. 계속 병원을 찾지 않아도 된다. 아이의 만성 환경 알레르기가 천식 발작을 유발하지만 흡입기가 있으면 괜찮은 정도일 수 있다. 그렇다면 이 부모의 삶은 앞서 그림보다 부침이 적은 형태일 것이다. 아이는 일상생활을 하지만 몇 주마다 알부테롤(천식 치료제-역주)을 더 자주 쓰고 투약량을 늘리고 진료를 보는 다음과 같은 그림일 수 있다.

이 상황에서, 부모는 이렇게 생각할지 모른다. "상황은 꽤 괜찮다. 나는 도전을 이해하고, 안정적인 계획이 있고, 큰 위기를 피하려 노력한다." 그러나 이 결과를 얻기 위해 얼마나 많은 에너지를 쓰며 일하고 있는지, 얼마나 스트레스를 받는지 인지하는 것은 중요하다. 도전이 아니었다면 일상의 기준선은 어디였을까?

이를 생각하려면 가족의 구체적인 상황에서 아이가 어떻게 살아가고 있는지 깊이 이해하고, 무엇이 의학적으로 가능하고 현실적인지도 인지해야 한다. 필요할 때 약물치료를 하고, 증상을 관리하고, 치료 단계를 밟아 나가는 일상적 스트레스는 감당할 만하다. 상황이 더 나아질 수도 있지만, 부모의 스케줄이 유연하고 아이의 정기적인 활동에 큰 지장이 없다면 기준선은 그리 멀지 않을 것이다.

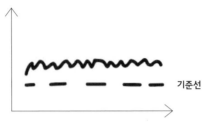

기준선

　이 경우, 물결선은 좋고 나쁜 날의 작은 부침을 반영하며, 삶이 어디 있어야 하는지의 기준선은 그리 멀지 않다.

　그러나 똑같이 천식을 앓는 아이가 있는 다른 가족의 경우는 일상이 훨씬 어려울 수 있다. 투약에 10분이 걸리는 분무식 약물치료를 하루 세 차례 하고 있고 아이는 매번 격렬하게 거부하여 부모와 관계가 틀어질 정도다. 통학은 오래 걸리고 수고로우며 기침으로 가는 길을 계속 멈춰야 한다. 양호실 선생님은 매일 전화해서 아이를 집에 보낸다. 하루하루의 삶은 가족이 천식과 알레르기 없이 살 수 있는 기준선에서 더 멀다. 이 경우 부모는 책임을 다하고 있지만 늘 한계를 넘어서는 느낌이 들 것이다.

　이 아이들을 담당하는 의사는 천식 관리 상황이 어떤지 수치로 확인한다. 잠을 자지 못하는 날이 얼마나 되는지, 학교를 며칠이나 빠졌는지 묻는 것이다. 이런 수치를 통해서는 실제 삶의 극히 일부분만 들여다볼 수 있다. 두 번째 가족의 경우에도 부침은 적지만 일상의 희생은 더 커서 받아들이기 어려울 것이다.

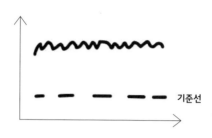

기준선

　일상의 부담이 감당할 수 없는 정도라면 다른 선택지가 없는지 의료진과 논의해보자. 또는 의학적으로 무엇이 가능한지 직접 조사해볼 수 있다. 안타깝게도 학습된 무기력에 빠져 희망을 잃어버리는 가족이 너무 많다. 지친 나머지 이렇게 말하게 되는 것이다. "우리 애는 절대 천식 발작을 일으키지 않고 뛰어다니거나 놀 수 없을 거예요." 지금껏 무엇을 시도했는지 몰라도, 거의 확실히 틀린 말이다. 맞는 치료를 찾기까지 시간이 걸릴 수는 있어도 아이들은 대부분 천식을 관리할 수 있다.

부모에게만 보인다

　어떤 도전이든 정신적인 충격이 될 수 있으며, 아이에게 영향을 주는 도전을 마주하기란 더욱 힘들다. 특히 정신적 외상이 반복되면 무력감이 일어난다. 어떤 부모는 개선의 희망을 버리고 현재 상태를 현실로 받아들인다. 가끔은 이런 태도가 좋다. 한정된 에너지를 해야 할 일을 하는 데 쓸 수 있기 때문이다. 그러나 무작정 수용하면 변화하려는 노력은 하지 않게 된다.

의사가 진료실에서 두 가족을 만난다고 하자. 한 아이의 천식은 잘 관리되고 있고 한 아이는 그렇지 않다. 양쪽 부모 모두 "네, 천식과 알레르기 관리는 매일 해야 하는 일이지만 전보다는 나아졌어요"라고 한다면 의사는 현 계획을 지속하라고 조언할 확률이 높다. 그러나 두 번째 가족이 모든 상황이 벅차다고 느끼며 이렇게 말할 수 있다면 어떨까? "너무 힘들어요. 이대로는 안 돼요." 이 말을 한 것만으로 다른 선택지가 생길지도 모른다.

안타깝게도 이런 과정을 거쳐 어떤 아이는 더 나은 수준의 간호를 받게 된다. 교육을 더 받고, 조사를 더 하고, 시간이 많고, 이에 대한 지식이 많은 지인을 주변에 두고 있는 부모는 상황을 정확히 인식하고 가족을 위해 목소리를 낸다.

부모에게 가족을 위해 자기주장을 하고 더 많은 도움을 요구할 능력이 있다면 의사는 상황을 자세히 알아보고 무엇이 합당한 선택지인지 설명할 것이다. 투약 과정이 덜 힘들고 효과가 좋은 약으로 바꾸면 가족의 일상이 달라질 수 있다. 가끔은 가족에 대해 더 깊이 알아야 한다. 집에서 기르는 개가 만성 알레르기를 유발하고 천식을 자극할 수도 있다. 또는 매주 알레르기 주사를 맞힐 수 있다. 이 방법은 시간이 오래 걸리고 아이에게 불편감을 준다. 하지만 6개월간 주당 5시간을 투자해서 장기적으로 알레르기와 천식이 개선된다면 당장은 시간과 비용이 들어도 더 나은 선택지라고 볼 수 있다.

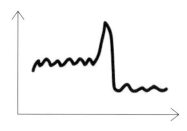

이 경우, 가운데 크게 솟은 부분은 의식적인 선택으로 상황이 더 힘들어지는 부분이다. 예를 들면 병을 더 잘 관리하기 위해 시간과 에너지를 투자하여 수술받는 시기다. 더 나은 질병 관리를 위한 시간과 에너지 투자가 적절한지는 부모만 알 수 있다. 이러한 사고방식은 집중적 개입과 관련된 특정한 문제에만 적용된다. 아이가 평생 같은 빈도로 알레르기 주사를 맞아야 한다면 "말도 안 되는 소리"라고 할 수 있다. 아이에게 뇌성마비 같은 장기적 장애가 있다면 집중적인 투자를 해야 할 시기가 있을 것이다. 통증을 줄이거나 발달이정표를 달성하거나 수술에서 회복하기 위해 일시적으로 치료 빈도를 높일 수 있다. 반면 삶을 안정시키는 것이 우선이라서 현재 상태를 유지하고 합병증을 예방할 정도로만 치료받는 시기도 있을 것이다.

미래의 불확실성 관리하기

불안장애 등 어떤 도전은 개입이 없으면 시간이 지나면서 상태가 나빠질 수 있다. 아이가 사회적 상호작용을 위협으로 인지하면 사회 활동 참여 빈도를 줄이려 할 것이다. 이렇게 시간이 지나면 사회적 기술이 줄어들고 사회적 환경을 더 위협적으로 느껴 더 심하게 물러난다. 가끔 부모는 불안과 불편을 느끼는 아이를 도우려다가 오히려 이 악순환에 기여하기도 한다. 의도치 않게 상황을 독립적으로 해결할 수 없다든지 상황이 무섭다는 아이의 생각을 강화하는 것이다.[1]

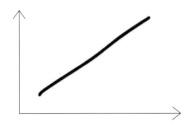

위 그림은 시간이 지나면서 악화하는 진행성 질환 등을 표현한 것이다.

마주한 도전이 비슷하게 나빠질 가능성이 크다면 개입 여부를 고민해봐야 한다. 더 많은 에너지를 써서 적절한 자원을 찾아 상황을 개선했을 때 궤도를 바꿀 수 있는지가 중요하다. 불안과 관련된 육아서를 읽거나 아이와 잘 맞는 치료사를 찾는 등의 노력을 하려면 비용이 들고 단기적으로 더 나빠질 수도 있다. 그러나 미래의 궤도를 바꾸어 상황을 개선할 수 있다면 그럴 가치가 충분히 있다.

옅은 색 선은 점점 악화하는 도전을 장기적으로 개선하겠다는 목표에 에너지를 투입했을 때의 상황을 상상한 것이다.

이런 결정은 불확실성으로 인해 특히 어려워진다. 우리는 숫자와 보고서를 바탕으로 다양한 도전에 접근하지만, 도전이란 본질적으로 특수하다. 아이가 점점 복잡한 사회적 상황을 만나고 친구를 더 중요하게 생각하게 되면서 몇 해에 걸쳐 불안이 증폭될 가능성이 있지만, 반드시 그런 것은 아니다. 어떤 아이들은 일정 시기를 지나면 개입 없이도 상황을 개선할 수 있는 기술을 개발하고 배우기도 한다. 한 아이와 완전히 같은 아이도, 한 가족과 완전히 같은 가족도 없다. 그러니 아무리 경험 많은 교육자, 치료사, 의사도 앞으로 어떤 일이 일어날지 예측하지는 못한다. 상황이 나빠질 거라는 느낌은 있지만 그 속도는 생각보다 느릴 수도 또는 빠를 수도 있으며, 아예 나빠지지 않을 수도 있다.

이 불확실성은 정신건강이나 발달상의 도전에만 적용되는 것이 아니다. 중이염처럼 반복적이거나 진행성 의료 문제가 있는 아이들의 부모도 비슷한 불확실성을 마주한다. 반복성 귀 감염은 청력

손실, 심각하거나 내성이 있는 감염, 수면 장애, 균형감각 문제, 운동성 발달이정표 지연, 일반적인 삶의 질 하락으로 이어질 수 있다. 의사들은 해부학적 요인과 나이에 기반하여 이후 귀 문제가 얼마나 더 일어날지 예측한다. 의사의 의견은 발표 논문과 여러 해의 경험에 기반한 근거 있고 가능성이 큰 추측이지만, 결국 추측일 뿐이다.

소아과 의사라면 성장해서 귀 감염의 영향을 벗어났다고 생각한 아이들이 바이러스나 박테리아에 노출되면서 더 심각하고 잦은 감염에 시달리는 사례를 본 적이 있을 것이다. 반면 나빠질 줄 알았지만 그렇지 않았던 아이들도 있다.

이 불확실성의 현실을 알면 반복되는 귀 감염의 수술적 개입 여부를 선택하기는 쉽지 않다. 어떤 부모는 수술을 피하는 선택을 했다가 아이가 더 많은 감염을 겪은 뒤 결국 수술하게 될 수 있다. 다른 부모는 필요하지 않은 수술을 하게 될 수도 있다. 필수가 아니라면 아이의 수술과 마취를 원하는 부모는 없지만, 의사도 절대적으로 수술이 필요한지 확신할 수는 없다. 큰 그림을 이해하는 데 가장 중요한 부분 중 하나는 무엇이 확실하고 불확실한지 아는 것이다. 의료진이 부모의 스트레스를 덜어주려는 마음에 불확실성을 완전히 설명하지 않는 경우도 있지만, 이러한 맥락을 알고 있으면 결정에 도움이 될 것이다.

큰 그림을 그리는 방법 중 돌봄 지도 만들기가 있다. 아이에게 복합적인 건강 관리가 필요할 때 특히 유용한 방법이다. 복합치료가 필요한 아이를 키우는 크리스틴 린드Cristin Lind는 2011년에 보스턴 어린이병원 의사들에게 간병하는 부모의 삶을 설명하기 위해 처음으로 돌봄 지도를 만들었다. 중간 원에는 아들과 가족을 넣었다. 그리고 가장 중요한 돌봄의 요소를 표현하는 다른 원을 선으로 이었다. 학교, 건강, 지역사회, 법률·경제, 오락, 정보·사회운동이었다. 이 여섯 개 원에 선을 그어 관련자를 표시했다. 치과, 1차 의료 병원, 소아과의 하위 학과 전문의, 약국, 장비 판매상 등이 '건강' 원과 연결됐다. '학교' 원과 연결된 사람로는 여러 치료사, 교사, 아들의 치료와 관련된 이동 서비스가 있었다.

돌봄 지도는 가족이 주도하는 인간 중심 과정이다. 이 지도를 보면 가족이 이미 하고 있는 일을 한눈에 알 수 있다. 돌봄 지도의 원과 분류는 아이가 마주한 특수한 상황에 따라 달라질 것이다. 돌봄 지도는 아이를 지원하는 데 필요한 큰 그림과 작은 세부사항 모두를 시각적으로 전달한다. 지도를 만드는 과정에서 상황을 돌아보고, 놓치고 있거나 알지 못하는 부분을 생각하고, 의외의 요소를 발견할 기회가 생긴다. 완성하면 의료진이나 가족·친구에게 공유하여 가족의 상황을 이해할 수 있는 자원이 생긴다. 돌봄 지도는 그 순간의 정보지만 충분히 활용하지 않고 있는 자원을 상기하거나 추가 도움이 필요한 영역을 인지하는 데도 도움이 된다. 치료 과정을 헤쳐 나가며 아이에게 독립심이 생기면 함께 돌봄 지도를 만들어보아도 좋다. 또는 아이와 부모가 각자 만들어 비교해보면 생각의 차이를 한눈에 알 수 있는 훌륭한 도구가 될 것이다.[2]

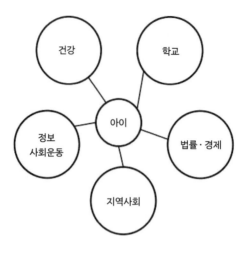

주의 깊게 지켜보며 기다려도 되는 경우

어떤 문제는 애써 개입하지 않아도 저절로 해결된다. 언어 지연에서 이런 현상을 자주 본다. 지금은 여러 언어가 능통한 한 아빠는 거의 세 살이 될 때까지 한 마디도 말하지 못했다. 아이 때 분석이나 검사를 받은 적이 없었고 언어치료사를 만나지도 않았다고 한다. 아들이 둘이었는데 큰아들은 18개월에도 전혀 말을 하지 못했다. 보통은 12개월이면 말하고 18개월에는 최소 15개 단어를 습득한다. 이 시점에서 아빠는 개입이 필요하다는 조언을 들었다. 아이는 이비인후과 전문의를 만났고 청력검사를 받았다. 그리고 주 3회 언어치료를 받기 시작했다. 이후 아이는 아빠처럼 두 살 반이 되자 말을 시작했다. 지금은 2개 언어가 유창한 초등학교 우등생이다.

둘째가 태어났고 역시 18개월에도 말을 하지 못했다. 아빠는 가족의 삶의 큰 그림을 돌아보았다. 그리고 숙고 끝에 의문을 품었다. "개입이 정말 필요할까?" 아빠는 아들에게 좋은 일이라면 무엇이든 할 사람이었다. 많은 부모가 그럴 것이다. 그러나 아빠와 형이 둘 다 '말이 늦게 트였다'는 이 가족의 상황을 고려하면 아빠는 수많은 불필요한 시험과 치료로 아이를 몰아넣고 싶지 않았다.

언어치료는 효과가 있고 여러 측면에서 아이에게 도움이 된다. 그러나 개입하는 순간 포기해야 하는 영역이 생긴다. 아이는 정기적인 낮잠 시간을 갖지 못하거나 차에 갇힌 채 더 많은 시간을 보내야 한다. 부모는 평가 때마다 직장을 쉬어야 한다. 언어치료를 즐거워하는 아이도 있지만 노는 것과는 다르다. 아빠는 아들의 발달을 지원할 필요성과 가족의 기존 삶 사이에서 어떻게 균형을 잡아야 할지 고민했다.

많은 부모는 이러한 결정을 좀처럼 의사와 논의하지 않는다. 일단 청력검사와 조기 개입에 대한 진료 의뢰서를 받고 이를 사용할지는 나중에 알아서 결정하는 것이 보통이다. 그러나 이 아빠는 의견을 구했고, 나는 중도의 길을 찾도록 도와줄 수 있어서 기뻤다. 청력검사가 왜 중요한지 설명하고, 경험이 풍부한 믿을 만한 전문가와 면밀한 관찰에 집중하되 빈도는 높지 않은 지속가능한 치료 계획을 수립했다.

큰 그림을 기억하고 의료진과 터놓고 소통함으로써 이 가족은 아이의 요구를 만족하면서도 가족의 상황에 적절한 맞춤형 치료 계획을 수립할 수 있었다. 가족의 큰 그림을 고려하면 숙고한 계획을 더 개선할 수 있다.

누구나 에너지가 한정되어 있음을 인정해야 한다. 도전에 쏟는 에너지는 다른 곳에서 가져오는 것이다. 아프지 않은 아이의 형제자매, 커리어, 나 자신, 배우자, 친구들에게 쓸 에너지가 줄어든다. 도전이 없는 육아에서는 늘 '더'를 말한다. 신체 활동을 더 하고, 함께 시간을 더 보내고, 더 영양가 있는 음식을 먹이고, 더 푹 재우라고 한다. 그러나 부모로서든 자식으로서든, '더'가 항상 더 나은 경험을 보장하지는 않는다.

의료적인 맥락에 대입해보면, 약물을 더 투입하면 더 많은 부작용으로 이어질 수 있으며, 더 많은 진료는 더 많은 불필요한 시술이나 바이러스 노출을 초래할 수 있다. 엑스레이 등을 더 찍었다가 우연히 뭔가 발견해서 더 나쁜 결과를 낳기도 한다. 부모가 아이를 위해 뭔가 '더' 하려고 스케줄을 빠듯하게 짜면 배움의 기회를 방해할 수 있다. 그러나 누구나 '더'에 대한 압박을 많이 느끼고, 이 문화적 경향을 확산하기까지 한다. 이에 대한 반발로 단순한 육아, 최소한의 육아에 관한 책이 출간되기 시작했다. 나는 리노어 스커네이지Lenore Skenazy의 《자유방목 아이들Free-Range Kids》을 매우 좋아한다. 스커네이지는 아이가 자신의 발달에 긍정적으로 기여할 능력이 없다는 통념을 반박하며, 실수할 수 있는 여백과 자유가 아이를 성장하게 한다고 주장한다. 감사하게도 독립심을 장려하는 태도는 주류가 되어가고 있다.

하지만 아이가 삶의 질을 위협하는 도전을 마주하면 부모는 이 인식을 잃어버리곤 한다. 도전을 헤쳐 나가는 아이를 도울 때 '더'가 반드시 더 좋은 것은 아니다. 우리는 안전과 건강을 목표로 계획을 세우지만, **'이만하면 됐다'와 '완벽하다' 사이 어디쯤 괜찮은 삶이 있다는 사실을 알아야 한다.** 큰 그림을 알면 더 나은 결정을 할 수 있다. 다음의 내용을 기억했으면 좋겠다.

- 더 할 수 있는 모든 기회를 잡지 않아도 나는 좋은 부모가 될 수 있다.
- 가끔은 아이보다 나 자신을 먼저 생각해도 좋은 부모가 될 수 있다.
- 의사나 교육자가 중요하다고 말하는 것과 의견이 달라도 좋은 부모가 될 수 있다.
- 이유가 있어서 중요한 일을 미뤄도 좋은 부모가 될 수 있다.

시간이 지나면 더는 중요하지 않은 일이 있다. 학교에 몇 번 늦거나, 한 끼의 영양이 조금 부족하거나, 추천받은 의사를 두 달 후에야 찾아간다고 해도 큰 그림으로 봐서는 대체로 문제가 되지 않을 것이다. 이를 기억하면 수많은 중요한 일에 신경을 쓰느라 이런저런 일을 놓쳤을 때 마음의 평화를 유지하는 데 도움이 될 것이다.

그러나 어떤 일은 중요하다. 장기적으로 위기 모드로 살면 대가가 따른다. 나는 소아과 의사로서 부모인 양육자의 삶의 질이 가장 걱정스럽다. 부모가 우울증에 빠지거나 번아웃이 오면 본인도 힘들고 가족의 삶을 유지할 능력도 떨어진다. 늘 감당할 수 있는 일 이상을 하며 수십 방향으로 찢겨나가는 느낌이라면, 그러고 싶지 않은데 아이에게 소리를 지르거나 '건강한' 형제의 정신건강이 나빠지고 있다는 경고 신호를 놓친다면 문제가 된다. 이제까지 지켜본 결과, 간병하는 부모는 여러 개의 공을 저글링하다가 자신이나 아이의 건강과 관련된 공을 떨어뜨릴 때가 많다. 가족 구성원이 건강해야 삶의 질이 유지되는 것은 매우 분명하지만 이를 놓치게 되는 가족이 너무나 많다.

현명하게 에너지 사용하기

내 환자 중 레오라는 아이는 유치원에 잘 적응하지 못했다. 내성적인 성격이라 반 친구들의 놀이에 뛰어들기보다는 지켜보는 편을 좋아했다. 선생님은 학교에서의 참여가 너무 제한적이라며 발달 평가와 개입이 필요할지도 모른다고 생각했다. 레오는 새로운 돌봄 인력이나 선생님과의 소통을 주저했지만 가까운 사람에게는 사랑스러운 아이였고 즐겁게 노는 친구도 몇 있었다.

나는 레오의 가족이 앞으로의 계획을 세우는 과정을 도왔다. 몇 가지 선택지가 있었다. 먼저 학교의 평가를 말 그대로 받아들여 학교에서 관찰된 모습이 발달상의 문제나 장애의 징후라고 생각하고 평가와 치료를 시작할 수 있었다. 또는 학교 환경이 아이에게 적합한지 생각해볼 수 있었다. 경험 많은 코치와 양육자는 학교 밖에서 아이가 상호작용하는 모습을 보고 걱정한 적이 없었다. 다른 학교가 더 잘 맞지는 않을까? 또는 아이의 도전을 더 단순히 바라볼 수 있었다. 아직 같은 반 아이들과 교류하고 친구가 되지 못했을 뿐이다. 소집단 놀이를 통해 친구를 만들도록 도와줄 수 있었다.

상황의 미묘한 차이와 정확한 아이 상태에 따라 세 가지 모두 앞으로 나아가는 합리적인 방법이 될 수 있었다. 그러나 **최선의 길을 결정하려면 큰 그림을 고려하며 눈앞의 도전을 바라보아야 한다.** 물론 어려운 결정일 수 있다. 아이의 행복에 중요한 결정인데 확신이 없기 때문이다. 그러나 어떤 길을 택하든 재평가를 통해 선택이 옳았는지 확인할 수 있다. 몇 달 지나면 아이들의 놀이 약속에 쏟은 에너지가 효과가 있었는지, 발달 전문가를 만나보는 편이 좋을지 명확해질 것이다.

큰 그림을 보면 페이스를 조절하고 더 합리적인 결정을 할 수 있다. 문제와 함께 살아야 할지 해결해야 할지가 늘 명확한 것은 아니다. 게다가 두 가지 증상을 복합적으로 겪을 때도 많아서 상황은 더 복잡하다. 유치원에 갈 때까지 사회성이 발달하지 않은 아이를 생각해보자. 아이의 행동에 대한 기대도 시야가 너무 좁은 것이 문제는 아닐까? 부모가 기대하는 시기에 또래 아이들과 비슷한 사회적 행동을 하길 바라니 말이다. 아니면 아이에게 친구를 사귀고 소통할 능력이 없는 것일까? 이 문제를 해결하면 아이가 행복하고 풍요롭게 살아가는 데 도움이 될까? 이런 문제가 흑백으로 나뉘면 단순하겠지만, 도전을 해결해야 할지, 보완해야 할지, 교정해야 할지, 또는 **내 아이의 다름이라고 포용하는 법을 배워야 할지 결정하려면 섬세한 시각이 필요하다. 가끔은 아이의 문제를 교정해야 하지만, 가끔은 아이의 다름이 사회에서 받아들여지도록 목소리를 내야 한다.**

간호하는 부모는 큰 그림을 기준으로 아이의 삶의 경험을 깊이 이해하기에 가장 적합한 위치에 있는 사람이다. 도전을 마주했을 때 적절히 준비하고 한발 떨어져서 바라보면 어디에 에너지를 투자할지 결정하고 현실에 맞게 삶을 계획할 수 있을 것이다.

내가 현재 어떤 종류의 도전을 마주했으며 지금 어떤 위치에 있는지 잠시 생각해보자. 6개월 후, 6년 후에 이 시기를 돌아보면 어떨지 상상해보자. 현재 상황이 벅차다면 이런 식으로 멀리 떨어져 보는 것이 도움이 된다. 너무 현실 속에 살고 있어서 큰 그림을 보기 어려울 때는 배우자, 가족 구성원, 다른 믿을 만한 친구 등 사랑하는 사람들의 의견을 들으며 다른 관점에서 상황을 바라볼 수도 있다.

그렇다면 다음 질문을 생각해보자.

- 나의 도전은 큰가, 작은가? 예측 가능한가, 불가능한가?
- 도전과 관련된 일상적인 부담은 얼마나 큰가?
- 도전은 장기적인가, 단기적인가?

- 상황이 계속 같을 것인가, 아니면 좋아지거나 나빠질 것인가?

- 앞으로 다가올 일의 궤도를 바꿀 수 있는가?

- 이 도전에서 불확실한 부분은 무엇인가?

- 의료진과 효율적으로 소통했는가? 의료진은 나의 가정 상황을 이해하고 있는가?

PART 2

지금 우리가
해야 할 것들

5장

❀

아이의 심리적 공간과
발달 단계 존중하기

　나는 화학요법을 받으면서 머리가 빠지고 가슴에 케모포트(정
맥을 통해 심장 가까이의 굵은 혈관까지 삽입되는 항암제 투입용 관 - 역
주)를 연결한 데다 체구가 아주 작은 유치원생이었다. 부모님은 작
고 힘도 약해서 문도 제대로 못 여는 나를 유치원에 보낼 때마다 걱
정이었다. 하루는 1학년 학생이 나를 땅에 밀치고 '대머리'라고 놀
렸다. 나는 벌떡 일어나서 소리를 지르며 맞대응했고, 더는 신경 쓰
지 않고 남은 하루를 즐겁게 보냈다. 그러나 이 사건은 수십 년 전
인 1980년대에도 용납할 수 없는 괴롭힘이었던 듯하다. 부모님, 선
생님, 교장 선생님이 이 문제에 대해 나섰다. 나는 그제야 창피하고
부끄럽고 억울해지기 시작했다. 나 자신을 지킬 수 있는 강한 사람
이라고 생각했던 나는 원하지 않았던 어른들의 관심에 오히려 무력
감을 느꼈다.

나이가 들면서 상황은 달라졌다. 열한 살이 된 나는 건강을 되찾았고, 꽤 독립적인 우등생이었으며 키도 거의 어른만큼 커졌다. 한 번은 정기검진 후에 전화를 받았는데, 간호사는 내가 엄마인 줄 알고 말했다. "켈리를 데려와서 추가 검사를 받으셔야겠어요. 비정상 소견이 있어서요." 내가 물었다. "그게 뭐죠? 추가 검사가 왜 필요한가요?" 간호사는 대략 '암이 재발했을 수도 있다'고 말했다. 그 말을 듣고 나는 한숨도 자지 못했고, 다음날에야 엄마에게 알렸다. 인생이 끝날지도 모른다는 공포가 나를 덮쳤다. 다행히 재발은 아니었지만, 이후 전화벨만 한 번 울리면 내 삶은 언제든 망가질 수 있다는 걱정에 시달렸다.

용감한 다섯 살은 주변 사람들이 내 능력을 과소평가한다고 생각했다. 하지만 다들 내가 괜찮다고 생각했던 10대 초반, 나는 그 어느 때보다 취약했다. 소아과 의사가 되어 아이들을 만나면서 이런 패턴을 자주 보았다. 우리는 의존적인 아이가 독립적으로 성장하는 선형적 과정을 상상한다. 하지만 아이가 복잡한 내면세계를 형성해가는 과정에서 미취학 아동일 때보다 그 이후에 더 적극적인 돌봄과 지지가 필요해지기도 한다.

이번에는 여러 단계를 거쳐 성장해 나가는 아이를 양육할 때의 일반적인 고려 사항을 짚어보고, 모든 아이에게 적용되는 주제를 더 깊이 탐구할 것이다.

단계별 특수한 고려 사항

이상적인 육아 계획을 세우려면 아이의 발달 단계를 알아야 한다. 아이와 가족마다 필요한 부분은 당연히 다르지만, 연령대별 경향성을 이해하면 더 효과적으로 소통하고 아이가 마주할 도전을 예측할 수 있다.

발달 단계는 대략적인 분류이며 반드시 일치하지는 않다는 것과 한계가 있다는 점을 먼저 말해둔다. 모든 아이가 같은 단계를 같은 시기에 거치는 것은 아니다. 도전을 마주한 많은 아이에게는 발달 지연이나 장애가 있다. 어떤 아이는 10대가 되어도 유아처럼 말한다. 이것은 그 아이의 정체성이자 육아 과정의 특별한 과제일 수 있다. 이제 발달 단계를 설명하고 단계별로 육아에서 가족에게 주어지는 과제를 설명해보려고 한다. 이 부분이 장애인차별주의적인 기준을 강화할 수 있으며, 일반적인 발달 단계에 맞지 않는 아이의 부모를 위축시킬 수 있다는 사실을 알고 있다. 그러나 도전을 마주한 아이를 건강한 또래와 비교하는 것은 공평하지도, 적절하지도 않다. 아이에게 맞춰진 구체적인 조언은 의료진이 해줄 것이다. 책에서는 아이들이 단계별로 어떤 도전을 거치는지 대체적인 경향성을 알아봄으로써 현재 필요한 부분을 고려하여 양육 계획의 구체적인 전략을 세우는 데 도움을 주고자 한다.

/ 영유아기 /

3세 미만 아이는 양육자에게 완전히 의존한다. 수면, 식사, 환경과의 상호작용에 모두 도움이 필요하다. 더 많은 도움이 필요한 아이도 평균에서 크게 벗어나 보이지는 않는다. 발달 단계상 영유아기 아이들과 문제를 논의할 수는 없지만, 아이의 선호와 욕구는 여전히 존중받아야 한다.

일반적으로 이 시기 아이들에게 가장 중요한 것은 하루의 일정이다. 특히 수면은 아이의 행동과 성장, 가족의 삶의 질에 무엇보다 큰 영향을 미친다. 수면 시간을 방해하는 진료 예약과 간호 활동을 최소화하는 한편, 숙면에 지장을 주는 증상은 개선해야 한다. 또한 성인들이 종종 잊어버리는 부분이지만, **이 단계 아이의 발달을 촉진하려면 수면 시간 확보와 더불어 자유 시간과 놀이 시간이 필요하다.** 발달 지연이 있는 아이가 진료로 인해 카시트나 유모차에 가만히 앉아 있는 시간이 길어져 놀이 시간이 없어지는 경우를 너무나 많이 보았다. 휴식과 놀이의 권리를 보호함으로써 아이의 성장을 지원해야 한다.

이 시기 아이들의 의사소통 능력은 보통 과소평가된다. 하지만 표현력은 언어 발화보다 앞서 발달하기 시작한다. 행동과 시선은 아이의 생각과 선호를 알려주는 귀중한 지표다. 부모는 아이가 말을 하지 못할 때도 관찰을 통해 무엇을 좋아하고 싫어하는지 알 수 있다. 일반적인 육아의 어려움을 극복할 때는 물론, 아이에게 질병이나 장애가 있는 상황에도 관찰은 도움이 된다. 유아는 통제권을 요구하고 제약과 격렬히 싸우곤 한다. 유아용 의자에 앉히는 것도, 이를 닦으려고 붙드는 것도 싫어한다. 아이를 기저귀 교환대에 억지로 눕히느니 선 채로 기저귀를 가는 편이 쉽다는 부모가 많다. 마찬가지로 흡입형 약물치료를 위해 아이를 붙들어놓는 것보다 부모가 통제력을 잃고 노는 아이를 쫓아다녀야 할지라도 다른 데 정신을 팔고 있거나 노느라 바쁠 때 흡입기를 갖다 대는 편이 쉽다.

《육아, 한 단계 나아가기Elevating Child Care》의 저자인 육아 전문가 자넷 랜스베리Janet Lansbury는 아이가 태어난 날부터 본질적으로 온전한 인간으로 대접받을 자격이 있다고 주장한다. 랜스베리는 아이의 삶에 영향을 미치는 일이라면 무엇이든 명확하고 정직하고 직접적인 언어로 알려주라고 조언하는데, 나도 생각을 같이한다. 9개월 아이에게 "매일 먹는 약을 먹을 시간이야"라고 말하려면 이상하게 느껴지고, 아이의 대답은 "음맘맘마" 정도일 것이다. 그러나 아이가 아무리 어려도 치료에 대해 설명해줄 것을 권한다.

신뢰를 쌓고 일상의 틀을 만들 수 있다는 장점도 있다. 아이에게 매번 "약 먹을 시간이야"라고 알려주면 예측하고 준비할 시간을 주는 셈이다. 또한 말할 때의 신체 언어와 표정으로 분위기를 만들 수도 있다. 언어를 이해하지 못하는 아이도 보통은 비언어적 의사소통 신호를 놀랍도록 잘 인지하며 생산적으로 소통에 참여한다. 아이가 좋아하지 않는 일을 할 때라면 더더욱 단호하고 명확하게 "지금 이걸 해야 해, 중요한 일이야"라고 말해주는 것이 필수적이다.

이 시기 아이와 소통할 때는 말다툼이 되지 않도록 해야 한다.

부모가 아이에게 질 수밖에 없고, 좌절감을 느낄 수 있다. 나의 아이들은 둘 다 중이염이 잦았고 항생제를 먹기 싫어했다. 나는 "약 먹을 시간이야"라고 말하고 컵으로 물약을 마실지 주사기로 받아 먹을지 선택하게 했다. 아이들이 반항하면 내가 선택했고 소리 지르며 발버둥 치는 아이에게 약을 먹였다. 그리고 아이를 안아주며 말했다. "약 먹기 정말 싫었구나, 다음엔 더 나아질 거야." 그런 뒤 서너 번째가 되자 아이들은 울지 않고 약을 먹었다.

물론 아이가 떼를 쓰기 시작하면 일단 달래고 약은 나중에 먹이고 싶다는 생각이 들 것이다. 그러나 부모가 이 길을 선택하면 아이는 자신에게 권력이 있으며 약을 먹을지 말지 선택할 수 있다는 인상을 받게 된다. 아이에겐 선택권이 없는 경우가 대부분이지만, 과정 중에 아이에게 통제력이나 주체성의 감각을 느끼게 할 방법을 찾는 것도 좋다. 예를 들면 언제, 어디서, 어떤 방법으로 약을 먹을지 선택하게 하는 것이다. 하지만 부모가 '지금'이라고 하면 말을 듣도록 가르쳐야 한다.

부모가 명확하고 강력한 리더십을 보여주면 아이는 시간이 지나면서 삶이 안전하고 예측 가능하다고 느끼게 된다. 어떤 면에서는 강압적이지만 아이가 어떤 일이 일어날지 알고 안전하다고 느낀다는 점에서 오히려 친절한 태도다. 또한 실제로 약을 먹는 것보다 그 전에 느끼는 불안이 더 힘들 때가 있는데, 단호한 부모의 태도는 이러한 예기 불안을 낮춰준다.

/ 미취학 아동 /

유치원 시기가 되면 아이가 할 수 있는 일이 많아진다. 간호의 책임을 아이에게도 나눠주면 부모의 일을 덜 수 있다. 때로 아이들은 놀라운 능력을 보여주곤 한다. 나는 1형 당뇨가 있는 세 살 아이가 자기 손가락을 바늘로 찌른 후 포도당 측정기로 혈당을 확인하는 모습을 보았다. 아이는 이 복잡한 과정을 완전히 익혔으며, 반복 연습을 통해 또래들이 혼자 화장실도 가지 못할 나이에 바늘로 자기 손가락을 찌르는 성숙함을 보여줬다.

이 단계에서는 아이의 의사소통 기술이 발달하고 질문이 많아진다. 양육자는 혼란과 분노, 당황스러움을 느낄 수 있다. 이 시기 아이들은 지식에 목말라 있지만, 복잡한 상황을 완전히 이해하는 능력은 안정적이지 않다. 가끔은 수준 높은 이해력으로 부모를 놀라게 하고, 가끔은 상상도 못한 오해를 해서 충격을 준다.

이 나이에는 생생한 상상이 가능하므로 아이와 정보를 공유하는 것이 중요하다. 아이에게 상황을 구체적으로 설명해주면 아이는 안전하다고 느껴서 마음을 열고 소통할 것이다. 정직한 소통은 신뢰와 건강한 애착을 형성한다. 아이가 치료가 아플지 물으면 정직하게 말하되 고통의 상황을 설명해주자. "아프겠지만, 셋을 세면 끝날 거야." "아프겠지만, 의사 선생님이 덜 아파지라고 약을 주실 거야." 앞으로의 일을 예측할 수 있다면 대응 계획을 함께 이야기해볼 수도 있다. 아이에게 이렇게 말해보자. "아프면 엄마 손을 꼭 잡고 '아야'라고 하는 거야."

발달 단계에 따라 아이와 어떤 이야기까지 공유하는 것이 적절한지 파악하기 어려워하는 부모들이 많다. **미취학 아동에게 중요한 것은 '지금, 여기'다. 며칠 후의 일에 대해 말해줘도 보통은 소용이 없다.** 3개월 후에 아이의 수술 계획이 있어 슬프고 걱정되는 모습을 아이에게 보여주었다면 슬픔과 걱정의 감정을 공유할 수는 있으나, 아이가 3개월 후의 수술에 대해 생각하고 이야기하게 만들지 않는 것이 좋다. 수술에 관해 이야기하고 싶다면 일주일 안으로 다가왔을 때쯤 시도하되 최대한 침착한 태도를 유지하자. 아이가 앞으로 겪을 일을 자세히 알고 싶어 할 경우도 대비하자.

아이의 도전에 대해 어떻게 설명할지 의료진, 선생님, 다른 부모에게 배울 수 있다. 아이에게 질병이나 장애를 설명하기는 어렵다. 아이가 마주한 상황을 제대로 알고 아이의 인지 발달에 대해서도 섬세하게 이해해야 한다. 아이의 질문에 뭐라고 답해야 할지 모르겠다면 그대로 인정하자. "좋은 질문이야, 그런데 대답해주려면 조금 더 생각하고 조사해봐야 할 것 같아" 또는 "의사 선생님에게 물어보자"라고 하면 된다.

아이들은 삶에서 예상을 벗어나거나 무섭거나 눈에 띄는 한 가지 특징에 '꽂히는' 경우가 있다. 택시는 모두 노란색인 줄 알았는데 녹색 택시를 한 대 보았다고 하자. 아이는 몇 주, 몇 달간 녹색 택시 이야기만 할 수 있다. 도전을 마주한 아이도 마찬가지다. 부모가 보조기를 깜박한 날이나 구급차를 탔던 날을 기억하고 계속 그 이야기를 꺼낼 수 있다. 트라우마를 갖게 되었다는 신호일 수도 있지만,

나름대로 새로운 경험을 처리하는 과정일 수도 있다. 아이가 기억에 깊게 남은 경험을 이야기할 때 충분히 들어주고, 인형 등으로 연기하거나 그림을 그려보라고 하면 아이가 마음을 가라앉히는 데 도움이 될 수 있다.

/ 만 6~10세 /

이 시기에는 아이의 세계가 팽창한다. 학교에 입학하고 독립성, 프라이버시, 의견 표출에 대한 욕구가 점점 강해진다. 이 시기에는 새로운 과업을 익히는 능력이 발달하며 학습 과정에서 기쁨을 느끼지만, 모든 일을 스스로 할 만큼 성숙하지는 않아서 여전히 감독이 필요하다. 이 나이 아이들은 자신에게 무엇이 중요한지 말할 수 있으며 종종 그것에 대해 주저하지 않고 강력하게 표현한다.

이 시기에 아이가 원하는 것들은 부모가 대체하기 힘들다. 부모는 친구와 같은 방식으로 놀아줄 수 없다. 아빠와 축구공을 차는 것은 축구팀에 들어가는 경험과 비교가 되지 않는다. 양육자가 아이의 점점 복잡해지는 욕구를 고려하여 계획을 짜는 일은 점점 어려워진다. 게다가 욕구가 변덕스러워 예측하기 어렵다. 어떤 친구 하나 때문에 세상이 끝난 듯 굴다가 한 달 후에는 전혀 다른 관계를 중요하게 생각한다. 이런 변화에 패턴이나 이유가 있는 것도 아니다.

이 시기 아이들은 가족 외 다른 사람에게 신뢰와 흥미를 보이기 시작하고, 부모가 아닌 사람에게 정보나 도움을 구한다. 아이가 제 3의 인물에게 정보를 얻거나 확인하고 싶어 한다는 사실을 미리 알고 있으면 욕구를 충족하는 과정을 도와줄 수 있다. 예를 들어 후속 진료를 보러 가는 길에 질문을 생각해보라고 하자. 전자기기 사용 시간에는 아이가 흥미를 보일 만한 정보가 담긴 웹사이트를 알려주자.

모든 아이에겐 안전하고 안정적이며 애정 어린 관계가 필요하다. 그러나 도전을 마주한 아이에겐 더 많은 지원이 필요하다. 아이가 학교나 공동체(스포츠팀, 교회, 봉사 집단)에서 믿을 만한 사람을 찾고 관계를 맺도록 도와주는 것이 좋다. 위기가 닥치거나 사춘기 호르몬이 샘솟으며 반항이 시작되기 전에 이렇게 지원을 강화해두면 든든하다. 가까이서 지원해줄 사람이 많을수록 아이가 부모보다 다른 사람의 도움을 받는 편을 선호하는 상황에서 손을 뻗어 도움을 구할 확률이 높아진다.

/ 10대 /

어떤 면에서 10대 중후반은 조금 쉽다. 이때쯤엔 아이의 능력과 의사소통 기술이 좋아져서 스스로를 돌보고 여러 과업을 수행할 수 있다. 학교 선생님과 소통하거나 약국에 들러 약을 받아올 수 있다. 슬슬 주도적으로 의료적, 교육적 필요 사항을 책임지는 경우도 생긴다. 하지만 어떤 면에서는 아이에게도 양육자에게도 가장 어려운 시기가 될 수 있다.

이 나이 아이들은 부모보다 또래의 의견과 생각을 중요하게 여긴다. 가끔은 건강에 필요한 조치를 거부한다. 독립성을 갖고 부모와 분리된 정체성을 확실히 하고 싶기 때문이다. 프라이버시를 이유로 필수적인 보살핌마저 거부하기도 한다.

10대는 신체가 성인만큼 성숙했어도 판단력과 제대로 된 결정을 하는 능력은 아직 완전히 성숙하지 않았다. 건강 관련 결정을 포함해서 무언가를 결정할 때 장기적, 단기적 결과를 내다보지 못할 수 있다. 의사결정 능력은 10대 후반, 20대 초반, 심지어 더 이후까지도 제대로 개발되지 않는 경우가 있다. 사춘기의 날뛰는 호르몬도 문제다.

아이가 성인이 되면서 질병이나 장애를 스스로 관리하도록 전환하는 과정은 복잡하다. 지난 몇 년간 많은 연구가 이뤄진 주제이기도 하다.[1] 이 과정에 10년쯤 걸린다는 의견이 지배적이다. 벌써 골치가 아프다고 느낄지도 모르겠다. 10년이면 유년기의 절반, 10대 전체에 해당하는 긴 시간이다. 그러나 **이 전환은 이후 아이의 삶의 질에 결정적인 영향을 미치므로 의료진의 도움을 받아 제대로 이뤄내야 할 과제이기도 하다.**

아이에게 점점 많은 책임을 부여하는 한편, 부모는 놓아주는 법을 배워야 한다. 이 시기 아이를 키울 때 목표는 아이가 모든 결정을 내리게 하는 것이다. 이 지점에 도달하려면 부모는 통제력을 포기하고 아이를 신뢰하는 법을 배워야 한다. 이제 부모의 역할은 멘토나 코치로 바뀐다. 눈에 보이는 문제를 해결해주는 대신, 아이가 문제를 파악하고 자신만의 방식으로 해결하는 법을 익히도록 돕는 것이다.

전환 과정에서 아이들은 당연히 실수한다. 객관적으로 보면 실

수는 배움의 과정이라는 사실이 너무나 명백하다. 하지만 내 아이가 좋은 선택을 내리지 못해서 건강상의 위험을 겪는 모습을 지켜보면 두렵고도 화날 것이다. 부모는 무엇을 잘못 가르쳤는지, 어떻게 고칠 수 있을지, 아이가 영영 독립하지 못하는 건 아닌지 의심하게 된다. 그러나 부모가 이 과정을 오롯이 홀로 겪는 것은 아니다. 교사, 의사, 치료사, 코치, 가족, 종교 지도자, 이웃 등 아이를 돌보는 사람 모두가 전환 과정을 도와줄 것이다.

부모와 수면 분리하기 등 유년기의 중요한 변화와 마찬가지로 두 걸음 나아갔나 싶으면 한 걸음 후퇴하는 일이 반복될 것이다. 발달 과정은 경향일 뿐 예측 불가능할 때가 많다. 아이가 발달상 무엇을 할 수 있는지 확실히 이해하면 육아와 간호의 지침을 삼을 수 있다. 그러나 아이를 존중하는 태도와 방법은 아이의 나이나 발달 단계와 무관하게 적용되는 것을 기억하기를 바란다.

육아의 갈등 해결하기

도전을 마주한 두 살 아이와 10대를 돌보는 것은 본질적으로 매우 다르게 느껴질 수 있지만, 보편적으로 적용되는 공통점인 육아의 딜레마 몇 가지가 있다. **한계를 설정하는 것, 건강하게 의사소통하는 것, 가능하면 아이의 어려움을 덜어주는 것, 아이의 의견을 들어주고 통제권을 주는 것은 도전을 마주한 아이를 키울 때면 더욱**

쉽지 않은 육아의 핵심이다.

/ 분명하고 일관되며 이해심 있는 태도로 한계 설정하기 /

모든 부모는 한계를 설정하는 데 어려움을 겪는다. 초등학생 아이가 혼자 잠드는 것을 어려워하는 경우, 취침 시간을 늦출지, 부모의 침대에서 함께 재울지 선택할 수 있을 것이다. 그러나 아이가 장기적인 항암치료를 받고 있으며 약물치료 때문에 잠들기가 한층 더 어렵다면, 부모는 여전히 '둘 중 하나'라고 고집할 수 있을까? 간호가 필요한 아이의 부모는 한계를 설정하고 굳게 지키는 데 더 어려움을 느낀다. 도전을 마주한 아이가 가엾어서 가능한 짐을 덜어주고 싶기 때문이다. 아픈 아이가 원하는 저녁 메뉴가 영양가 없는 음식일 때 딱 잘라 거절하기는 쉽지 않다. 아이가 힘든 일을 겪은 후에는 규칙을 적용하기가 어렵다. 심지어 잘못된 행동에도 벌을 주기 어렵다. 그러나 아이가 건강하지 않을 때도 규칙은 필요하다.

아이에게 어떻게 행동해야 하는지, 무엇이 옳고 그른지 가르치는 훈육의 과정은 아이가 아파도 여전히 필수적이다. 부모는 누구보다 자식을 잘 알고 본능적으로 한계 지점을 알지만, 아이가 힘들어할 때는 누구나 유연해지고 싶다. 간호하는 부모는 아이가 불편한 시술이나 식이요법을 참아야 할 때 양가감정을 느끼고, 슬프고 불안하다. 이럴 때 아이를 더 편안하게 해주고 사랑해주는 것은 자연스럽고 좋은 일이다. 수술 후 2주 정도 아이스크림을 더 주거나 TV를 더 보여주거나 취침 시간을 조정해도 괜찮다. 그러나 큰 그림에서 보면 결국 한계가 있어야 아이가 잘 살아갈 수 있다.

한계가 있으면 아이는 삶이 예측 가능하고 안전하다고 느낀다. 아이는 부모가 그은 선 안에서 자기 행동과 감정을 통제한다. 그러나 아이의 삶이 일반적인 궤도를 따르고 있지 않을 때, 훈육은 더 복잡하게 느껴진다. 부모는 적절한 경계가 어디인지 불확실하다고 느낄 수 있다. 발달 지연이나 장애가 있는 아이, 또는 배뇨와 배변에 영향을 주는 약을 먹고 있는 아이의 배변 훈련에 적절한 시기는 언제일까? 수술이나 입원 등 병원에서 힘든 경험을 하고 나서 평범한 일상에 다시 적응할 시간을 준다면 며칠, 또는 몇 주가 적당할까? 어려운 시기를 지나는 동안 아이는 당연히 더 떼를 쓸 텐데, 이 행동을 언제 관용하고 언제 개입할 것인가?

아이를 위한 적절한 경계와 기대치를 설정하는 문제에 대해 아이를 돌보는 사람들과 논의하기를 주저하지 말자. 의사, 간호사, 교사, 부모들은 내 아이와 비슷한 상황의 다른 아이들을 만났겠지만 모든 답을 가진 것은 아니다. 그러나 경계를 설정할 때 훌륭한 자문인 역할을 할 수 있으며, 이들과 논의 과정을 거쳐 선택하면 자신감이 생길 것이다. 아이와 관련된 한계와 기대치를 설정할 때는 부모가 아이의 전문가라는 사실을 기억하자. 또한 다음을 명심하기를 바란다.

- **규칙을 바꿀 때는 단순하게 하라.** 한 번에 한 가지(예. "이번 주에는 식사 시간에 식탁에 앉는 거야")만 바꾸면 성공 확률이 높아

진다.

- 가족 구성원 모두에게 새로운 기대치를 공유하자. 정확하게 규칙을 알려주자. "바비가 며칠 동안 수술에서 회복하는 시간을 가졌으니까, 이제 이전의 규칙으로 돌아가자. 하루에 TV 프로그램은 하나만 보는 거야."

- 시도하지 않고서는 아이가 어떻게 반응할지 알 수 없다. 새로운 규칙을 '시험'하는 사이 잠깐은 반항적인 행동이 나타날 수 있으며, 며칠 동안 충실하게 시행해야 새 계획의 진짜 효과를 알 수 있다.

- 단호하라. 계획을 놓고 부모가 이랬다저랬다 하면 혼란이 가중되고 한계가 제대로 세워질 가능성이 떨어진다.

- 다시 조정하라. 규칙을 도입했는데 순조롭게 진행되지 않을 수 있다. 자책하지 말고 언제든 마음을 바꾸어 다른 규칙을 시험할 수 있음을 기억하라.

- 한계를 설정하라. 아이가 힘들어하거나 통증이 심할 때도 남을 때리거나 물거나 신체적으로 해쳐서는 안 된다. 모두를 보호하기 위한 한계를 설정하는 것이 중요하다.

기대와 한계, 규칙 설정은 육아에 꼭 필요하지만 혼란스러운 과정이다. 이런 결정을 내릴 때는 부모의 직관이 매우 중요하다.

마음을 열고 소통하기

부모들은 종종 만반의 준비를 한 채 아이와 중요한 이야기를 한다. 아이가 염증성 장질환 진단을 받은 후, 부모는 신중하게 날을 골라 아이에게 병에 대해 알리고 앞으로 몇 달간 치료 계획이 삶에 어떤 영향을 미칠지 설명한다. 이런 중대하고 의도적인 대화는 처음에 필요한 과정이지만 이렇게 전달되는 정보는 실제로 필요한 것의 극히 일부뿐이다.

부모가 정보를 받아들이고 배우는 과정을 거치듯이, 아이에게도 시간이 필요하다. 성인은 진료실에서 의사에게 들은 정보의 40~80%만 흡수할 수 있다.[2] 정보가 중요하다고 생각하지 못하거나 상황을 이해하지 못하는 아이는 처리하는 양이 더 적을 것이다. 그래서 최초의 중대 연설이 아무리 훌륭했더라도 질문과 학습은 이후 오랜 시간에 걸쳐 이어진다. 아이의 이해가 깊어지고, 병이 진행되고, 계획이 바뀌는 등 상황에 따라 수시로 추가적인 의사소통이 필요하다. 게다가 아이도 자라고 시간이 지나면서 능력이 달라진다. 상황이 나아졌지만 아이는 과거를 돌아보며 자신이 겪은 일을 이해하기 위한 질문을 할 수 있다.

열린 의사소통을 원활하게 하기 위해서는 정기적으로 도전과 일상에 대해 이야기할 자리를 만드는 것도 좋다. 정기적인 소통의 장을 통해 가족 구성원들은 정보를 공유할 뿐 아니라 유대를 강화할 수 있기 때문이다. 어떤 가족은 매일 하루의 가장 좋고 나빴던 부분을 공유한다. 어떤 가족은 매주 가족회의를 통해 실행 계획부터 목표 설정까지 삶의 중요한 부분을 돌아본다. 어떤 아이들은 자기 전 침대에서 쉬다가, 학교 가는 차 안에서 말문을 연다.

이런 소통 과정에서 아이들은 앞으로 일어날 일을 생각하고 질문할 수 있다. 부모는 아이의 어떤 느낌이든 생각이든 모두 환영이라고 말해줘야 한다. 또한 목표 설정, 문제 해결, 도움 요청을 어떻게 하는지 보여줄 수 있다. 정기적 소통은 가족의 유대관계를 강화하고 한 팀이라는 느낌을 더해줄 것이다.[3]

말을 할 수 없는 아이의 경우에도 소통 능력을 최대화해야 한다. 소통 칠판의 그림을 가리키는 간단한 기술부터 음성 발생 장치 등 첨단 기술까지, 보완대체 의사소통체계(Augmentative and Alternative Communication Systems 말의 발달이 늦거나 조음의 문제가 있는 아동의 말을 보완하는 의사소통형태 - 역주)를 활용하면 삶의 전반적인 질을 개선하고 가족 대화 참여도를 높일 수 있다.

아이와의 기능적 의사소통 역시 과제 관리에 도움이 된다. 할 일을 위임하다 보면 말을 듣지 않는 아이를 재촉하다가 지치기 쉽다. 하지만 유머를 섞거나 글로 쓰는 등 여러 가지 소통 방식을 활용하면 아이의 주의를 끌어 말을 듣게 만들 수 있다. 말하지 않아도 스스로 약을 먹도록 아이에게 가르치고 있다면 문에 '멈춤' 표시와 약병을 그려 붙여두고 집을 나설 때마다 가리켜보자. 아이가 잊어버리는 날이면 약병 흉내를 내며 "안 돼, 날 잊어버리다니"라고 우는 척을 해보는 방법도 있다.[4] 도전을 마주한 가족을 포함해서 어떤 가

족이든 유머와 장난으로 갈등을 누그러뜨리고 의사소통을 개선할
수 있다.

긍정적인 의사소통 전략

니콜은 불안장애와 난독증이 있는 아홉 살 아이였다. 아이의 상태를 설명해주
려고 하면 상황은 더 나빠지는 것 같았다. 니콜의 엄마가 상담을 요청해 와서,
나는 아이의 상태를 한번 이야기해보라고 했다. 엄마는 니콜이 '거슬리고 통제
할 수 없는 불안' 때문에 속상해하며, '읽는 법을 배우는 데 실패'하여 학업이
어려울 뿐 아니라 학교에서 친구를 만들고 유지하는 것도 힘들다고 말했다.

우리는 언어의 힘에 대해 함께 생각해보았다. 엄마는 니콜을 돌보는 데 필요한
돈을 벌기 위해 일을 하고 동생까지 키우느라 너무 바빠서 니콜의 도전에 대해
설명하는 방식을 고민해본 적이 없었다. 엄마가 사용한 언어는 정확하게 니콜
의 증상을 설명했지만, 니콜의 상태가 바뀔 수 없으며 부정적으로 바라본다는
인상을 주었다.

엄마와 나는 니콜의 상태를 다른 방식으로 설명할 수 있을지 생각했다. 니콜뿐
만 아니라 모든 사람의 뇌는 다르게 작동한다는 사실을 알려주기로 했다. 그리
고 니콜에겐 창의력이 뛰어나고 세세한 부분을 알아채는 특별한 장점도 있지
만 남들보다 더 힘들게 노력해야 할 부분도 있다고 설명했다. 엄마와 의사 선
생님, 학교 선생님은 니콜이 답을 찾도록 옆에서 도울 것이라고도 말했다.

아이들은 정직한 말을 들을 자격이 있다. 부모가 아이의 상태를 솔직히 말하지

않으면 장기적으로 신뢰와 애착이 손상된다. 솔직히 말하되 아이가 가진 힘, 돌봄 네트워크의 힘, 시간이 지나면 나을 것이라는 희망에 집중하면 아이가 자신의 병이나 장애를 바라보는 시각을 바꿀 수 있다. 도전에 대해 논의할 때 아이의 강점과 장점을 말해주면 아이는 자신이 가진 힘을 인식하게 된다.

가능하면 부모의 어려움을 아이에게 전하지 말기

부모는 아이의 채혈을 앞두고 불안감과 스트레스를 느낄 수 있다. 본인이 주삿바늘에 민감하거나 다른 아이가 채혈하는 모습에 충격을 받았다고 하자. 부모는 심리적인 지지를 받으려고 아이와 다른 사람들에게 불안한 마음을 터놓는다. 채혈실에 들어가서 의사를 대하는 부모의 신체 언어가 불확실하고 목소리 톤이 의문스럽게 높아졌다. 아이는 부모의 공포와 의심을 느끼면서 덩달아 불안하고 주저하는 마음이 생겨 무서워하면서 채혈에 저항할 수 있다. 부모가 아니더라도 아이는 걱정하고 울었을 수도 있지만, 안타깝게도 부모가 스트레스에 대처하는 방법은 상황을 더 나쁘게 만들었다.

나는 이런 사례를 많이 보았다. 나 역시 내 아이가 전신마취 수술을 받을 때 같은 입장이었다. 아이의 수술을 앞두고 부모는 피할 수 없는 거대한 불안과 고통을 느낀다. 이런 상황에 스트레스를 받지 않는다면 로봇일 것이다. 그런데 부모의 스트레스를 매우 민감하게 감지하고 받아들이는 아이들이 있다. 부모라고 항상 스트레스를 조절할 수 있는 것은 아니지만 아이에게 언제 사실을 말할지, 어떻게 행동할지, 어떤 단어를 쓸지는 통제할 수 있다.

부모는 마음 챙김을 통해 스트레스를 느끼는 순간 자신의 마음을 들여다볼 수 있다. 그러면 의도대로 반응할 여유가 생긴다. 잠깐 멈춰 서서 내 행동이 아이에게 도움이 되는지 방해가 되는지 스스로 물어보자. 특히 아이가 보고 있다면 신체 언어에서 드러나는 채혈사, 의사, 수술 담당의와의 관계는 매우 중요하다. 부모가 의료진을 잘 알고 신뢰한다는 사실을 보여주면 아이가 새로운 상황에서 느낄 불안을 눈에 띄게 줄일 수 있다.

아이가 힘들어할 일에 대해 의사와 이야기하고 싶다면 통화를 하거나 간호사나 병원 직원에게 아이를 부탁하고 따로 말할 수 있다. 몇 주 기간을 두고 수술 계획을 잡았더라도 어린아이가 몇 주 동안이나 걱정할 필요는 없다. 아이의 기다림이 길어지지 않도록 부모가 보호할 수 있다. 부모는 가족의 분위기를 만들어갈 능력과 책임이 있다. 아이를 간호하는 일이 벅차다고 느낄 때의 스트레스에 대처할 수 있다면 아이에게 좋은 결과도 함께 따라온다.

아이에게 발언권과 통제력을 주자

아이는 선택권이 있을 때 자신에게 힘과 통제력이 있다는 느낌을 받는다. 아이들은 좋은 결정을 실행에 옮길 때 행복해하고 자신감을 얻는 경향이 있다. 도전을 마주한 아이들은 해야만 하는 일이 더 많기 때문에 선택권이 더 매력적이라고 느끼고 여기서 힘을 받는다. 간호 계획은 아이에게 도움이 되는 방향으로 설계되며 부모의 스케줄에 영향을 미친다. 그러나 미래도, 신체도, 성장과 발달도 결국 아이의 것이므로 아이도 자신의 건강과 관련된 판단의 주체가 될 자격이 있다.

당연한 이야기 같지만, 상황이 급박해지면 양육자에겐 이 목표를 중요하게 여길 시간과 인내심, 에너지가 없다. 의료와 교육 시스템 역시 늘 아이의 의견을 듣도록 설계돼 있지만은 않다. 그렇다면 어떻게 아이에게 발언권을 줄 것인가?

말을 잘하지 못하는 여섯 살 넬라의 사례를 살펴보도록 하자. 자연스레 나아질 것이라는 희망으로 몇 년을 보낸 끝에, 소아과 의사와 교사들은 언어치료가 필요한 시점이라고 의견을 모았다. 부모 역시 언어치료는 불가피하다고 판단했다. 본인이 원하든 아니든, 넬라를 위해서 꼭 필요한 일이었다. 하지만 치료 계획을 세울 때는 넬라의 의견을 반영할 수 있었다. 원격 교육을 선호할까, 직접 만나고 싶어할까? 연습 과제를 엄마와 하고 싶을까, 아빠와 하고 싶을까? 한 달 동안 교육을 잘 받으면 특별한 영화나 책 등 상품을 주는 건 어떨까? 섬세한 아이들은 이 모든 결정에 관심을 가지고 파고들 능력이 있지만, 어떤 아이는 너무 많은 선택권과 통제력을 주면 부담스럽다고 느끼기도 한다. 부모는 아이의 성격과 선호를 알기 때문에 이 균형을 가장 잘 맞출 수 있다.

이런 논의에 인지적, 언어적으로 참여할 수 없는 아이도 있겠지만, 기분을 드러낼 수는 있다. 아이는 행동이나 표현으로 무엇을 선호하는지 보여준다. 아이를 간호하는 부모는 때로 이러한 신호를 해석하고 지지하는 사람이어야 한다.

아이들이 자라면서 욕구는 진화한다. 그래서 부모는 육아의 단계를 파악하고 리듬을 찾자마자 뭔가 바뀐다고 느낀다. 아이의 발달 단계를 이해하고 있으면 아이의 욕구를 예측하고 준비하며 육아 전략을 조정하는 데 도움이 된다. 한계 설정, 아이와의 소통, 독립성 촉진은 도전을 마주한 아이들에게도 중요한 육아 목표란 것을 꼭 기억하자.

책을 계속 읽기 전에 다음 질문을 생각해보자.

- 아이의 발달 단계를 판단하고 어떤 욕구가 가장 확실히 드러나는지 생각해보자.
- 스스로 설정한 한계를 생각해보자. 느슨한가, 엄격한가, 적당한가?
- 아이와 의사소통하는 빈도와 전반적인 분위기를 돌아보자.
- 아이의 시각에서 생각해보자. 아이의 선호를 돌봄에 반영할 방법이 있는가?

6장

끊임없이 배워야 하는 이유

그레이슨은 땅콩, 견과류, 계란, 대두 등 여러 가지 음식에 심각한 알레르기가 있었다. 치명적인 알레르기가 있는 아이들의 가족이 그렇듯 그레이슨의 가족 역시 일상의 제약이 많았고 늘 두려워하며 살았다. 그레이슨은 네 아이 중 첫째였는데 동생들은 모두 식품 알레르기가 없었다. 엄마는 알레르기 유발 식품과 관련된 가이드라인이 바뀌어서라고 생각했다. 그레이슨이 태어나고 2년 뒤, 일반적인 알레르기 유발 식품에 늦게 노출하는 것에서 일찍 노출해야 되는 것으로 지침이 바뀌었다. 엄마는 그레이슨이 거의 24개월이 될 때까지 위험성이 높은 알레르기 유발 식품에 노출하지 않았다. 생후 2년 동안 권장 사항을 정확히 따랐고 견과류나 기타 일반적인 알레르기 유발 식품을 주지 않았다. 그러나 동생이 태어날 때가 되자 소아 알레르기 전문의는 수정된 가이드라인을 알려주며 어릴 때부터 정기적으로 알레르기 유발 식품에 노출해야 한다고 했다.

알레르기 유발 식품을 늦게 접한 것은 그레이슨의 식품 알레르기 위험을 높인 요인이었을 수도 있지만, 그냥 우연이었을 수도 있다. 그레이슨이 해당 식품을 언제 먹었더라도 알레르기가 생겼을 수 있다. 그래도 엄마는 매일 집에서든 밖에서든 우연히 알레르기 유발 식품을 접하지 않도록 아이를 보호하며 끊임없이 죄책감을 느꼈다. 게다가 돌봐야 할 아이가 넷이나 됐다.

내 좋은 친구이기도 한 그레이슨의 엄마에게 아이의 알레르기는 전혀 그녀의 책임이 아니라고 말해줬음에도 그녀는 죄의식을 떨치지 못했다. 그래서인지 그레이슨의 엄마는 늘 알레르기에 관한 정보를 찾았다. 다시는 중요한 정보를 놓치지 않기 위해서였다. 식품 알레르기 콘퍼런스에 참석하고, 식품 알레르기에 대한 뉴스레터를 구독하고, 여러 전문의와 상담했다. 가끔 나는 '좀 더 느긋하게 생각하고 담당 의사를 믿으면 좋을 것'이라고 생각하기도 했다.

그러나 그레이슨의 엄마는 의료 연구 기관 동료들보다도 먼저 내게 구강 감각 둔화법 프로토콜 이야기를 꺼낸 사람이었다. 서서히 극소량의 알레르기 유발 식품을 먹이면서 내성을 키운 뒤 양을 늘려간다는 개념은 당시 전혀 새로운 것이었다. 그레이슨의 엄마는 시간을 들여 콘퍼런스에 참석하고 소아 알레르기에 대한 새로운 치료법을 연구하는 조직과 연락하면서 치료법에 대해 일찍 알게 된 것이다. 이어서 우리 시에서 구강 감각 둔화법 임상 시험이 열렸고, 그레이슨을 즉시 등록했다. 진료실에서 많은 시간을 보내며 견과류에 저항력이 생겼고, 좀 더 크면서 계란과 대두 알레르기도 극복하는 듯했다. 내성을 유지하기 위해 많은 견과를 먹어야 했지만 이제 모든 식품을 먹을 수 있다. 가족은 여전히 만약을 대비해서 에피네프린을 휴대한다.

구강 면역 요법 기술은 점차 표준 치료법이 되었으나, 내 친구의 노력 덕분에 그레이슨은 최초의 실험 대상자가 될 수 있었다. 1차 의료 기관의 알레르기 담당의가 이 치료를 제안할 때까지 기다렸다면 몇 년은 더 걸렸을 것이다. 엄마가 부지런히 뛰어다닌 덕에 아이에게도, 나머지 가족 구성원에게도 큰 혜택이 있었다.

질병을 조사하는 일은 위협적으로 느껴질 수 있다. 시간, 돈, 지적 능력이 있는 사람들이나 접근할 수 있는 과학적 데이터베이스와 콘텐츠를 깊이 파고들어야 한다. 그래도 나는 모든 부모가 이 작업을 해야 한다고 말한다. **조사는 아이가 마주한 질병에 대해 더 배우고 가족에게 주어진 선택지를 이해하기 위한 모든 학습을 포함한다. 온라인 검색, 교육용 웹사이트 확인, 아이의 질병과 관련된 소셜 미디어 게시글 보기, 다른 부모나 의료진에게 질문하기 등은 모두 조사에 해당한다.**

가끔은 부모의 조사 덕분에 아이가 직접적인 혜택을 입는다. 삶의 질을 개선할 신기술, 새로운 진료 의뢰, 신약에 접근할 길이 열리는 것이다. 아이가 날개를 펼 수 있는 적절한 학교, 적절한 돌봄 전담사나 치료사, 멋진 여름 캠프를 찾을 수도 있다. 또한 작은 승리로 이어지기도 한다. 처방약에는 자기부담금이 많은데, 조사를 통해 대체 약품을 찾거나 월그린Wallgreens, 월마트Wallmart, 코스트코Costco, 아마존 프라임Amazon Prime 등 소매 기업의 GoodRx, 블링크헬스Blink Health, 옵툼 퍼크스Optum Perks, 싱글케어SingleCare 등 처방약 할인 프로그램을 이용할 수 있다.

물론 조사의 이점이 명확하게 드러나지 않을 때도 있다. 어쩌면 이런 경우가 더 많을지 모른다. 더 나은 정보를 찾지 못하고 아무것도 바뀌지 않을 수도 있다. 그러나 그런 상황에서도 여전히 성과는 있다. 마주한 도전을 좀 더 섬세하게 이해할 수 있으며, 의료진이 제공하는 정보를 확인하고 이들의 조언을 신뢰할 수 있다. 또한 같은 경험과 의문을 가진 다른 가족에게 연락하면서 유대를 쌓고 고립감과 외로움을 덜어낼 수 있으며, 자신감과 안정감이 생길 수도 있다.

그러나 죄의식이나 두려움이 큰 상태에서는 그레이슨 엄마의 경우처럼 아이의 병을 조사하는 시간이 삶을 장악해버릴지도 모른다. 아이에게 무엇이 가장 좋을지 결정하는 것은 부담스러운 일이다. 소아과 의사인 나조차 검색하다 보면 알고리즘 추천을 정신없이 따라가다가 내 가족과 그다지 관계도 없는 문제에 초조함을 느끼곤 한다. 삶에서 다른 것도 마찬가지지만 좋은 것도 과하면 좋지 않다. 지나치게 조사에 집착하면 과도한 시간 낭비, 불안, 불신을 낳는다. 이러한 부작용을 최소화하면서 조사의 잠재적 이점을 얻을 방법이 있을까? 그렇다면 신뢰할 수 있는 출처를 선택하는 방법과 옳은 질문을 통해 필요한 답을 얻는 법을 알아보는 것이 도움이 될 것이다.

자료 조사와 의사를 최대한 활용하기

벤은 약 2년간 수면 문제가 없다가 세 번째 생일이 다가오면서 다시 잠을 자지 못하게 되었다. 밤이 되면 몇 시간 잠들었다 갑자기 깨서 온몸을 비틀며 긁어댔다. 제대로 휴식을 취하지 못한 벤은 결국 낮에 피곤해하고 짜증을 냈으며 잘 놀지 못했다.

원래 아토피가 있었지만 이렇게 심하지는 않았다. 온라인으로 검색한 관련 제품을 써봐도 벤의 만성 아토피는 더 심해졌고, 긁은 자리에 피가 맺히고 딱지가 앉았다. 벤만 잠을 못 자는 것이 아니었다. 가족 전체가 지친 채 진료실에 들어와서 간절하게 해결책을 물었다. 나는 피부 건조, 환경 요인, 알레르기 등 아토피의 일반적인 원인과 도움이 될 만한 집 안 환경 개선법을 말해줬지만, 약 처방 이야기를 하기 전까지 가족들은 제대로 눈 뜰 힘조차 없었다. 새로운 사실을 익힐 시간과 에너지가 없었던 것이다. 몇 주 동안 아무도 잠을 자지 못했다.

몇 주 후 후속 진료에서 상황은 다소 나아져 있었다. 연고를 바르자 벤의 피부는 괜찮아졌지만, 사용을 중단하자마자 다시 아토피가 심해졌다. 가족은 지난 진료의 조언이 정확히 기억나지 않는다며 피부를 건강하게 유지하려면 무엇을 바꿔야 할지 물었다. 벤의 목욕 스케줄을 바꾸고, 향이 나는 비누나 세제 사용을 줄이고, 피부 보습에 사용하는 크림과 비의료용 연고 양을 세 배 늘리라고 했다. 이번에는 정보가 확실히 입력된 것 같았고, 아토피가 재발해도 시도해볼 만한 방법이 있다는 사실 역시 알게 되었을 것이다.

위의 사례를 공유하는 이유는 만성 질병 관리에 대해 알아야 할 사실들을 짧은 진료 한 번에 의사에게 배울 수 없다는 점을 강조하고 싶어서다. 단기적 도움이나 해결책을 위해 진료실을 찾았을 때는 치료 계획만 귀에 들어온다. 아이를 치료하는 전문가를 만났을 때 그랬던 경험이 있을 것이다. 계획에는 해결책과 관리해야 할 조치항목이 포함된다. 문제의 영향을 알려주고 가장 급박한 질문에 답한다.

그러나 해결해야 할 당면 문제가 있을 때 근본 원인을 제거할 예방 계획에 집중하기는 어렵다. 벤의 부모 역시 벤의 피부가 다시 나빠졌을 때 후속 진료에 오지 않고 내가 제안한 치료 계획이 잘못되었다고 생각할 수도 있었다. 그 대신 진료실을 다시 찾아왔기에 나는 큰 그림에 대해 충분히 소통하고 추가로 시도할 방법을 말해줄 수 있었다.

벤의 부모처럼 의사에게 의지하여 아이의 병에 대해 배우는 것역시 좋은 전략이다. 아픈 아이를 돌보는 것은 이미 벅찬 일이다. 온라인 검색이나 다른 환아 부모를 통해 정보를 얻을 수도 있겠지만, 주치의는 아이와 가족의 특수한 상황, 진료 이력, 집안 병력 등을 고려하여 선별적인 정보를 전달할 수 있다.

아이의 질병의 근본 원인에 대해 알아보는 시간은 꼭 필요하다. 진단받은 병을 이해하면 최선의 치료 계획을 선택할 힘이 생긴다. 담당 의료진은 정보 조사의 훌륭한 시작점이 되어준다. 질병 관리를 위한 구체적인 치료법 종류나 최고의 의사를 조사하기 전에 먼저 근본적인 질문에서 출발하자. 왜 이러한 도전을 마주하게 되었는가? 이 질문에서 반드시 해결책이 나오지는 않는다. 장애, 유전, 질병 등 아이의 상태가 근본적으로 아이의 정체성에 해당한다면 도전의 원인을 완벽히 '고칠' 수는 없다. 그러나 근본 원인을 이해하면 다음 단계로 나아갈 길이 보인다.

아토피가 있는 벤의 경우 접촉하는 환경과 피부 건강에 따라 증상의 정도가 달라진다는 사실이 매우 중요했다. 아이의 피부 관리 루틴을 바꾸면서 부모는 근본 원인을 해결했고, 약을 덜 쓰고도 증상을 관리할 수 있었다. 한편, 우울증 등 기분장애를 포함해서 하나의 행동을 바꿔서 증상을 관리하기는 어려운 질병도 있다. 우울증은 본질적으로 너무 복잡한 병이다.

어떤 증상의 원인을 언제나 정확히 찾아낼 수 있는 것은 아니다. 유전자, 환경, 운이 종합적으로 작용할 때가 많다. 그러나 아이에게 무슨 일이 일어나고 있는지 이해할 수는 있다. 우울증에 관해 조사하면 충분한 수면, 신체 활동, 유대 관계 등 증상에 영향을 미치는 행동도 알게 된다. 또한 우울증에는 뇌의 구조적, 기능적 변화가 생기는 생화학적 이유가 있다는 사실도 알게 된다. 이런 지식이 있다면 아이를 위해 생활방식의 변화를 시도하는 한편 약물치료가 필요할 수 있다는 시각을 가질 수 있다. 또한 적절한 의료진을 찾아내고 선택할 때도 도움이 되는 정보다.

의식 있고 관심 있는 부모라면 당연히 아이의 질병에 대해 알아봐야 한다고 생각할지도 모른다. 물론 시간을 들여 질병에 대한 자료를 읽어보고 중요한 지식을 얻어 치료 과정을 도울 수 있다면 바람직하다. 그러나 평범한 사람이 스스로 유용한 정보를 찾기란 믿을 수 없이 어렵다. 도전을 마주했을 때 흡수해야 할 정보와 관련 자료는 넘치게 많은데 모두 질이 좋은 것도 아니다.

아이의 주치의와 상담하는 것이 가장 좋은 출발점이다. 주치의는 가족을 돕기 위해 존재하며 가장 쉽게 활용할 수 있는 자원이기 때문이다. 진단이 내려졌다면 반드시 제대로 이해해야 한다. 이해되지 않는 부분은 이렇게 물어보자.

주치의에게 다음과 같은 질문을 할 수 있다.

- 이 증상은 사라질까요?
- 왜 발생한 건가요?
- 예방할 방법이 있었을까요?
- 얼마나 심각한 문제인가요?
- 얼마나 긴급하게 해결해야 하는 문제인가요?
- 이 문제를 해결하지 않으면 어떤 일이 일어나나요?
- 단기적, 장기적으로 어떤 일이 일어날까요?
- 단기적, 장기적으로 가정과 학교에서 어떤 변화가 필요할까요?
- 이 질병과 관련해서 발생할 수 있는 알아둬야 할 문제가 있을까요?
- 치료 계획이 확실하고 잘 밝혀진 질병인가요, 아니면 전문가들

사이에서도 의견 차이가 있는 영역인가요?

- 어떻게 적절한 치료 계획을 결정할 수 있을까요?
- 어디서 추가 정보를 얻을 수 있을까요?

도전을 마주한 지 오래라면 이미 전문가가 되었다고 느낄 수 있지만, 언제나 더 배울 것은 있다. 아이의 질병이나 장애 종류에 따라 도움이 될 만한 정보 출처는 다르지만, 아이의 건강 상태를 이해할 수 있는 정보 수집이라는 목표는 같다. 아이의 질병을 후원하는 조직이 있다면 여기서 시작하는 것도 좋다. 나 역시 국가가 지원하는 윌름스종양 생존자 프로그램에 등록돼 있다. 의사의 권유로 프로그램에 등록하면서 자동으로 이들이 발행하는 뉴스레터를 구독하게 됐는데, 다른 어떤 자료보다 내게 필요한 정보를 담고 있었다.

아이가 지원 조건만 충족한다면, 후원 조직은 가족이 적절한 정보를 찾기에 더없이 좋은 곳이다. 정보성 웹사이트, 소셜미디어 피드, 팟캐스트도 좋지만, 후원 조직은 환자 가족이 모이거나 서로 연락하도록 도와준다. 소셜미디어 그룹도 도움이 된다. 도전과 관련된 새로운 기사가 나오면 보통 같은 관심사를 공유하는 그룹에 가장 먼저 올라온다.

아이가 희소병을 앓고 있거나 지원받을 만한 후원 조직이 없다면 해당 분야의 과학적, 교육적 움직임을 선도하는 개인이나 집단을 파악하는 것도 좋다. 뉴스레터를 구독하고 콘퍼런스나 강의에 참석하거나 소셜미디어 채널을 팔로우하여 적절한 정보를 받아보는 것이다. 검색 사이트를 선택하여 질병에 관한 새로운 기사가 나오면 알려주도록 검색어 알림을 걸어둘 수도 있다.

자료 조사가 막막하다고만 생각하지 말고 마음가짐을 바꿔 궁금증을 가져보는 것은 어떨까. 새로운 연구 결과와 치료법이 나오면서 기존 주류 치료법의 선호도가 떨어질 수 있다. 아이의 장애나 질병이 현재와 미래의 삶에 갖는 의미, 새롭게 도전을 바라보는 시각, 애초에 증상이 발생한 이유 등 간호하는 부모는 늘 새로운 깨달음을 얻게 된다.

그러나 최신 연구와 치료 프로토콜의 발전을 놓치지 않고 모두 따라가야 한다는 부담을 가질 필요는 없다. 후속 진료가 존재하는 이유가 있다. 의사가 치료 계획을 재검토하고 아이의 상태가 어떤지, 해당 질병에 대한 지식이 어떻게 진화했는지에 따라 치료 계획을 변경하기 위해서다.

철저한 조사의 다음 단계는

도전의 여정을 시작하며 할 수 있는 과정을 거치면서 생각해볼 다음 단계는 무엇일까? 상황에 따라 다르다. 아이의 학교나 어린이집에서 문제가 발생할 수 있다. 위에서도 말했지만, 보통은 아이를 담당하는 소아과 의사에게 물어보는 것이 가장 좋다. 소아과 의사는 큰 그림의 맥락에서 아이의 문제를 바라보고 필요한 자원을 제공할 수 있다. "하지만 소아과 의사는 교육 전문가가 아닌데…"라고 생각할 수 있다. 교육 전문가는 아니지만, 소아과 의사는 아동 건강에 관해 많이 알고 있으며 교육 관련자가 생각하지 못하는 문제를 볼 수 있다.

일반적인 사례를 들어보자. 학교에서 딸이 난독증인 것 같다는 연락을 받았다. 딸의 주치의와 상담하면 먼저 정신건강과 관련된 질문을 할 것이다. 난독증이 있는 아이에겐 높은 확률로 주의력 결핍 및 과잉 행동 장애(ADHD)가 있기 때문이다. 이 진단을 받은 아이들은 학습 스트레스에 대처하는 데 어려움을 겪기 때문에 2차적으로 자존감과 기분장애 문제가 생기곤 한다. 또한 신체적 문제일 가능성도 있으므로 소아과 의사가 시력검사를 수행하거나 추천할 수 있다. 알고 보면 아이의 시력이 나쁠 뿐 전혀 난독증이 아닐 수도 있다. 이 과정 모두가 정보 조사에 해당한다. 이렇게 알게 된 사실들은 아이를 위한 최선의 치료 계획을 수립할 때 활용할 지식이 된다.

의사의 정보도 도움이 되지만, 의사가 우려하는 부분을 학교나 어린이집에 말해보는 것도 좋다. 교육 현장의 전문가들은 아이와 오랜 시간을 보내며 전형적인 발달 과정을 잘 알고 있다. 따라서 추가 정보를 제공하고 새로운 관점을 제시하여 정확한 진단에 도달하도록 돕는다. 어쩌면 학교에서 발생한 다른 증상을 보았지만 아직 부모에게 알리지 않았고, 관련 증상인지 확실하지 않아 논의하고 싶었을 수도 있다. 어쩌면 의사의 의견을 반박할 수 있는 증거를 관찰했을지도 모른다. 어떤 내용을 알게 되든 아이에게 도움이 될 것이다. 치료 계획에 들어가면 학교에 알려서 증상이 개선되는지 수시로 확인할 수 있도록 하자.

정보가 잘못되었다면

과학자(이 부분에 주목하자)인 친구가 있다. 친구의 딸은 임신 기간에 자궁 내에서 뇌졸중을 겪었고, 태어난 후 뇌성마비 진단을 받았다. 친구는 출산에서 채 회복하기도 전에 신생아 뇌졸중 관련 지식과 장애아동의 부모로서 준비해야 할 부분을 최대한 조사하려 노력했다. 친구는 뇌졸중과 뇌성마비가 있는 아이는 몸이 약하고 신체 조정력에 어려움이 있다는 논문을 읽고 딸에게 발생할 수 있는 영양과 발달 문제, 발작의 위험을 알게 되었다. 처음에는 평판이 좋은 대형 웹사이트의 콘텐츠로 시작했지만, 나중에는 뇌졸중을 경험한 아이 부모가 모이는 온라인 그룹 몇 군데에 가입해서 정보를 추가로 조사하기 시작했다.

뇌성마비 치료법으로서의 줄기세포 주입에 관한 자료를 본 건이 그룹에서였다. 줄기세포로 뇌성마비 환자의 손상된 뇌와 척수 조직을 치료하는 소규모 임상실험 몇 건의 기록이 있었다. 그리고 여기서 1만 달러에 딸의 뇌성마비를 '치유'해준다는 비의료 치료사도 만났다. 이 치료는 보험 적용이 되지 않으며 주류 의료 센터와 협력하여 진행되는 것도 아니었다. 친구는 더 깊이 파고들면서 이러한 웹사이트가 공포에 기반한 마케팅 기술을 이용하여 '치유'를 약속한다는 사실을 눈치챘다. 이런 사이트는 "이 치료가 아니면 아이가 고통받는다"는 식의 표현으로 부모를 협박한다. 의사의 조언을 믿는 것이 현명하지 않다고 말하는 설득력 있는 후기가 계속 올라온다. 친구는 치유의 약속에 이끌려 감정적인 상태가 되면서 갈피를 잡지 못했다. 그러나 결국 그녀의 표현을 빌리면 '이성적인 뇌'가 깨어나면서 관련 내용을 아예 무시할 수 있었다. 이후로도 정보 조사는 계속됐고 딸의 의료진에게도 가능한 치료법이 새로 나오면 알려달라고 부탁했지만, 학계에서 윤리적으로 검토되는 임상 연구 시험 외의 내용에 관심을 두지는 않게 되었다.

친구의 경험은 여러 면에서 가장 위험한 종류의 오정보를 반영한다. **의학에는 회색지대가 있다. 의학은 늘 조금씩 나아가고 초기에 유망한 연구는 많지만, 임상실험에는 시간이 걸린다.** 특히 침습적인 치료의 경우 연구가 종료되어 최종 결과가 나오기 전까지 아이에게 안전한 최고의 선택인지는 알 수 없는 일이다. 그 사이에 이익을 노리는 사람들이 간절한 부모를 먹잇감으로 삼아 죄책감을 유발하여 비싸고 위험성이 있는 결정을 내리게 만든다.

인터넷은 훌륭한 평등의 도구이며, 검색 엔진은 모두가 아는 바와 같이 세상을 바꿔 놓았다. 손가락만 움직이면 너무 많은 정보를 얻을 수 있기에, 인터넷 세상에서 비판적 사고 기술을 적용하는 것은 중요하다. 검색 엔진에 적용된 알고리즘은 조회수가 높거나 기술적으로 안정된 웹사이트를 상단에 띄운다는 사실을 염두에 두자.

유용하고 정확한 정보가 필요할 때 늘 인터넷 검색에 의존할 수는 없다.

소아 변비에 가장 흔하게 쓰이는 폴리에틸렌 글리콜(미라락스 Miralax)이라는 약물을 검색하면 오정보의 수렁으로 빠지게 된다. 가장 순위가 높은 기사는 미라락스의 위험성에 관한 충격적인 내용을 담고 있다. 이 내용은 대부분 사실이 아니라 의견이며, 이 기사가 상단에 위치하는 이유는 단지 조회수가 높기 때문이다. 자극적인 기사는 검색 엔진 알고리즘의 힘으로 점점 상단으로 올라간다. 경쟁사에서 내보낸 기사가 있을 수도 있다. 어떤 자료를 믿을지 정보 조사 중에 어떻게 알 수 있을까? 안타깝게도 쉽지 않은 일이다.

의료진이 추천하는 정보 출처를 먼저 알아보길 권한다. 그러나 추가적인 정보 조사를 원할 수 있다. 의사들이 제약 산업과의 관계나 의료계의 타성 때문에 더 나은 새 치료법의 도입에 소극적이라고 생각하는 환자 가족들도 있기 때문이다. 조사를 확장하고 싶다면 내용의 신뢰도를 평가할 수 있어야 한다. '누가 썼는가? 언제 썼는가? 이를 뒷받침하는 다른 근거 자료가 있는가?'라는 세 가지 질문은 내용의 타당성을 검증할 때 좋은 출발점이다.[1]

● 저자가 누구인가?

게시된 정보와 이해관계가 있는 사람인가? 신뢰도가 있는 저자인가? 해당 콘텐츠의 다른 부분에 동의하는가? 인용 자료의 출처가 표시되어 있는가? 누군가의 의견인가, 아니면 연구에 기반한 내용인가?

최신인가, 오래된 이야기인가?

● 근거가 있는가?
해당 내용을 뒷받침하는 근거 자료가 있는가? 어떤 문제에 대해
저자처럼 생각하는 사람이 한 명뿐이라면 아무도 같은 생각을
하지 않는 이유가 있을 것이다.

소셜네트워크의 이점 - 온라인과 오프라인

완전히 같은 궤도를 밟는 가족은 없지만, 그래도 다른 가족의 경
험을 알면 도움이 된다. 의사와 교사는 당연히 가정에서 일어나는
일이 아니라 병원과 학교에서 관찰한 바에 따라 평가를 내리고 계
획을 세운다. 반면 부모의 친구, 아이의 또래 친구는 더 광범위한
삶의 환경을 공유한다. 그래서 다른 가족, 동료, 환자 네트워크 회원
들은 특히 큰 도움이 된다.

앤디의 엄마는 특히나 힘든 임신 기간을 보냈다. 앤디의 엄마는
단핵구증을 유발하는 바이러스 중 하나인 거대세포바이러스에 감
염됐고, 그 결과 앤디는 태중에 바이러스성 뇌수막염에 걸렸다. 조

산이었고, 표준 체중 이하였고, 신경학적 손상이 있었다. 앤디는 호흡기 감염과 싸우고 받아들일 수 있는 영양 공급 프로그램을 찾느라 생후 1년을 거의 병원에서 지냈다. 세 살이 되면서 상태는 조금 안정됐지만, 뇌 손상 때문에 발달 상태는 4개월쯤에서 멈춰 있었다. 도움이 없으면 앉지 못했고 구강 분비물을 참지 못할 때가 많았다.

앤디의 엄마에겐 몇 가지 어려움이 있었다. 어린 나이였고 브롱크스에서 빈곤하게 살았다. 보호소에 거주할 수밖에 없었으며 글도 잘 읽지 못했고 보험도 없었다. 평범한 사람이 간단히 처리할 수 있는 일도 그녀에게는 어려웠다. 교통수단이 없었고 아이 돌봄 서비스도 받지 못했다. 처방약을 받거나 진료를 보는 것조차 매우 힘들어했다.

하지만 앤디가 보육 시설에 들어가 숨통이 트이자, 엄마는 이 시간을 유용하게 썼다. 아이의 병과 관련된 정보를 조사하고 치료사와 만나고 다른 부모들과 의논했다. 처음으로 앤디와 엄마는 비슷한 상황의 가족들이 모인 공동체에 속할 수 있었다. 앤디의 엄마는 아이의 반 친구들을 자세히 관찰하는 요령을 발휘했고, 다른 부모와 양육자들에게 질문하고 배웠다. 또한 학교에서 아이를 돌보는 교사와 치료사에게도 많은 정보를 얻었다.

앤디의 엄마는 이제 자신감이 생긴 모습으로 기나긴 질문 목록을 진료실에 가져왔다. 아이의 치료 계획을 개선하는 아이디어도 냈다. 브롱크스에서 좀 더 실용적으로 쓸 수 있는 접이식 휠체어를 본 것이다. 기존에 사용하던 것보다 쓰기 편한 스탠더(약한 아이가 직립할 수 있도록 보조용으로 설계된 기계) 브랜드도 조사했다. 혼합화식단(포장된 영양액이 아니라 일상 식품을 혼합, 분쇄하여 영양보급관으로 주입하는 것)에 대해서도 알게 되었다며 시도해보길 원했다.

앤디의 새 학교는 어떤 삶이 가능한지에 대한 인식을 넓혀주었으며, 학교 공동체에서 만난 사람들에게는 배울 점이 많았다. 아이를 등교시키는 일은 쉽지 않아서 편하고 쉽게 이동하는 다른 가족을 보며 좌절할 때도 있었지만, 학교에서 만든 인간관계를 통해 체념했던 삶에 다른 방식이 있다는 사실을 알게 됐다. 이러한 인간관계에서 오는 즉각적이고 실제적인 이익도 있었고, 집 밖의 타인과 정기적으로 소통하면서 기분 전환도 됐다.

나는 앤디의 사례를 보며 다른 가족과의 소통 역시 도움이 된다는 점을 확인할 수 있었다. 의사인 내가 환자에게 필요한 부분을 예측하기 위해 최선을 다하고 정보 조사를 대신한다 해도 나의 지원 능력에는 한계가 있다. 앤디를 치료할 무렵 내 환자들은 모두 공공 지원 대상이었다. 그래서 '좋은' 보험으로 보장되는 장비를 본 적이 없었다. 환자의 집에 가서 장비가 작동하는 모습을 직접 본 것도 아니다. 제한된 예산으로 가정에서 아이에게 영양을 공급하는 가장 쉬운 방법 역시 짐작할 뿐이었다. 결국 앤디의 학교 공동체는 이 가족에게 내가 줄 수 없는 도움을 준 것이다.

다른 부모에게서도 귀중한 정보를 얻을 수 있다. 비슷한 양육의 어려움이 있고 일상에서 비슷한 도전을 해결하는 부모들과 소통하면 좋은 점이 많다. 부모들은 서로 정보를 주고받으며 아이를 위한 다른 가능성을 상상하고 더 나은 치료법을 알아볼 수 있다. 이렇게 새로운 치료법을 알게 되면 의료진에 지원을 요청하여 시도해볼 수 있다.

부모 공동체가 제공하는 이점 중 가장 주목해야 할 부분은 유대감이다. 필요한 정보가 다 있을 때라도 같은 입장이었던 사람과 이야기하는 것만으로 구글 검색보다 훨씬 큰 힘이 된다. 아이가 진단받은 병이 희소하다면 같은 병을 앓는 아이의 부모는 특히 도움이 된다.

관계를 맺을 수 있는 사람이나 집단을 찾기 어렵다면 다른 가족을 소개해달라고 의료진에게 요청해보자. 잘 맞는 사람을 소개해줄 수 있을 것이다. 같은 지역에 있는 사람들과의 동반 관계는 귀중하다. 약국, 학교, 치료사, 돌봄 인력, 캠프 등 매우 중요한 정보를 알게 될 수 있다. 정보를 제공하고 도전을 헤쳐 나가도록 이끌어주는 가족 역시 이 경험에서 성취감을 느낄 수 있다.

다른 사람의 실제 경험은 생각보다 훨씬 귀중한 정보가 된다. 그러나 어디까지나 개인의 경험이라는 사실을 기억해야 한다. 과학적 방법론에서는 더 큰 집단을 바탕으로 판단을 내린다. 개인 간에 다양한 차이가 발생하는 것이 자연스러운 일이기 때문이다. 개인의 경험은 당사자에게는 진실이지만 반드시 같은 운명을 말하는 것은 아니다. 같은 진단을 받은 두 명이 전혀 다른 길을 갈 수도 있다. 다른 사람의 경험을 큰 그림에서 보는 것이 중요하다.

또한 이러한 집단과 교류할 때는 편견을 가진 사람이 있다는 점에 유의해야 한다. 경험은 색안경을 쓰고 세상을 보게 만든다. 가벼운 천식이 있는 아이의 부모가 천식 환아 부모 채팅방에서 조언을 구하면 심각한 천식이 있는 아이의 부모를 만날 수 있다. 이 사람의 경험에 기반한 조언은 내 아이에게 적용될 수도 있고, 그렇지 않을 수도 있다.

예를 들면 아이의 주치의가 제안한 약물치료는 소용없다고 말할 수 있다. 자기 아이에게 효력이 없어서 더 강한 약이 필요했다는 것이다. 하지만 이 조언은 상황과 동떨어져 있다. 강한 약을 추천한 엄마는 내 아이의 주치의가 아이의 상황에 대해 알고 있는 모든 정보를 갖고 있지 않다. 이런 조언은 의도가 좋더라도 내 아이에게 적절하지 않으며 내 자신감에 영향을 줄 수 있다. 가장 목소리가 크고 소속감이 큰 참가자들은 극단적 경험을 한 사람들일 때가 많다. 그 경험에서도 배울 점이 있지만, 이들이 내리는 판단에도 오류가 있을 수 있다. 그들과 서로 상황을 잘 모를 때라면 더욱 그렇다. 그들의 아이에게 의사가 도움이 되지 않았거나 일반적인 치료가 효과가 없었더라도 아이가 반드시 같은 경험을 하게 되리라는 뜻은 아니다.

무엇보다 온라인에서 찾는 정보를 신중하게 검토하자. 규모가 큰 소셜미디어 그룹에서는 세력 다툼과 정치싸움이 일어나는 경우가 많다. 다른 부모를 상대로 상품을 파는 등의 이해관계가 있는 회원도 있다. 특히 어려운 경험을 한 사람들은 그 수에 비해 존재감이 훨씬 클 수 있다. 큰 어려움이 없는 사람은 온라인 활동에 덜 적극적이기 때문이다. 누군가는 나와 다른 관점에서 상황을 바라볼 수 있다. 가용 자원이 더 많거나 더 적거나 내 아이와 목표가 다를 수 있다. 이러한 집단과 소통할 때는 혼란을 넘어서는 이익이 있는지, 아니면 단순히 스트레스가 가중될 뿐인지 생각해보고 활동 여부를 선택해야 한다.

정보 조사는 언제까지 해야 될까?

육아의 어떤 측면은 마치 늪과도 같다. 첫 아이 출산을 기다리면서 어떤 매트리스가 안전한지 가볍게 검색을 시작하지만, 결국 알고 싶었던 것보다 훨씬 많은 정보를 접하며 몇 주나 요람 매트리스를 찾게 된다. 아이가 자라서 고형 음식을 먹이기 시작할 때나 배변 훈련을 시도할 때도 마찬가지다. 접근할 수 있는 정보와 의견의 양은 믿을 수 없이 많다.

아이가 도전을 마주한다면 이런 일이 일어날 계기는 더 많으며, 선택의 중요도 역시 더 높다. 부모는 만나는 모든 의사와 치료사에 관해 검색해본다. 약물과 치료에 대한 논쟁을 샅샅이 찾아보며 마음이 오락가락한다. 정보를 선별하는 데는 정보를 읽고 처리하는 것만큼이나 많은 시간과 에너지가 든다. 엄청난 정보량에 미리 질릴 수도 있고, 사회적 지원이 충분하지 않아 답을 찾기 어려울 수도 있다.

언젠가는 정보 조사가 충분해지는 시점이 온다. 이 시점에서는 추가적인 조사의 이익이 줄어든다. 어떤 주제에 대해서는 더 많이 조사해야 한다. 아이가 중대한 수술을 앞두고 있을 때나, 학교를 선택하는 등 삶의 질에 매일 영향을 미치는 결정을 할 때가 그렇다. 조사하는 동안에는 준비하고 있다는 생각 덕분에 불안이 누그러질 수 있지만 역효과가 발생할 수도 있다. 조사에 지나친 시간을 쓰면 사랑하는 가족과 유대감을 쌓거나 즐겁게 시간을 보내는 등의 다른 중요한 활동을 할 수 없다. 열심히 찾아볼수록 치료 계획에 반대하는 의견은 언제나 있을 것이며, 이때 반대 의견에만 집중하면 의심과 불안이 싹트게 된다.

부모들이 정보 조사의 추진력을 얻는 순간은 가장 어려운 결정을 마주했을 때다. 선천성 심장병을 진단받은 태아의 출산이 가까워지고 있다고 하자. 어디서 출산할 것인지, 어떤 소아 심장병학과에 아이를 맡길지는 아주 어려운 결정이다. 부모는 출산 과정에도, 이어지는 아이의 수술과 입원 동안에도 큰 스트레스를 받을 것이다. 집 근처 병원으로 가서 첫째 아이를 보육하며 가족과 친구의 지원을 받으면 이 시간을 좀 더 쉽게 넘길 수 있다. 하지만 이 분야에서 가장 권위 있는 수술의와 심장병 전문의를 찾아가고 싶은 마음도 있을 것이다. 멀리 이동하더라도 아이가 최고의 의료진에게 치료받게 하고 싶은 것이다. 이 경우 비용도 많이 들고 불편이 크다. 단기적으로 일이 복잡해질 뿐 아니라 장기적으로도 후속 진료 때문에 멀리까지 가야 할 것이다. 아이를 낳고 보면 상태에 따라 긴급 심장 수술이 아예 필요하지 않을 수도 있다.

확실한 답이 없는 이런 문제를 마주하면 같은 자리를 맴돌며 점점 거센 불안을 느낀다. 각 선택지에는 장단점이 있다. 선택에 따라 상황은 달라지지만, 어느 쪽이 낫다고는 할 수 없다. 각자 상당한 이점과 결점이 있다. 정보를 아무리 조사해도 어떤 결정이 최선인지 알 수 없으며, 가족에게 정확히 무슨 일이 일어날지도 알 수 없다. 이 경우 정보 조사의 효용은 최고의 선택을 위해 정보를 성실하게 수집했다는 마음의 평화를 얻는 것이다.

나는 진료실을 찾는 부모에게 행복한 중도를 찾으라고 권한다. 유용한 정보를 모으되 한계를 정해두자. 정보 조사에 지나치게 집착하는 일을 피하기 위해 구체적인 목표를 세우자. 한 번 자리에 앉았다면 전문의를 찾거나 약물의 부작용을 알아보는 등 한 가지 주제에만 집중하고, 옆길로 새지 않도록 조심하는 것이다. 특히 소셜 미디어에 쓰는 시간을 의식하고, 하루 한 시간 이상을 보낸다면 그럴 가치가 있는지 비판적으로 생각해보자. 시간을 쪼개고 우선순위를 정하는 데 도움이 될 것이다.

정보 조사를 하면서 느끼는 감정을 확인하는 것이 필요하다. 스트레스가 더해지거나 자신감이 깎이는가? 어떤 정보 때문에 화가 나거나 혼란스럽다면 미리 걱정하지 말고 아이를 담당하는 의료진이나 교육 전문가에게 물어보자. 의사, 교사, 정신건강 전문가가 질문에 모두 답하지는 못할지라도 지금의 가장 중요한 문제를 해결하고 더 믿을 만한 자료를 제시할 것이다. 언제든 추가 질문을 할 수도 있다.

가족이나 의료진이 정보 조사를 탐탁지 않게 생각한다면 위축되지 말고 더 깊은 차원에서도 생각해보자. 잠시 여유를 갖고 '나는 아이를 위해 최선을 다하고 있으며 나 자신도 돌봐야 한다'는 사실을 되새길 필요가 있다. 정보 조사는 언제라도 할 수 있다.

정보 조사는 학술 자료 검색뿐 아니라 더 많은 것을 의미한다. 아이의 주치의, 아이를 돌보는 사람들, 비슷한 상황의 부모들과 나누는 대화는 심사를 거친 최신 논문보다 도움이 될 때가 많다. 아이를 아는 사람의 조언이기 때문이다. 지식이 더 많으면 아이를 지원할 때 도움이 되는 것은 사실이지만, 모든 일이 그렇듯이 균형이 중요하다. 배경지식을 쌓는 것은 심층 육아의 여정을 돕는 많은 기술 중 하나일 뿐이다.

책을 계속 읽기 전에 다음 질문을 생각해보자.

- 마주한 상황에 대해 성심성의를 다했는가?
- 조사한 자료 중 출처를 신뢰하기 어려운 것은 없는가?
- 소셜미디어 활동은 해로운 부분보다 이점이 많은가?
- 정보 조사를 전혀 하지 않는 사람부터 지나치게 하는 사람까지 부모의 성향은 다양하게 나타난다. 나의 경우는 어떠한가?

7장

도구, 기술, 정보를
활용하는 법

내 딸은 6주 빨리 태어났다. 소아과 정기검진에서 의사가 아이에게 측면 선호가 있다고 했고, 나도 동의했다. 한쪽을 선호하는 것이 보통이라고 생각하는 부모가 많겠지만(나도 오른손잡이다) 신생아의 경우 한쪽만 보거나 몸의 한쪽만 더 많이 쓰는 것은 발달 과정에서 평가와 지원이 필요하다는 신호일 수 있다. 그래서 조기에 개입하기로 했다. 심각하게 걱정하지는 않았지만, 측면 선호로 인해 젖 먹이기가 어렵고 비정상적인 머리 모양이 나타날 수 있으며 발달이 지연될 수 있다는 사실은 인지하고 있었다.

소아과에서 진료 의뢰서를 받고 진료 예약을 잡으려 했지만 대기 명단에 올랐다. 팩스로 보낼 서류가 있었고 행정 문제도 복잡했다. 대행사를 통해 행정적 요청을 처리하고 다른 기관에서 섭취 평가를 받았다. 기존 소아과 주치의가 서식을 작성해서 팩스로 제출하고 나서야 평가를 받을 수 있었다. 단계마다 몇 주가 걸렸고 마침내 비대칭으로 지원 대상이라는 결론이 났지만, 아이를 맡을 대행사를 찾아야 복지 서비스를 신청할 수 있었다. 딸의 상태를 논의하는 상담도 필수였다.

이 시스템을 설계한 사람이 상담을 포함한 것은 이유가 있었다. 부모들이 전문가와 평가 결과를 논의하고 계획을 세우고 궁금한 점을 물어보는 시간이었다. 그러나 이 과정에서 절차마다 대가가 따랐다. 이 시점에 이미 딸의 치료를 위해 3개월을 기다리며 15시간을 투자한 상태였다. 대면 상담을 한 번 더 하려면 직장에 휴가를 내야 했고 상담실에 오가는 시간도 버리게 된다. 대신 전화 상담을 요청했다.

원격으로 모든 내용을 논의할 수 있는데도 근무를 빼고 도시 반대편에 있는 치료사의 상담실에 찾아가야 한다는 사실을 받아들이기 힘들었다. 내가 휴가를 낸다면 아이와 자유롭게 시간을 보내기 위해서일 것이었다. 대면 상담에 참여할 수 없다고 했더니 그렇다면 내 딸은 서비스 대상이 될 수 없다고 했다.

이 결정을 그냥 따를 수는 없었다. 나는 불만을 제기했고 관리자와 이야기할 수 있었다. 결국 그들은 대면 상담을 전화로 대체할 수 없는 진짜 이유가 서류에 내 서명을 받아야 하기 때문이라고 털어놨다. 팩스나 스캔으로 해결할 수 있는 문제였다. 이어서 모든 절차를 마무리했고, 딸은 조기 개입을 위한 진료 의뢰서를 받은 지 거의 넉 달이 지나서야 첫 물리치료 예약을 잡을 수 있었다. 치료사가 몇 발짝 안으로 다가오기만 해도 딸이 울어서 딱히 물리치료를 할 수도 없었지만, 치료사와 나는 같은 의견이었다. 이 절차를 시작한 이유였던 편측성의 징후는 전혀 보이지 않았다. 조산 때문에 발생했던 비대칭은 아이가 자라면서 저절로 사라진 상태였다.

이 사례는 도전을 마주한 부모가 매일 만나는 장애물을 완벽하게 보여준다. 환아·장애아동 가족의 요구에 답하기 위해 많은 시스템이 만들어졌지만, 이러한 부담이 누적된 무게는 과소평가된다. 의사에게 서류를 받고, 직장에 휴가 신청을 하고, 여러 당사자와 여러 차례 회의를 잡고, 서류를 작성하는 등 절차의 모든 단계에 대가가 따르고 시간과 에너지가 필요하다. 게다가 공공 보건 측면에서 보면 절차의 어려움이 추가될수록 언어, 교육 수준, 특권에 따라 가족이 얻을 수 있는 지원은 달라진다.

부모의 노동은 잘 보이지 않는다. 식사 계획, 어린이집 찾기, 학교 등록과 준비, 아이의 몸에 맞는 옷 준비하기, 발달 단계에 맞는 장난감과 책 구하기 등이 모두 노동이다. 그리고 간호하는 부모는 심지어 더 많은 노동을 한다. 진료와 서비스를 예약하고, 가능한 치료법을 조사하고, 보험과 환급을 처리하며, 다른 사람들에게 아이의 상태를 알리고 아이가 사회에 받아들여지게 노력해야 한다. 게다가 걱정과 불안이라는 감정노동도 있다.

나 역시 어려움을 겪었지만 그래도 나에게는 특권이 많았다. 끊기지 않는 무선 인터넷이 있고, 통화할 시간이 충분하고, 거주지가 안정적이며, 팩스 기계도 가까이 있고, 음성과 문자 영어에 능통하고, 의학 전문 용어를 잘 알았다. 게다가 나는 내 권리를 알고, '이 방법이 아니면 아이가 도움을 받을 수 없다'는 말을 들어도 위협을 느끼거나 단념하지 않았다. 또한 복지 서비스 제공자에게 신뢰가 있고 절차가 필요하다는 믿음도 있었다. 그러나 이러한 특권이 있다고 해서 시간을 쓰지 않아도 되는 것은 아니다.

부모가 할 수 있는 일에도 한계가 있다. 아무리 사려 깊게 아이를 보살피는 부모도 결국은 인간이다. 의료 시스템의 비효율과 어려움은 부모를 지치게 한다. 몇 년 동안이나 도전을 마주한 아이를 가장 먼저 챙기는 한편, 가족 전체를 돌보고 있다면 가끔은 장애물을 뛰어넘을 추진력과 의욕을 잃을 수 있다. 간호라는 일은 절대 끝나지 않는 것만 같다. 알츠하이머병을 비롯한 치매 환자를 간호하는 것에 대한 낸시 메이스Nancy Mace와 피터 라빈스Peter Rabins의 유명 저서에는 《36시간The 36-Hour Day》이라는 제목이 붙어 있다. 다른 사람을 돌보고 있다고 해도 자신에게 필요한 시간은 줄어들지 않는다는 의미다.

그러니 육아와 간호라는 노동을 감당할 수 있게 만드는 전략을 찾아야 한다. 에밀리 오스터Emily Oster의 《가족 기업The Family Firm》이나 브루스 페일러Bruce Feiler의 《가족을 고쳐드립니다The Secrets of Happy Families》 등 유명한 책에서 다양한 도구를 소개한다. 저자들은 기업 환경에서 영감을 받아 우수 사례를 가정에 적용하고 있다. 가정이 작은 기업, 즉 공유된 목표와 결과를 위해 노력하는 인간 집단이라는 개념을 기반으로 한다. 기업이 사업을 운영하는 방식으로부터 가정을 운영하는 최적의 방식을 배울 수 있다.

이 비유가 와닿지 않을 수 있다. 우리는 가족을 생각할 때 효율성, 생산성, 투자 대비 이익 같은 단어보다 사랑, 안식, 유대를 떠올린다. 그러나 좀 더 객관성과 거리를 두고 가정생활을 바라보면 변화의 가능성이 열린다. 가정에는 가장 사랑하는 사람들이 있지만 식사를 준비하고, 빨래하고, 예약하고, 처방약을 받는 등 매일 처리해야 할 절차도 있다. 해야 할 일을 조직화하고, 효율을 추구하고, 분업과 의사소통을 개선함으로써 가정의 절차와 노동을 최적화하면 스트레스 수위가 낮아지고 남는 에너지는 늘어나, 너무나 중요한 가족관계와 사랑에 더 투자할 수 있다.

걱정은 노동이다

걱정에는 부정적 인식이 있다. 걱정에는 기능이 없으며, 괜히 최악의 상황을 가정하며 불안해하고 시간을 낭비하는 행위라고 생각하는 것이다. 그러나 걱정을 다른 시각에서 바라본다면, 걱정은 인지적 노동이며, 가족에게 가치 있는 노력이 될 수 있다. 이렇게 생각해보자. 걱정에는 무엇이 따라오는가?

만성 질병이 있는 아이와 여행을 간다고 하자. 걱정하다 보면 아이가 중간에 아프거나 짐을 잃어버리거나 여행지에서 병원을 찾아야 할 상황을 상상하게 된다. 이 걱정에는 목적이 있다. 그런 상황에 대비하는 것이다. 그러나 시간과 에너지가 드는 걱정이라는 노동은 아웃소싱이 가장 어려운 일 중 하나다. 아이에 대해 부모만큼 충분히 알고 걱정하는 사람은 없다.

'걱정 노동'에 추가되는 계획 노동도 있다. 물리치료에 매주 아이를 데리고 다닐 사람은 고용할 수 있지만, 치료가 언제 시작하고 끝나는지, 다음 등록 시기와 결제 기한이 언제인지, 센터는 언제 문을 닫는지는 부모가 기억해야 한다. 물리치료사와의 관계와 소통을 유지하는 것도 부모의 일이다. 물리치료 센터를 이용하는 것이 옳은 선택인지, 더 저렴하거나 효율적인 대안이 있는지도 고민해야 한다. 이렇게 걱정과 계획에 쓰는 시간이 없다면 아이는 필요한 지원을 받지 못할 것이다. 이러한 인지 노동은 눈에 보이지 않고 급여도 없지만, 그 자체로 가치가 있다.

간호와 관련된 가족의 불균형

이번에는 매우 중요하면서도 금기시되는 부분을 다루려고 한다. 바로 가족 내 업무 분담의 균형이다. 도전을 마주한 아이를 지원하는 가족 중 구성원 한 명의 능력치를 최적화하는 것으로는 부모 중 한쪽이 독박 간호를 하고 있다는 느낌이 쌓일 때의 불평등, 부담, 분노의 감정을 해결할 수 없다. 가족의 형태와 규모는 다양해서 누가 무슨 일을 할지 균형을 찾을 때 저마다의 어려움이 있다. 한부모

가정에는 책임을 나눌 가족 구성원 수가 적다. 그러나 내 진료실을 찾았던 한부모 가정에는 적극적인 주변의 도움이 있는 경우가 많았다. 조부모, 형제자매, 애인, 가까운 친구(이웃이나 '이모')가 아이 돌보기, 집안 살림 관리, 식사 준비 등 육아 노동을 상당 부분 나누는 핵심적인 역할을 하고 있었다. 이런 가족의 모습은 생각보다 양쪽 부모가 있는 가정과 다르지 않았으며, 원활하게 의사소통하고 평등하게 일을 나누는 기술은 마찬가지로 유용했다. 성 정체성과 성적 지향은 부모의 책임 분배에 영향을 미친다. 동성 부모가 있는 가정에서는 노동 분배가 더 평등하지만, 기본적으로는 한쪽이 '가장', 한쪽은 '주 양육자'가 된다고 주장하는 데이터가 있다.[1]

작가 브리짓 슐트Brigid Schulte, 제시카 그로스Jessica Grose, 이브 로드스키Eve Rodsky가 나눈 의견에 따르면 일반 가정의 가사 노동은 보통 여성에게 기울어져 있으며, 여성이 더 많은 양의 인지 노동을 한다. 사회학자 앨리슨 다밍거Allison Daminger는 매사추세츠 보스턴에서 다섯 살 미만 아동을 키우는 중산층·상류층 양부모 가정의 가사노동을 수량화하는 연구를 했다. 32쌍의 부부를 대상으로 한 연구 결과 여성은 가정 내 관리 업무의 약 82%, 관리 외 업무의 65%를 하는 것으로 나타났다.[2]

아이나 건강과 관련된 가사노동에서는 성별 불평등이 더 심해진다. 미국에서 소아과 진료의 84% 정도가 엄마가, 19%가 아빠가 동행한다.[3] 이스라엘의 대규모 연구에 따르면 부모 중 한쪽만 소아과 진료에 동행할 경우 76%는 엄마였다. 덴마크에서 분석한 바로는 엄마들이 진료 관련 업무의 90%를 처리한다.[4] 이러한 경향이 나타나는 이유를 개인 차원에서 보면 부모 중 어느 쪽이 유급 노동을 더 하는지, 각자 어떤 일을 선호하는지 등 여러 요인이 있을 것이다. 그러나 여성이 간호를 더 '잘한다'는 뿌리 깊은 문화적, 사회적 규범이 엄마가 간호를 주로 담당하도록 떠밀고 있는지도 모른다.[5] 나를 포함한 소아과 의사들도 어떤 면에서 이 문제를 심화시키고 있다. 건강 관련 문제가 생기면 지레짐작으로 엄마에게 연락하거나 산후에 아빠는 제외하고 엄마의 우울증 검사를 하면서 사회적 규범을 강화하는 것이다.[6]

여성이 자연스레 간호 관련 노동을 담당하고 의료 전문가와 가족의 소통 창구가 되는 기본 설정을 지속하는 것은 누구에게도 좋지 않다. 가사 노동 분배의 불균형이 분노를 일으키고 부부 갈등의 원인이 된다는 사실은 잘 알려져 있다. 이는 부모의 삶의 질에 영향을 미치는 변수이며 불가피하게 아이도 영향을 받는다. 게다가 건강 및 교육과 관련하여 만성적인 문제가 있는 아동의 경우 아빠의 참여도가 높을수록 아이에게 이점이 크다는 사실이 데이터로 증명됐다. (당연한 일이다.) 이 경우 아이는 치료를 더 꾸준히 받고 심리적 적응력도 뛰어나며 건강 상태도 개선되는 모습을 보인다.[7]

무엇보다 가정에서 누가 무슨 일을 하는지 분명히 인지할 필요가 있다. 특히 불균형으로 좌절과 부담감을 느끼고 있다면 **노동 분담에 대한 구체적이고 확실한 커뮤니케이션이 변화의 첫 단계다.** 가끔은 노동 분담을 투명하게 공개하는 것만으로 직접적인 변화가 일어나기도 한다. 한쪽 부모가 얼마나 많은 일을 처리하고 있는지 배우자가 모른다면 도움이 필요하다는 사실조차 모를 수 있다. 당장 변화로 이어지지 않더라도 해야 할 일이 더 많아지는 가운데 역할분담의 인정과 인식은 중요하다.[8]

우리가 속한 사회 전체나 의료 체계, 교육 체계를 즉시 바꿀 수는 없지만, 가정이 운영되는 방식은 바꿀 수 있다. 더 평등하고 사려 깊게 가사를 배분하는 데 투자하는 시간은 가족의 기능에 매우 긍정적인 영향을 준다. 가사 노동을 어떻게 최적으로 분배할지 알아보기 전에 다음을 생각해보아야 한다.

- 내가 하는 모든 일에 대해 양육 파트너에게 솔직하게 소통하는가?
- 가정에서 하는 노동의 균형에 대해 억울함을 느끼는가?
- 양육과 관련된 책임의 균형이 바뀌길 원한다면, 이제까지 무엇이 이를 가로막았는가?

성과를 최적화할 기술

육아와 간호를 '성과'라고 하면 이상하게 느껴질 수 있지만, 맡은 일을 얼마나 잘 처리하고 있는지 객관적으로 평가하면 의미 있는 변화를 가져올 수 있다. 자신만의 특별한 기술, 강점, 약점을 이해하면 최선의 방식으로 도전에 대응할 수 있다. 고용주가 직원을 평가하듯 나 자신을 객관적으로 볼 수 있는 유연한 인지 능력이 있다면 스스로를 어떻게 평가하겠는가? 이미 잘 하고 있는 부분도, 더 성장할 수 있는 부분도 있을 것이다. 각 영역을 파악하면 변화와 개선, 적응이 가능해진다.

직장에서의 업무 평가를 생각해보면, 주로 다음과 같은 영역이 대상이다.

- 목표 설정과 지속적 개선
- 시간 관리 기술
- 의사 소통 기술
- 팀워크
- 조직력
- 창의력
- 문제 해결력

목록을 읽으면서 '내가 이 부분은 뛰어나다'고 생각한 기술이 있을 것이다. 성과를 개선하려면 고전하는 영역에서 의미 있는 진전을 이룰 방법을 찾아보자. 스스로 시간 관리에 낮은 점수를 주었다면 작은 개선으로 상당한 시간을 확보할 수 있을 것이다. 관련된 책을 읽거나, 목표를 세우거나, 도움을 요청하여 약한 기술을 개선할 방법을 찾아보자. 가장 뛰어난 영역에 집중하는 전략도 괜찮다. 강점으로 약한 부분을 보완하는 것이다. 조직력이 좋다면 이 기술을 의사소통이나 팀워크 등 다른 영역에 적용해서 성과를 개선할 수 있지 않을까?

부모들이 돌봄과 가사에 목표를 정하기를 주저하는 데는 몇 가지 이유가 있다. 가장 흔한 장벽은 비관주의나 학습된 무기력이다. 상황이 나아질 수 있다고 믿지 않는 것이다. 목표를 설정하기 위해서는 희망과 낙관주의는 반드시 필요하다. 목표는 창의적인 문제 해결의 동기가 되고 성과를 더 높일 수 있다. 목표가 있으면 작고 긍정적 변화가 일으킨 그에 따른 작고 긍정적인 영향을 볼 수 있으며, 변화를 지속시키는 추가적인 동기이자 긍정적 피드백이 된다. 그러나 무엇보다 어떤 상황이든 가족의 경험을 개선할 수 있다는 용기와 자신감이 있어야 변화가 시작된다는 것을 말하고 싶다.[9]

나는 부모가 작지만 의미 있는 변화를 만들어갈 수 있다고 믿는다. 그런 믿음이 부모에게도 있기를 바란다. 그러나 부모가 이룬 성과가 문제를 해결할 수는 있어도 문제 자체는 아니라는 점을 잊지 말기를 바란다. 도전을 마주한 가족이 헤쳐 나가야 할 의료 및 교육 시스템은 어렵다. 우리 사회는 간호하는 양육자를 우선순위에 두거나 보호하지 않는다. 그러나 행동과 선택에 대한 통제력은 나에게 있다. 이것이 근본적인 문제를 해결할 수는 없더라도 문제를 개선하는 데 도움이 된다.

시간 관리 계획은 어떻게 이루어질까?

암 생존자인 나는 건강 상태가 좋아도 매년 대여섯 번의 건강 유지 진료를 받아야 한다. 상당한 에너지가 필요한 일이다. 특히 직장 스케줄이 바뀌거나, 보험사가 바뀌거나, 이사를 가는 등 내 삶의 상황이 바뀔 때면 관리가 쉽지 않았다. 내가 만나는 전문의들은 저마다 다른 병원 시스템 소속이라 서로 소통하지 않는다. 어떤 검사는 보험사의 사전 승인이 필요하고, 진료를 한 번 볼 때마다 청구서가 최소 몇 장씩 쌓인다. 건강 유지관리 계획을 조직하고 시행하는 일을 주치의에게 맡기고 싶었지만, 결국은 내가 책임져야 할 일임을 깨달았다.

책임의 범위를 받아들이는 것은 내게 중요한 깨달음의 순간이었다. 한 해에 필요한 진료 횟수를 계산하고, 스케줄을 잡고 이동하고 후속 조치를 위해 들이는 시간을 모두 고려해보니 엄청난 낭비였다. 이때서야 이것이 나와 가족의 삶에 총체적으로 미치는 영향을 자각했다. 매년 있는 건강 유지 진료가 개인적, 직업적으로 하고 싶은 다른 일을 위한 시간을 갉아먹는다는 사실을 알고서야 불필요한 시간을 최소화하려 노력했다.

탄탄한 시간 관리 계획을 세우는 첫걸음은 이미 하고 있는 일과 해야 할 일을 이해하는 것이다. 하루 동안 어떤 일을 끝마쳤는지, 또는 매일 매시간을 어떻게 썼는지 기록하면서 이 목표에 다가갈 수 있다. 간호하는 부모는 급여를 받는 일을 줄여서 간호의 책임을 다하는 경우가 많지만 그렇다고 시간의 가치가 떨어지는 것은 아니다. 시간에는 가치가 있으므로 이 귀중한 자원을 어떻게 쓰는지 생각해보는 것은 중요하다.

시간을 선별적이고 의도적으로 쓰는 것은 가족의 삶을 개선하는데 매우 중요하다. 가끔은 간호와 관련된 일을 세분화할 필요가 있다. 아이의 형제자매에게 특별히 관심이 필요한 일주일이 있을 수도 있고, 직장에 집중해야 해서 평소만큼 간호에 시간을 투자할 수 없는 시기도 있다. 이는 아이에게 모든 것을 즉시 해주고 싶은 부모의 본능에 어긋난다. 그러나 지금의 걱정을 잠깐 미뤄서 짐을 덜어도 무방한 경우가 더 많다.

시간을 쓰는 방식을 비판적으로 돌아보며 다음 질문을 생각해보자.

- 일주일 내내 하는 가장 중요한 일은 무엇인가?
- 하지 않을 수 있는 일이 한 가지 있다면 무엇인가?
- 시간이 더 있다면 어떤 일을 하고 싶은가?
- 하면서 늘 즐겁고 가능하면 더 많은 시간을 투자하고 싶은 활동을 세 가지 꼽는다면 무엇인가?
- 하기 싫고 가능하다면 삶에서 없애고 싶은 활동을 세 가지 꼽는다면 무엇인가?
- 시간을 쓰는 방식을 변화시키는 것을 막는 요인(경제적, 현실적, 관계적)은 무엇인가? 그 요인을 바꿀 여지가 있는가?

계획적인 시간 소비를 막는 장애물

스스로 어떻게 시간을 쓰는지 비판적으로 돌아보려면 우선순위가 무엇인지 알아야 한다. 왜 이러한 변화를 시도하고 싶은지, 더 많은 관심이 필요한 삶의 영역이 있는지 알아야 하는 것이다. 아픈 아이 간호에 더 집중하고 싶을 수도, 아이의 형제자매나 다른 가족 구성원에게 신경 쓰고 싶을 수도, 스스로 삶의 질을 높이고 싶을 수도 있다. 지금 시간을 어떻게 쓰는지 자세히 뜯어보면 즐겁고 가치 있는 활동을 파악할 수 있을 것이다. 사랑하는 사람과 유대가 생기고 창의력이 샘솟는 시간이다. 해당 활동의 어떤 부분이 즐거운지 생각해보자. 명확한 인식이 있으면 기쁨을 느낄 방법을 더 찾을 수 있을 것이다.

인식하지 못한 채 시간을 쓰고 있던 부분도 찾아낼 수 있을 것이다. 생각보다 SNS나 TV 시청에 많은 시간을 보내고 있을지도 모른다. 휴식과 유대 등의 목적이 있는 경우도 있겠지만, 그저 그렇게 시간을 때울 때도 있다. 우리는 종종 특별히 즐기지도 않고 잘 맞지도 않는 일에 많은 시간을 보내곤 한다.

로라 밴더캠Laura Vanderkam은 저서 《시간 창조자168Hours》에서 시간을 내는 여러 가지 방법을 설명하며 원하지 않는 일을 무시하고 최소화하라고 조언한다. 우리는 아무 생각 없이 시간을 많이 쓰는 일을 하지만, 곰곰이 생각해보면 그럴 필요가 없다. 그 일을 완전히 놓아버리는 것이 가장 좋을 수 있다. 코로나19 팬데믹 초기에 우리

병원 간호사들은 기록 목적으로 환자들의 테스트 결과를 사진으로 찍어 업로드했다. 더 바빠지면서는 사진 기록을 멈추고 그냥 차트에 결과만 기록하는 방법으로 시간을 절약했지만 차트의 질에는 차이가 없었다.

소모 시간을 최소화하려면 한 가지 일에 할애하는 시간을 구체적으로 제한해야 한다. 예를 들면 SNS 게시물을 보거나 TV를 시청하는 시간에 제한을 두자. 몇 가지 일을 한데 묶는 것도 소모 시간을 줄여준다. 메일함에 진료비 영수증이나 보험 관련 설문지가 들어올 때마다 답하기보다 (적당한 수준으로) 쌓이게 두고 나중에 몇 개를 한꺼번에 처리하는 편이 더 효율적이다.

최소화하거나 생략할 수 없는 일은 위임하거나 인력을 고용하는 방식으로 시간을 아낄 수 있다. 장애가 있거나 의료 기술에 의존하는 아이라면 간병인, 활동 보조인, 가정에 파견되는 숙련된 간호사 등 보험이나 메디케이드의 무료 서비스 지원 요건을 충족하는지 알아보는 것이 좋다. 요건이 되는 것 같다면 아이의 의사나 사회복지사에게 도움을 요청하는 것이다.

그러나 일을 외부에 맡기는 경우에도 계획, 조정, 감독하는 시간은 필요하다. 인력 고용이 경제적으로 부담된다는 이유 말고도, 마음을 불편하게 하는 여러 생각들이 '무엇을 스스로 하고 무엇을 위임할 것인지'를 현명하게 결정하는 데 방해가 되기도 한다. 이러한 인지적 오류를 파악하면 생각의 방향을 다시 잡을 수 있다. 다음 사례를 보자.

● "내가 부모니까 해야지."

어떤 부모는 도움을 요청하는 것을 부모로서 능력이나 헌신이 부족하다는 사실을 드러내는 수치와 불명예로 생각한다. 사실 그 반대다. 나는 아이에게 필요한 것을 파악하고 채워주려는 부모를 보면 깊은 감명을 받는다.

● "내가 더 잘해."

간호하는 부모는 종종 아이가 아프거나 힘들어할 때 누군가 자신의 존재를 대체할 수 있다는 사실을 받아들이지 못한다. 실제로 대체 불가능한 경우도 있으나, 사랑이 넘치는 다른 어른이 아이를 도와주려고 할 때도 많다. 이럴 때 위임의 가장 큰 장애물은 그들의 능력이 아니라 부모의 믿음이다. 실제로 부모가 더 잘할 수 있더라도 덜 중요한 일이라면 다른 사람이 완벽하지 않게 하는 것이 부모가 완벽하게 해내면서 힘들어하는 것보다 낫다.

● "내가 하는 게 더 쉬워."

특히 어떤 일을 특정한 방식으로 하는 데 익숙하다면 단기적으로는 옳은 말이다. 그러나 장기적으로 꾸준히 해야 하는 일이라면 위임하는 데 필요한 시간을 투자하여 다른 사람을 훈련했을 때 결국 장기적 이점이 누적될 것이다. 저녁 식사 후의 청소나 등교를 위한 가방 챙기기를 상상해보자. 이 일을 제대로 하게 가르치려면 몇 달, 몇 년이 걸릴 수도 있지만 일단 스스로 하게 되면 아이에게는 자신의 일을 책임지는 기술이 생긴다.

부모와 고용된 간병인의 하루를 대조해보면, 가장 명확한 차이는 휴식과 휴가다. 식사, 샤워, 친구와의 대화를 챙기며 필요한 만큼 휴식하는 부모는 거의 없다. 부모가 돈을 받고 일하는 사람과 똑같이 진정한 의미에서 퇴근할 수는 없다. 그러나 휴가, 휴식, 여가가 일의 효율성을 높인다는 사실은 누구나 안다. 간호하는 부모 역시 그 이점을 누릴 자격이 있다.

의사소통: 학습자 주도 교육

아픈 아이 하나를 돌보는 사람은 보통 여러 명이다. 정규 수업 교사, 방과 후 교사, 치료사, 돌봄 인력, 종종 함께하는 가족 구성원도 있다. 도전을 마주하지 않은 아이라 해도 이 모든 사람에게 아이와 관련된 정보를 공유하려면 시간이 오래 걸린다. 아이가 어떤 음식을 먹어야 하는지, 잠자리 루틴은 어떤지, 무엇을 입는지는 모두 계속 변하는 중요한 정보다. 아이가 도전을 마주하고 있다면 정보의 양과 중요성은 몇 배가 된다. 아이를 돌보는 사람들은 약 먹이는 법, 치료와 진료 예약, 의사 연락처, 응급 시 계획, 필요 물품 등에 대해서도 알아야 한다. 한 번 시간을 들여서 모두를 완전히 훈련하면 끝나는 일이면 좋겠지만, 아이의 상태는 늘 변하며 관련된 계획도 변한다.

약을 먹이거나 특정 날짜에 특정 장소에서 아이를 픽업거나 하는 계획을 가족에게 알리는 것은 어렵지 않다. 그러나 도전을 마주한 아이의 돌봄 계획은 보통 양육자의 의견, 가치, 신념을 반영하게 된다. 부모를 포함해서 돌봄에 참여하는 사람들은 식단, 훈육, 약물치료에 대한 의견 불일치나 별것 아닌 일을 크게 만들 수 있다. 안전과 관련된 문제를 너무 무심하게 생각한다는 이유로 갈등을 빚곤 한다. 비판에 대한 두려움과 수치심이 의사소통을 가로막는다. 정신건강, 장애, 유전적 질병 등 아이의 상태에 대해서도 툭 터놓고 말하기 어렵다. 이해관계자가 많으면 더욱 그런 상황은 심해진다.

간호하는 부모는 누구보다 아이에 대해 더 많이 알고 있다. 의료진이나 교사들보다도 더 잘 알기도 한다. 그러나 다른 사람이 아이를 돌보고, 가르치고, 이끌고, 감독해야 할 때가 있다. 돌봄 계획을 효과적으로 지휘하기 위해서는 부모가 아는 바를 다른 사람에게 생산적으로 공유하고 정기적으로 업데이트해야 한다. 그러려면 소통할 시간과 기회를 반드시 만들어야 한다. **교사나 주치의와의 면담 후에는 무엇을 해야 하는지뿐 아니라 이 내용을 누구에게 공유해야 할지도 고려하는 습관을 만들자.** 돌봄에 참여하는 다른 사람에게 아이의 상황이 어떤지 피드백을 청할 수 있는 정기회의 시간을 마련하는 것도 좋다. 아이의 삶에 중요한 사람의 말을 들으면 돌봄 계획을 개선할 중요한 정보를 얻을 수 있다. 또한 아이와 시간을 보낼 때 고려해야 할 중요한 변화와 우선순위를 그들에게 공유할 수 있다.

부모는 오류를 최소화하고 이해를 최대화하기 위해 신경 써야 한다. 미국 보건의료연구소Agency for Health Care Research and Quality(AHRQ)는 의료인이 환자와 더 효율적으로 소통하도록 설계된 '건강정보 이해능력주의지침Health Literacy Universal Precautions Toolkit'을 개발했다. 이들의 데이터에 따르면 의료인에게 들은 지시사항을 이해하는 환자는 12%에 불과하다고 한다. 개인의 교육 수준은 이해를 가로막는 여러 원인 중 하나일 뿐이다. 의료 전문인은 전문 용어를 사용하여 복잡한 주제를 빨리 전달하려 한다. 환자가 감정이 격하거나 아프거나 집중하지 못할 때는 이해도가 더욱 떨어진다. 마찬가지로, 간호를 주로 담당하는 부모와 다른 가족 구성원 또는 간병인 사이의 의사소통에서도 오해가 발생할 수 있다.

이 문제를 해결하기 위해 보건의료연구소가 제안하는 방법 중에는 '학습자 주도 교육Teach-Back'이 있다. 학습자 주도 교육은 의료진이 환자에게 사용하도록 설계됐으나 간호를 주도하는 부모가 타인에게 아이의 치료 계획을 전달할 때도 사용할 수 있다. 부모는 아이에 관한 한 전문가이며 다른 사람에게 지시를 내리는 셈이니 비슷한 기술을 써도 좋을 듯하다. 학습자 주도 교육은 학습자에게 방금 들은 정보를 설명하라고 요구하는 과정을 포함하는데, 여기서 목표는 학습자가 들은 말을 그대로 외우게 만드는 것이 아니다. 같은 말을 따라한다면 내용을 이해하지 못했을 가능성이 크다. 부모가 한 말을 학습자가 이해했는지 확인하는 것이 목표다.

부모가 발작을 일으킨 아이를 응급실에 데려간 상황을 떠올려보

자. 정밀검사 후 열성경련이라는 결론을 내렸고 나는 그 의미를 설명했다.[10] 다음으로 이렇게 말한다. "아이의 열성경련에 대한 많은 정보를 드렸는데요, 부모님이 꼭 이해하셔야 할 부분입니다. 오늘 힘든 하루를 보내셨을 줄은 알지만 중요한 과정이니까 제가 친구나 가족이라고 생각하고 방금 들은 정보를 공유해주세요. 확실하고 정확하게 이해하셨는지 확인하려고 합니다."

많은 부모는 이 과정을 쑥스러워하지만, 어떻게든 해내면 나는 박수를 보낸다. 제대로 이해한 부분을 말해주고 오해한 점이 있으면 짚어준다. 아무리 성실하고 교육 수준이 높은 부모도 내가 제대로 설명하지 못해서든, 주의력이 흐트러져서든, 전문 용어가 어려워서든 가끔 뭔가를 놓친다.

이 기술을 집에서도 활용할 수 있다. 막 진단받은 질병을 관리하기 시작했다면 배우자나 아이의 교사와 돌봄 인력에게 이렇게 말하는 것이다. "아이의 새로운 도전에 대해 너무 많은 것을 배우고 있어서 정보를 얼마나 공유했는지 확실히 기억할 수가 없네요. 아이의 병과 치료 계획에 대해 간단히 말씀해주시겠어요? 제가 미처 말씀드리지 않은 부분이 있는지 확인할 수 있게요."

이 대대적인 확인 절차가 특히 처음에는 부담스럽게 느껴질 수 있다. 천천히 시작하거나 더 구체적인 주제로 한정시켜보는 것도 좋다. "이 약을 먹일 때는 실수가 없었으면 좋겠어요. 아이에게 약 먹이는 모습을 보여주실 수 있나요?" 처음에는 어색할 수 있지만 **학습자 주도 교육은 아이가 최고의 간호를 받도록 격려하는 매우**

효과적인 도구다.

학습자 주도 교육은 아이를 돌보는 팀원들이 큰 그림을 이해하는지 평가하는 데도 도움이 된다. 1형 당뇨 환아의 가족이 2형 당뇨를 겪어본 경우가 종종 있다. 언뜻 생각하면 장점이 될 것 같다. 가족 구성원 중 당뇨 환자가 있으면 혈당 관리와 혈당이 높을 때의 증상 포착에 능숙하고 당을 관리하는 것이 왜 중요한지 이해하고 있을 테니 말이다. 그러나 안타깝게도 장점만 있는 것은 아니다.

2형 당뇨 환자가 생활방식의 변화에 대응하는 양상은 1형 당뇨 환자와 다르다. 2형 당뇨가 있는 사람은 인슐린의 영향에 덜 민감하며, 운동, 식단, 수면, 건강 체중 유지 등을 통해 높아진 혈당을 관리할 능력이 어느 정도 있다. 그래도 여전히 약물치료는 2형 당뇨 환자 치료의 중요한 요소다. 1형 당뇨는 사실 신체가 췌장을 공격하는 자가면역 질환이다. 췌장이 극도로 피로해져 인슐린을 생산하지 못하는 것이다. 즉, 1형 당뇨 환자의 삶은 2형 당뇨 환자와 다르다. 인슐린 주사가 없으면 혈당은 절대 정상이 될 수 없으며, 언제나 인슐린에 전적으로 의존해야 한다.

그러나 가족 구성원이나 간병인, 돌봄 인력이 2형 당뇨 관리를 경험한 적이 있다면 아이의 혈당 스파이크가 생활 습관이나 식단의 문제가 아니라는 사실을 이해하지 못할 수 있다. 그래서 부당하게 아이를 비난할 수 있다. 1형 당뇨 환아의 경우 인슐린을 제때 공급하면서 최선의 삶을 누리도록 돕는 것이 간호의 목표가 된다.

1형 당뇨 환아의 부모가 돌봄 제공자와의 소통에서 학습자 주도 교육을 활용하여 1형 당뇨에 대한 이해를 평가한다면 실제로 이 병에 대해 이해했고 최선의 간호를 제공할지 확인할 수 있다. 아이의 삶과 관련된 사람들이 질병의 기본적인 부분을 이해하지 못한다면 아이를 돌볼 때 실수하거나 잘못 관리할 수 있다. 혈당이 높은 '이유'에 따라 치료 계획을 짜는 방법과 아이와의 일상 소통 방향이 완전히 달라진다. 돌봄에 참여하는 사람들이 세부 사항과 큰 그림을 이해했는지 확인하는 것은 주 양육자의 중요한 책임이다.

조직적으로 접근하기

성과를 최적화하는 다음 단계에서 가장 중요한 핵심은 일을 조직화하는 것이다. 간호와 관련된 일은 갑자기 발생하며 얼마나 지속될지도 알 수 없다. 예를 들면, 열두 살 제임스의 주 양육자는 할머니였다. 할머니는 창백하고 또래보다 성장이 느린 아이를 데리고 소아과를 찾았다. 혈구 수치가 보통의 3분의 1밖에 되지 않는 것으로 확인돼 아이는 급하게 입원했다. 복부 통증이 없고 식욕이 괜찮았는데도 혈변을 보고 영양소를 잘 흡수하지 못했다. 위장병 전문의가 내시경을 실시했고 염증성 장질환 진단이 내려졌다. 할머니는 몇몇 전문의와 후속 진료 예약을 잡은 상태로 새로운 처방전과 퇴원 주의사항을 끼운 두꺼운 폴더를 들고 병원을 나섰다.

제임스는 질병에도 불구하고 몇 년 동안 잘 지냈고, 소아과 주치의가 나로 바뀐 뒤 섭식 문제로 내원했다. 할머니는 20곳 이상에서 진료를 본 기록, 투약 승인에 대한 보험 서류, 학교와 캠프에 제출할 서식, 처방전 수십 장으로 터질 듯한 폴더를 건넸다. 이 폴더에는 모든 중요한 정보가 들어 있고 나름대로 체계가 있었다. 내가 여기서 필요한 정보를 찾기는 어려웠지만, 할머니는 나름대로 잘 활용하는 듯했다. 이야기를 나누다가 자세한 사항을 언급하고 싶으면 몇 분 동안 폴더를 뒤져 결국 필요한 부분을 찾아냈다. 하지만 할머니는 자리에서 일어나다가 폴더를 떨어뜨렸고 수백 장의 서류가 바닥에 떨어지며 뒤섞였다. 할머니는 울기 직전이었다. 이제 없는 시간을 내어 기록을 정리해야 했다. 할머니의 폴더 전략은 나쁘지 않았지만 이제 좋다고도 할 수 없는 상황이었다.

사회복지사와 병원 봉사자가 할머니를 도왔다. 나는 제임스의 투약 정보와 앞으로 진료 예약이 있는 현 의사 정보를 한 페이지로 요약하여 출력했고, 성장 차트와 접종 요약 등 핵심적인 기록도 요약했다. 사회복지사와 봉사자는 펀치와 3공 바인더를 구해서 방대한 기록을 정리했다. 완벽하지는 않았지만, 앞으로 추가 자료를 끼워 넣고 중요한 기록을 보관하기에는 충분했다. 새로운 정리 방식이 이후 전문의를 만나고 학교생활을 처리하고 약을 받기 위해 보험사와 싸우는 과정에 도움이 되었을 것이다. 할머니는 진료 때 두꺼운 3공 파일을 집에 두고 요약본만 들고 다닐 수 있다는 사실에 가장 기뻐했다.

조직화에 노력을 투자하면 효율성이 높아지고 장기적으로 시간을 아낄 수 있다. 무엇이 가장 효과적일지는 간호하는 부모라면 반드시 의료 정보, 공간, 돌봄 노동을 조직화하면서 알아가야 한다. 중요한 세 가지를 하나하나 살펴보자.

/ 의료 정보 정리하기 /

간호하는 부모는 의사에게 돌봄 계획서를 받거나 직접 만들어야 한다. 아이의 돌봄과 관련된 중요 연락처(의사, 치료사, 교사 등) 목록, 약과 장비 목록, 다가오는 진료 예약, 질문이나 우려 사항 목록을 포함한 귀중한 자료다.

· 치료 및 돌봄 인력 ·

	연락처	마지막 방문일자	다음 예약	비고
소아과 주치의	555-555-5555	2021. 12. 5	2022. 3. 5	
안과	555-555-5555	2022. 1. 15	2023. 1	지역 진료실 매주 화, 금
치과	555-555-5555	2021. 8. 1	2022. 4. 10	
알레르기학과	555-555-5555	2021. 12	2022. 12	
재활의학과	555-555-5555	2021. 6	2022. 12	
물리치료	555-555-5555	매주 화요일	2022. 2. 21 종료	다음 개별화교육 계획 2022. 3

란소프라졸	하루 1회, 10ml	약국 A에서 수령 777-777-7777	약을 다시 받기 일주일 전 수요일 12:00~5:00 사전 승인을 위해 전화.
몬테루카스트 천식 약	씹는 알약, 취침 시	약국 A에서 수령	
에피네프린 식품 알레르기 약	필요 시에만 사용	약국 B에서 수령 777-777-7777	
발목 보조기	2022. 2 재주문 가능	공급 매장 C 888-888-8888	수치 측정 및 재주문을 위해 재활의학과 진료 예약 필요.

이는 부모가 돌봄 인력, 교사 등과 공유할 수 있는 간결한 도구이며, 의사나 치료사와 만날 때마다 이 도구를 가져가서 최신 정보를 공유할 수 있다. 돌봄 계획서에는 날짜를 기록하여 구체적인 세부 사항이 다를 때 어떤 정보가 가장 최신인지 알 수 있도록 한다.

아이의 치료 계획 등을 조직할 때 공책이나 플래너 등 아날로그 방식을 선호하는 가족이 있다. 일이 생길 때마다 적어두기 더 쉽다고 느끼는 것이다. 어떤 가족은 클라우드 공유 문서 등 디지털 자원을 사용한다. 분 단위로 정보를 업데이트할 수 있으며, 문서 접속 권한이 있는 사람 모두 최신 버전을 볼 수 있다. 돌봄과 관련된 일을 조직화할 때 쓸 수 있는 디지털 도구는 또 있다. 약을 받아야 할 때나 보험 승인을 갱신해야 할 때 알려주는 캘린더 알림을 설정하거나, 진료실을 나서기 전에 바로 후속 진료 일정을 캘린더에 기록할 수 있다.

폴더를 마련해서 아이의 질환에 대한 참고 자료를 모으는 것도 도움이 된다. 진단 시의 최초 기록이 필요한 경우는 많지 않지만 이사하거나 의료진이 바뀌면 과거 정보가 필요해질지도 모른다. 파일을 디지털화해서 날짜가 포함된 파일명으로 저장하면 나중에라도 찾기 쉽다. 마찬가지로 연락처와 정보 출처를 검색 가능한 목록으로 저장해두자. 정보를 또 찾고 또 찾는 불필요한 작업을 하지 않아도 된다.

나는 모든 가족에게 응급 상황이 발생할 때 연락처 목록과 투약 정보를 부엌 찬장 등 눈에 잘 보이는 곳에 붙여두라고 권한다. 단순

한 안전장치지만 건강상 특이점이 있는 아이가 집에 있다면 매우 중요한 일이다.

/ 공간 정리하기 /

필요한 물품과 의료 장비를 잔뜩 산 뒤에 어떻게 정리하고 저장할지 가장 좋은 방법을 고민하는 가족이 많다. 약은 어린아이의 손이 닿지 않되 부모는 쉽게 꺼낼 수 있는 곳에 둬야 한다. 서늘하고 어두운 곳이 좋다. 빛, 열, 과한 습기(샤워기 옆 등)에 오래 노출되면 약의 효능이 떨어질 수 있다.

수시로 약의 유통기한을 확인하고 기한이 지난 약을 버려야 한다. 약을 너무 오래 보관하는 가족이 많다. 아이가 자라서 더는 맞지 않는 하지 보조기를 버리지 못하거나, 만약의 경우를 대비한다며 약이나 분유를 지나치게 쌓아 두기도 한다. 날짜가 지나거나 기능을 하지 못하는 물품을 보관하면 공간이 부족해지며, 집이 어수선하면 약이 필요할 때 찾기도 힘들다. 주기적으로 버려야 할 장비와 약이 있는지 확인하자.[11]

부모들은 특히 직장이나 학교에 가기 전 시간이 촉박할 때 아이가 집 밖에 나가기까지의 과정이 번거롭고 소모적이라고 느낀다. 약을 먹거나 안전 장비, 안경, 기타 아이에게 필요한 장비를 챙겨야 한다면 심지어 더 정신없는 과정이다. 집을 떠나기 전 체크리스트 확인을 생활화하면 아침마다 하는 외출 준비 과정이 쉬워지고 잊어버린 물건 때문에 집으로 돌아오는 일을 피할 수 있다. 취침 전이 힘든 가족도 있을 것이다. 공간을 신중하게 조직화하면 하루 중 가장 힘든 시간에 필요한 물건을 빨리 찾을 수 있고 상황을 편하게 관리할 수 있다.

/ 돌봄 노동 조직화하기 /

도전을 마주한 아이를 양육한다면 집에서도 복잡한 프로젝트를 관리해야 한다. 차분히 앉아서 불가피하게 발생하는 잡일을 처리할 장소가 집에 마련돼 있는지 생각해보자. 이 공간에는 펜, 연필, 포스트잇, 봉투, 스탬프, 진료 계획서 사본과 보험증, 필요한 모든 연락처가 있어야 한다. 이렇게 처리 공간을 정해두지 않으면 일이 생길 때마다 매번 중요한 물건을 찾느라 시간을 허비하게 될 것이다.

일을 묶어서 처리하는 것도 효율성을 개선할 수 있다. 일이 일어날 때마다 처리하기보다는 시간을 정해두고 한 번에 몇 가지를 처리하자. 틀에 박힌 일이 많으니 쉽게 묶을 수 있다. 약을 추가로 받거나 진료비를 내거나 학교에서 요구하는 서류를 작성하는 등의 일이다. 이런 일을 묶어서 처리하면 효율성이 높아질 뿐 아니라 귀찮은 일이 다른 시간을 방해하는 것도 막을 수 있다. 인간은 생각보다 훨씬 더 멀티태스킹에 약하다. 한 가지 일에 집중할 시간을 만들면 창의력이 촉진되고 성과가 개선된다. 체계적인 조직화를 유지하면 급박한 응급 상황이 방지되고 스트레스가 줄어든다.

도전을 마주한 아이를 양육하면서 복잡한 과제를 해결할 수 있도록 실행 계획을 살펴보는 것은 장기적인 관점에서 매우 유용하다. 배우자와의 노동 분담, 시간을 사용하는 방식, 의료진이나 돌봄 인력과의 소통, 돌봄 노동의 조직화 등 바꿀 수 있는 부분을 찾아보자. 완벽이 목표가 아님을 기억하자. 가끔은 한 가지 작은 변화가 큰 도움이 된다. 스트레스가 줄어들고 집중력이 높아지고 쉬거나 놀 시간을 낼 수 있다는 것만으로도 큰 성과이다.

책을 계속 읽기 전에 다음 질문을 생각해보자.

- 업무 분담, 시간 관리, 의사소통, 조직화 중 개선할 영역이 있는가?
- 변화에 성공하면 어떤 이점이 있는가?
- 과거에 이 변화를 이루는 데 방해가 되었던 장애물은 무엇인가?
- 실행 계획을 관리하는 방식을 개선하는 데 도움이 될 자원이 있는가?

8장

혼자 다 감당하지 않고
균형 찾기

복합치료 진료실에서는 종종 소아과 전공의 과정을 밟는 레지 던트가 와서 도전을 마주한 가족을 돕는 과정을 배운다. 한번은 비 슷한 복합치료 기관 근무를 희망하는 열정적인 3년 차 레지던트 엘 라나와 몇 주간 일하게 되었다. 드디어 엘라나가 처음으로 환자 진 료를 보는 날이 되었다.

몇 분 후에 돌아온 엘라나는 아이의 상태를 요약해서 말했다. 아 이가 그날 진료를 보러 온 이유로 시작해 검사 결과를 자세히 설명 하고 임시 계획을 공유했다. 엘라나는 정말 철저하고 훌륭하게 일 을 처리했지만 나는 소견과 계획을 듣다 말고 끼어들었다.

"누가 아이를 데려왔나요?" 엘라나는 전혀 모르는 눈치였다. 그 것에 대해서는 물어보지 않은 것이다. 의사는 새로운 환자를 만나 면 자기소개는 잊지 않으면서 진료실에 함께 온 사람이 누구인지에 대해서는 그냥 지나간다. 누구든 보호자가 될 수 있다. 부모, 형제자매, 간호사, 조부모, (실제로 친척이 아닐 때가 많은) '이모'나 '삼촌'까지. 그러나 이들이 아이의 상태에 대해 하는 말을 똑같이 믿을 수 있는 것은 아니다. 적절한 진단을 내리고 계획을 세우려면 정보의 출처를 반드시 고려해야 한다. 알고 보니 아이를 데리고 들어온 사람은 새로 온 간호사였다. 엘라나는 아이 엄마에게 전화해 어떤 도움이 필요한지 정확히 확인한 후 더 나은 계획을 세울 수 있었다.

의사가 환자와 관계된 사람들을 알고 그들의 관점에서 보아야 하는 것처럼, 부모도 가족의 생태계를 인지하고 있어야 한다. 그 사람들이 가장 귀중한 자산이 된다. 모두가 나를 돕고 지지하고 사랑하는 사람들이지만, 다들 나름의 한계가 있을 것이고 그들의 욕구에도 주의를 기울여야 한다. 이 생태계 안에서 자라났기에 구성원 누구에게 무엇을 요청할 수 있고 없는지 직관적으로 안다. 누구에게 구체적인 지원을 부탁할 수 있고, 누구에게 예민한 문제를 꺼내면 안 되는지 본능적으로 느끼겠지만, 이 역학을 명쾌하게 정리하면 상황이 더 뚜렷이 보이고 변화의 가능성이 싹틀 수 있다.

감각처리장애가 있는 알렉스를 예로 들어 생각해보자. 아이의 곁에 있으려면 인내심이 필요하다. 날씨에 맞는 옷을 입지 않고, 큰 소리가 들리면 드러누우며, 제한된 식단 때문에 영양학자, 섭식 전문가, 소화기내과 전문의의 도움을 받아야 한다. 알렉스의 엄마는 '밥 남기지 마'라고 권위적으로 강요하는 집안에서 자라서 친정엄마와 이 문제를 논의하는 것이 내키지 않았다. 아이의 건강 문제를 설명하려 했지만 더 엄하게 대해야 한다는 말이 돌아왔을 뿐이다.

이렇게 쉽게 아이를 판단하거나 병에 대한 배경지식이 없는 가족 구성원을 돌봄에 참여시키는 것은 내키지 않을 수 있다. 오히려 에너지가 더 많이 들고 이미 버거운 육아 상황에 스트레스를 더하기 때문이다. 매일매일이 어떻게 흘러가는지, 증상은 호전되고 있는지, 전문의 진료에서 무슨 말을 들었는지 공유하지 않기로 선택한다면 이유가 있을 것이다. 다른 우선순위를 위해 에너지를 아끼려는 것이겠지만, 이로 인해 상황이 개선될 가능성은 더 낮아진다. 도움을 구할 가족 구성원이 배우고 따라잡고 생산적인 태도로 적응하기는 더 어려워지고, 시간이 지나면서 관계는 점점 멀어질 것이다.

가족의 삶에 포함시키는 일을 아예 포기할 수도 있고, 이 여정에 힘이 되는 사람이 될 때까지 도울 수도 있다. 상황을 설명하고, 아이의 병이나 장애에 대해 알려주고, 돌보는 사람이 해야 할 일과 하지 말아야 할 일을 확실히 말함으로써 그 사람이 돌봄에 참여하는 것이 아이에게 안전하고 가족 모두에게 편안하도록 관리하는 것이다. 아이가 도전을 마주했을 때 가족 구성원을 돌봄에 참여시키는 전략이 필요하다.

가족의 형태는 다양하다. 한부모 가정도 많다. 부부가 함께 아이를 키우는 전통적인 핵가족도 있겠지만, 내 환자들 중에는 이모, 할머니 등과 함께 아이를 돌보는 가족이 많았다는 점을 말해둔다. 어떤 파트너와 함께하든 아이의 도전과 관련된 노력을 공유할 계획이 필요하다.

부모는 아이에게 평생 헌신하며 무조건적으로 사랑한다. 그렇지만 부모만이 육아나 간호에 참여할 수 있는 것은 아니다. 조부모, 이모와 고모, 삼촌, 사촌, 가까운 친구가 일상에 스며들어 도와주는 가정도 많다. 아이에게 진정으로 관심이 있고, 아이를 사랑하고, 지속적인 도움을 기대할 수 있는 사람이라면 누구든 '공동 양육자'가 될 수 있다.

보통 돌봄 인력, 교사, 간호사 등 고용 관계가 있는 경우 공동 양육자로 보지는 않는다. 그러나 이러한 전문가들이 가족과 하나가 되어 계약이나 급여를 넘어선 깊은 관계를 구축하는 마법 같은 일도 보았다. 정말 의지할 수 있는 도우미를 만나는 행운을 누렸다면 이 관계를 소중히 여기고 지켜가는 것은 무엇보다 힘이 된다.

공동 양육자가 있어야 하는 이유

10대 소년 아투로에겐 발달 지연, 지적장애, 종양 형성, 간질 등을 주요 증상으로 하는 유전병인 결절성 경화증이 있다. 언어 소통이 불가능했고 행동 문제 때문에 학교 생활에 참여할 수 없었다. 엄마와 유대가 깊었고 엄마 말고는 아무도 아이 행동을 통제하지 못했다. 가까이 사는 친척은 없었고 아이 아빠는 육아에 참여하지 않았다. 엄마는 아이가 발작 직전에 보이는 초기 경고 신호를 알았고 이때 아이의 주의를 돌려서 폭발을 막는 법도 알았다. 아투로의 교육을 계획하는 사람도, 매끼 식사를 포함한 일상적 욕구를 채워주고 매일 재워주는 사람도 엄마였다.

아투로의 엄마가 모든 일을 쉬지도 않고 혼자 한다는 사실을 알았기에 나는 그녀의 삶의 질이 늘 걱정됐다. 이 가족을 볼 때마다 엄마에게 가끔은 한숨 돌리는 시간이 있는지 물었다. 언제 친구를 만나거나 가족을 방문하는지, 도와주는 사람은 있는지, 의료진이 추가로 도와줄 부분은 없는지, 엄마는 보통 걱정할 필요가 없다고 했고 나는 존중의 마음으로 물러섰다. 그러다 한번은 물어봐줘서 고맙다며, 친정 엄마가 아파서 만나러 가야 한다는 것이었다. 3~6개월 후에 아투로가 2주간 머물 곳을 찾아봐 달라고 했다. 우리는 사회복지팀에 부탁해서 보험으로 보장되는 쉼터를 찾아가볼 수 있도록 약속을 잡았다. 이때쯤 재앙이 닥쳤다.

아투로의 엄마는 쓸개와 담석에 염증이 생겨서 입원했고 응급 수술까지 해야 했다. 급하게 아투로를 돌봐줄 곳을 찾아야 하는 상황이었다. 다행히 승인 절차를 밟고 서류 작성을 시작한 상태여서 며칠 만에 특별한 건강관리가 필요한 아이들이 수술에서 회복하거나 가족이 직접 돌볼 수 없을 때 머무르는 아급성 간호 시설에 아투로를 들여보낼 수 있었다. 안타깝게도 보험 승인과 병상 배정을 기다리는 동안에는 소아과 응급실과 병실에 있어야 했다. 전원을 준비하는 이틀 동안 불편하고 불안한 상황이 이어졌다.

아투로는 엄마를 걱정하긴 했지만 아급성 간호 시설에서 꽤 잘 지냈다. 이 때 엄마는 다른 사람도 아들을 돌볼 수 있다는 사실을 알게 됐다. 시설은 엄마만큼은 아니지만 아투로를 안전하고 편안하게 해주었다. 아투로는 이후 건강상 이유 또는 개인 사유로 엄마가 장기간 돌보기 어려울 때 매년 한 번씩은 시설에 들어갔다.

아투로의 엄마는 헌신적이었지만, 간병인 한 명이 홀로 모든 상황을 감당하는 것이 아이에게 늘 최선은 아니다. 한 사람이 약을 먹이는 등 간호의 어떤 부분을 전담할 수는 있지만, 필요하다면 이 일을 맡아줄 다른 사람이 준비돼 있어야 한다. 부모가 아닌 사람이 참여하면 돌봄의 질이 높아진다. 부모 입장에서는 다른 사람이 다른 방식으로 일을 처리하는 것이 꺼림칙할 수 있지만, 다른 사람의 시각이 더해지면 개선의 여지가 생기기 마련이다.

돌봄 파트너가 있으면 장점이 또 있다. 다른 사람과 관계를 맺는 즐거움이다. 나는 팀원이 많고 팀 활동이 활발한 곳에서도, 상대적으로 거의 혼자였던 1인 진료실에서도 일해보았다. 혼자 일할 때는 성과를 함께 축하할 기회도 없었고 일이 풀리지 않아 힘들 때 터놓을 사람도 없었다. 마찬가지로 양육자가 혼자 상황을 떠맡고 있으면 고립, 좌절, 번아웃으로 이어질 수 있으며, 이러한 문제가 장기간 해결되지 않으면 우울증을 겪을 수 있다.

혼자 모든 돌봄의 책임을 다하고 있었다면 파트너를 찾아보자. 아투로의 엄마처럼 가까이 사는 가족이나 친척이 아무도 없어서 지원이 거의 없는 상황의 부모를 종종 만난다. 이럴 때 경제적, 현실적으로 돌봄을 도와줄 사람을 찾기는 쉽지 않다. 그러나 이웃, 종교기관, 같은 병을 앓거나 장애가 있는 아이들의 부모 모임에서 의미 있는 인간관계를 맺고 도움받기도 한다. 적극적으로 참여하고 사랑을 베푸는 공동 양육자가 있어도 부모는 종종 돌봄 노동에서 혼자라고 느낀다. 그러므로 부모를 도와줄 수 있는 최고의 후보자가 누구인지 마음을 열고 현실적으로 생각해야 한다. 전통적인 의미의 배우자만 공동 양육자가 되어 돌봄 노동에 참여할 수 있다는 통념에서 벗어나야 한다.

공동 양육자와 성공적으로 협업하기

내가 돌보던 한 환자의 엄마는 판단력이 좋았고 아이의 치료에 대해 모르는 것이 없었다. 딸은 24주쯤 태어난 조산아였고, 조산으로 인한 만성적인 폐병이 가장 핵심적인 의료 문제였다. 산소를 공급하기 위해 목에 기관절개술(호흡관)을 해야 했다. 아이가 성장하며 강해지면 필요가 없어지길 바랄 뿐이었다. 엄마의 머릿속엔 딸의 건강과 관련된 조치항목, 집에 있는 물품과 약 목록, 진료를 보았던 모든 의사의 이름, 야간 간호사의 이름, 약을 다시 받아야 하는 시점과 후속 진료 예약까지 모두 들어 있었다. 엄마가 기억하는 것은 과거 기록뿐이 아니었다. 시술 날짜, 어떤 증상이 발생한 시점, 약 투여량이 조정된 시점을 알았으며 딸의 기저질환의 병리학을 심층적으로 이해했다.

그러나 딸과 낮 시간을 보내는 사람은 아빠였다. 아빠는 딸의 성격, 입맛, 좋아하는 것, 평소 습관을 훤히 알았다. 또한 진료실에 와서 자신의 부족한 점을 숨기지 않았다. 약이나 치료의 세부 사항을 아는 건 아니라서 진료 때마다 '의사결정자'인 엄마에게 전화했다.

하지만 아빠의 의견은 매우 귀중했다. 아빠의 생각을 물으면 주로 직접 관찰한 바를 설명해주었다. "어젯밤엔 상태가 안 좋았지만, 오늘은 기침을 한 번도 안 했어요." 딸의 건강에 대해서라면 강력한 직관을 갖고 있었고, 뭔가 잘못되면 정확한 이유를 파악하지는 못하더라도 언제나 의심되는 점들을 제시하면서 문제를 찾기 위해 협력했다.

이 부부의 균형이 이상적이라고 생각한 건 상호 존중이 있어서였다. 아빠는 가끔 이렇게 말했다. "일상적으로 아이를 돌보는 건 저고, 운전대를 잡은 건 아내죠." 아빠가 육아에 쏟는 시간이 훨씬 많았으니 두 사람의 협업이 완벽하게 공정하다고 할 수는 없었지만, 둘 다 육아 상황이 평화롭다고 생각했고 갈등 없이 이야기를 나눴다.

부부가 균형을 찾는 일이 쉽지만은 않다. 아이가 있으면 매일 관리가 필요한 일이 많고 복잡해진다. 여기다 간호의 책임까지 있다면 공동 육아뿐 아니라 공동 간호까지 하는 것이다. 육아의 책임이 공정하게 배분되는 것도 드문 일이지만, 간호의 책임을 무 자르듯 분담하기는 더 어렵다. 누군가는 항상 진료실에 더 많이 가고, 정보 조사를 더 하고, 치료에 데려가야 한다. 여기에는 아무 문제가 없다. 가정의 현실에 맞게 조정할 뿐이다. 모든 가족은 가사 노동, 육아 책임, 그 외의 일에서 나름의 균형을 찾아야 하며, 시간에 따라 구성원들의 욕구가 달라지면서 상황도 달라질 수 있다.

타협하지 말아야 할 부분도 있다. 아이를 돌보는 모든 사람은 자신이 기여하는 바가 인정받고 있다고 느껴야 하며, 모두가 중요한 대화에 참여할 수 있어야 한다. 목표가 있으면 현재 가족이 어디까지 왔으며 어디로 가야 할지 생각할 때 도움이 된다. 내가 생각하는 이상적인 간호 공동체에는 다음이 필요하다.

- 감사, 상호 이해, 상호 존중
- 공평과 공정
- 유연하되 명확한 경계

많은 일이 눈에 보이지 않는다는 것이 가장 흔한 문제다. 주 양육자는 배우자나 가족이 모르는 일을 수십, 수백 가지 하고 있는 경우가 많다. 감사와 인정을 위해서는 먼저 누가 어떤 일을 하고 있는지 모두가 알아야 한다. 아이를 돌보는 사람들끼리 상대방이 하는 일을 모른다면 비상 상황에 유연하게 대처할 수 없다. **특히 간호의 여정을 시작한 초반이나 새로운 국면을 맞이한 시점에는 파트너끼리 긴밀한 연결을 유지하며 중대한 일뿐 아니라 시시콜콜한 이야기까지 공유해야 한다.** 하루 중 가장 좋고 나빴던 부분을 정기적으로 논의하고 서로의 말을 주의 깊게 들어야 한다. 힘든 일과가 끝나면 간호의 책임에 대한 생각에서 벗어나 쉬고 싶겠지만, 어떻게 시간을 보내고 있는지 기본적인 부분을 파트너와 공유하는 것은 중요하다.

간호의 부담이 한 명에게 지나치게 쏠리거나 한 명이 소외되면 억울함이 쌓인다. 상대방이 도움이 안 된다고 생각하다 보면 상대방은 관심이 없다고 확대해석하게 된다. 억울함은 적개심이 되고 관계를 나쁘게 만든다. 아이들은 이 긴장감을 느끼고 영향을 받으며, 스트레스 때문에 잠을 자지 못하거나 문제 행동을 보이기도 한다. 이미 이런 상황에 있다면 이 흐름이 계속될 수 있다는 사실을 알 것이다. 분노와 억울함은 소통에 방해가 되고 더 큰 좌절로 이어진다. 그러나 이 악순환을 지속할 필요는 없다.

모든 관계에는 주고받음이 있다. 적당한 균형을 이룰 때도 있고 엉망일 때도 있다. 그러나 언제든 균형을 바로잡고 새로운 상황을 만들 수 있다. 한정된 시간과 에너지를 분배하고 관리하는 계획을 세울 때 무엇이 필요한지 생각하자. 간호에 참여하는 사람들의 강점과 약점을 고려하면 도움이 된다.

한 명은 집에 있고 한 명은 사무실로 출근한다면 출근한 사람이 보험 서류 작업, 진료 예약, 정보 조사 등을 맡을 수 있다. 외향적인 성향이라면 면접으로 돌봄 인력을 구하거나 비슷한 상황을 겪은 부모를 만나 정보를 얻는 일을 쉽게 처리하고, 내향적이라면 온라인이나 독립적으로 할 수 있는 일을 선호할 것이다. 부모 둘 다 밖에서 일하고 유급 간병인을 고용했다면 간병인 훈련에 시간을 투자하여 능력을 최대화하는 것이 좋다.

이렇듯 역할과 책임을 명확히 해야 아이를 성공적으로 돌볼 수 있다. 간병 기간이 길어져서 이미 번아웃을 느끼거나 억울한 상태라면 따로 시간을 내서 논의하는 것이 필요하다. 밤중에 갑자기 불평을 늘어놓거나 한계가 와서 마구 감정을 쏟아내지 않도록 미리 이야기하길 바란다. 생산적인 대화를 원한다면 둘 다 침착하게 의사소통할 에너지가 있을 때 말을 꺼내야 한다. 이야기할 때는 '나 너무 벅차'라든지 '나는 ＿＿할 시간이 없어서 힘들어' 등 '나' 화법을 쓰는 것이 좋다. 구체적이고 현실적인 변화의 아이디어를 제시하고, 파트너의 제안에도 열린 태도를 유지해야 한다. 공동 양육자가 원하는 방식으로 옆에 있어주지 않았더라도 선의가 있었다고 전제하는 것이다.

내 진료실을 찾았던 행복한 부부들을 살펴보면 계획적으로 노동을 분담했고 그 내용을 주저 없이 공유했다. 노동의 분담이 똑같지 않더라도 명확한 계획이 있다는 것은 서로 모든 노동을 알고 이해한다는 의미다.

간호 파트너와의 상호작용을 솔직하게 말하지 못하는 보호자도 있었고, 이 경우 가정에서 누가 무엇을 관리하는지 파악하기 어려웠다. 평소 아이를 병원에 데려가지 않고, 또는 아이의 일상을 주로 돌보는 사람이 아닐 경우 실제보다 많은 일을 하는 양 의사에게 확실하지 않은 추측을 말하기보다 잘 모른다고 하는 편이 낫다. 모르는 것을 모른다고 하지 않으면 의사가 아이의 상태를 파악하지 못해 오진이나 비현실적 계획, 잘못된 처방전이나 진료 의뢰서로 이어질 수 있다. 누가 무슨 일을 하는지 계획이 있으면 간병인들끼리도 편하지만, 의료진 역시 누가 간호의 어떤 부분을 전적으로 담당하는지, 일상의 책임은 어떻게 나누는지 아는 편이 좋다.

가족 밖에서 도움 받기

닐은 심각한 궤양성 대장염으로 힘든 시간을 보냈다. 고작 열두 살에 심각한 직장 염증으로 인한 통증과 영양실조로 고통받았지만, 이것은 핵심 증상이 아니었다. 인공 항문 성형술이 필요한 어려운 환자였다. 일반적인 장운동과 배변 대신 복부에 부착된 주머니로 장을 비울 수 있도록 직장 방향을 바꾸는 수술이었다.

환자가 10대 초반 아동이니 짐작하겠지만, 복부에 대변 주머니를 달고 다니면 힘든 점이 한둘이 아니다. 불편하고 옷차림과 움직임에 제약이 생긴다는 현실적인 어려움도 있지만, 보통의 10대 청소년보다 훨씬 더 외모와 냄새에 신경 쓰게 된다. 원치 않는 도움을 받아야 한다는 것 역시 독립적으로 행동하고 싶은 청소년에게 특히 힘든 점이다.

나는 닐의 엄마에게 다른 가족 구성원을 훈련하자고 제안했다. 엄마는 직장에 다녔고 다른 자녀들도 있었다. 어쩔 수 없이 닐과 엄마 말고도 배변 주머니 교체법을 아는 사람이 있어야 할 것 같았다.

이 가족 역시 많은 가족과 마찬가지로 지원 네트워크를 넓히라는 권유를 강하게 거부했다. 엄마와 아이가 믿을 수 있는 사람은 더 없었다. 아빠는 너무 비위가 약하고 할머니는 무례한 말을 했으며 형의 도움을 받기에는 부끄럽다고 했다. "저뿐이에요." 엄마가 말했다.

가족의 테두리는 모두 다르다. 진정한 의미에서 간호를 함께하는 파트너(내집단)가 있고 일상을 어느 정도 공유하는 외집단이 있다. 외집단에는 유전적 관계가 없는 친한 친구, 이웃, 직장 동료, 베이비시터 등이 포함될 수 있다.

닐에게는 보건교사가 도움의 손길을 내밀었다. 쉽지는 않았지만, 엄마가 없는 시간에는 보건교사가 함께 있었기 때문에 가족에게 도움이 되는 배변 주머니 관리 계획을 세울 수 있었다. 양호실은 프라이버시 보호가 힘들었고 변기가 있는 화장실 칸은 좁았기 때문에 교장 선생님에게 부탁해 적절한 장소를 마련해야 했다.

외집단과의 관계는 원래 복잡하지만, 도전과 싸울 때는 더 그렇다. 가족이나 친척의 도움을 받기 어려운 상황은 이 가족만의 특수한 사례가 아니다. 시간이 맞지 않거나 안정적으로 도움을 줄 수 없는 현실적인 문제가 참여를 가로막을 수 있다. 둔감하거나 상황을 받아들이지 않는 등 감정적 장애물도 나타날 수 있다.

주 양육자는 외집단을 간호에 참여시키는 데 어려움을 느끼곤 한다. 그렇다면 다음과 같은 걱정이 들 수 있다.

- 아이의 도전에 대해 말하는 것은 어려운 감정을 유발한다. 문

제가 더 커 보이거나 갑자기 현실로 다가올 수 있다.

- 다른 사람이 내 말을 알아듣고 긍정적으로 기여할 거라고 생각되지 않는다.
- 새로운 스트레스 요인 때문에 예전의 불화가 다시 일어날까 두렵다.

그러나 많은 경우 가족과 친척은 대가 없이 조건 없는 지지를 보낸다. 우리의 목표는 아이와 양육자의 삶에 보탬이 되도록 가능한 많은 도움을 받고 유용한 자원을 활용하는 것이다. 가족 구성원은 도전을 인정하고 아이의 상태에 대해 배워야 한다는 현실을 이해해야 도움이 될 수 있다. 양육자는 가족 구성원에게 강점과 약점, 한계가 있다는 사실을 알아야 한다. 누군가는 사랑을 듬뿍 주지만 신뢰하기 어렵고, 누군가는 도움이 되고 싶은 의지는 강하지만 구체적으로 할 일을 정해줘야 한다.

주변 사람을 자원으로 활용하기 위해 소통하고 교육하는 일은 늘 우선순위에서 밀려나기 쉽다. 언제나 오늘 당장 해결해야 할 일이 열 가지는 넘게 기다리고 있기 때문이다. 그러나 이 문제는 긴급하지는 않지만 중요한 우선순위에 해당한다. 아이가 외부의 도움에 의지해야 하는 상황이라면 주변 사람들이 생산적인 방식으로 참여할 수 있도록 시간과 에너지를 투자해야 한다. 본질적으로 '좋은' 조부모, 이웃, 가장 친한 친구도 부모가 마주한 상황과 도움을 줄 방법을 알지 못한다. 외집단을 활용하려면 다음을 명심하자.

- **확실해지면 말하려고 하지 말고 그때그때 상황을 알려주자.** 부모들은 사랑하는 사람들을 걱정시키고 싶지 않아서 진단이나 계획이 확정될 때까지 말하기를 미룬다. 그러나 주변 사람들은 뭔가 잘못됐다는 사실을 느낄 때가 많으며 자세히 말해주지 않으면 최악을 상상한다. 속도가 붙으려면 시간이 걸리므로 일찍부터 상황을 알려주자. 수시로 짧은 문자를 남기는 정도로도 나중에 도움이 필요할 때를 대비할 수 있을 것이다.

- **명확하고 일관된 경계를 설정하자.** 아이가 학업으로 힘들어한다면 돌봄에 참여하는 사람들이 상황을 악화하지 않도록 기대 수준을 말해두자. 예를 들면 이렇게 말할 수 있다. "최근 아이가 공부를 어려워하지만, 계획을 세우고 있어요. 성적을 문제 삼지 말아 주세요." 누군가 이 경계를 침범하면 그럴 수 있다고 생각하되 짚고 넘어가자. 오해나 습관으로 무심코 실수했을 가능성이 크다.

- **가족이나 친척이 능숙하게 아이를 돌볼 수 있도록 도와달라고 요청하는 일을 망설이지 말자.** 의사, 간호사, 치료사, 학교 행정 직원 등 전문 인력은 간호를 돕는 가족이나 친척에게 필요한 내용을 직접 설명하거나 자료를 제공할 수 있다. 이미 주 양육자가 하는 일은 많으므로, 추가적인 돌봄 인력 훈련은 위임할 수 있는 일 중 하나다.

가끔은 모든 일을 제대로 했는데도 벽에 부딪힐 수 있다. 사랑하는 사람들에게도 한계가 있다. 그들이 어떤 기준에 도달하길 바라는 마음도 자연스러운 것이지만, 기대에 미치지 못한다면 그 또한 어쩔 수 없는 일이다. 실제로 이런 일이 일어나면 화나거나 실망할 수도, 슬플 수도 있다. 심지어 부모로서 부모(아이의 조부모)가 기대에 미치지 못하면 혼란스럽다. 그러나 주변 사람들의 한계를 있는 그대로 받아들이면 비현실적인 도움을 바라거나 기다리면서 쓰는 에너지를 아낄 수 있다.

아이의 형제자매는 작은 조력자여야 할까?

아이가 위기를 맞으면 가족의 균형이 무너지곤 한다. 가장 긴급한 우선순위 중 하나는 다른 아이들의 욕구와 아픈 아이의 간호 사이에서 균형을 맞추는 일이다. 아이들은 아프건, 장애가 있건, 건강한 상태건 모두 소중한 가족 구성원이다. 아이들과의 유대를 유지하고 필요할 때 옆에 있어 줘야 하며, 아픈 아이와의 관계를 잘 구축해주는 것도 중요하다. 어떻게 하면 좋을까? 이 과정에서 예측되는 장애물은 무엇일까?

도전을 마주한 아이의 형제자매라는 사실은 엄청난 스트레스를 유발할 수 있다. 아이들은 부모가 겪는 걱정과 감정을 같이 경험하지만 대처할 능력은 더 적다. 이들의 삶의 질에 관한 연구 결과는 많지 않지만 걱정스러운 부분이 있다. 형제자매에게 만성 질병이 있는 아이는 불안장애와 우울장애의 위험이 더 크고, 또래 활동 참여에 소극적인 경향이 있으며, 인지 발달 점수가 낮다.[1] 통계적으로 유의미한 영향이 나타나긴 하지만, 이러한 경험이 보편적이거나, 불가피하거나, 아이들의 삶에 의미 있는 차이를 만든다는 것은 아니다. 형제자매가 고통받는 모습을 지켜보는 부담에도 불구하고 잘 살아가는 아이들도 있다.

내 환자에게도 그런 형제가 있었다. 극조산으로 태어나 뇌성마비, 시각 및 청각 문제, 학습장애 등 여러 합병증이 있는 여덟 살 쌍둥이를 담당한 적이 있다. 쌍둥이 중 하나는 건강이 더 취약했고 호흡 문제로 입원하는 일이 잦았다. 나는 쌍둥이와 엄마를 거의 매달 만났고, 10대인 형이 온 적도 몇 번인가 있었다.

큰아이는 놀랄 만큼 성숙했고 동생들에 대해 잘 알았다. 이 가족은 최근에 이민해 와서 가까이 사는 친척이 없었고, 브롱크스의 많은 가정처럼 심각한 경제적 어려움을 겪었다. 그래도 형은 1등을 놓치지 않았고 전액 장학금을 받고 명문대에 입학했다. 싱글맘이었던 엄마에게 어떻게 이런 일을 해냈는지 물어볼 수밖에 없었다.

엄마는 내 말을 정정했다. "제가 아니라 아이가 해낸 거죠." 그 눈이 자랑스럽게 빛났다. 큰아이는 성실하고 사랑스럽고 마음이 굳센 청년이었다. 하지만 더 자세히 묻자 아무리 힘든 상황에도 엄마가 큰아이의 욕구를 우선하고 배려했다는 사실을 알 수 있었다.

엄마는 가끔 아픈 아이를 병원에 혼자 두고 큰아이와 저녁을 먹었다. 신생아 중환자실에 들어갈 위기에 처해 아픈 아이가 나을 수 있을까 고민하던 순간에도 건강한 아들의 스포츠팀 활동과 과학 박람회 프로젝트에 관한 대화를 나눴다. 물론 큰아이의 곁에 있어주지 못할 때도 많았지만, 최대한 노력을 투자한 덕분에 큰아이와도 유대를 유지하고 무슨 생각을 하는지 알 수 있었다.

게다가 가까이 사는 친척이 없었기에 엄마는 큰아이가 마음을 터놓을 수 있는 공동체를 찾아주었고, 여의찮을 때는 학교 상담사를 만나게 했다. 아들이 크고 나서는 가족 전체에 영향을 미치는 결정을 할 때 의견을 물었고, 상황이 어려워도 아들이 관심 있어 하는 여름 인턴십이나 학교 투어 등 하고 싶은 일은 하라고 했다. 그동안 어린 쌍둥이를 돌보는 일을 아이에게 맡기진 않았다.

엄마는 자기도 모르게 아들에게 조건 없는 지지를 제공하고 있었다. 이러한 지원이 아이가 스트레스를 극복할 때 도움이 된다는 증거가 있다. 아픈 동생들이 있어서 한편으로는 트라우마가 되고 삶에서 공포와 불확실성을 느꼈으며, 어린 나이에 독립심을 키워야 했을 것이다. 그러나 다른 관점에서 보면 이 경험을 통해 대처 전략과 기술을 개발했을 것이다. 적절한 지원을 받는 한편, 역경을 극복하고 살아남을 수 있다는 사실을 직접 확인하는 과정에서 회복탄력성이 생기고 성격이 형성된다. 모든 부모가 포용을 가르치려 하지만, 건강한 아이는 도전을 마주한 형제자매의 관점으로 세상을 보면서 공감을 배우고 가치가 실현되는 모습을 볼 수 있다.

스트레스 이후 아이의 회복탄력성에 대한 가장 큰 예측 변수를 하나만 꼽자면 따뜻하고 안전하며 안정적인 관계와 환경이다. 양육자들은 아프지 않은 아이를 늘 지켜보고 있으며 그들의 욕구 역시 중요하다는 사실을 계속 느끼게 해줘야 한다. 그렇다면 다음과 같은 방법이 있다.

● 친구, 친척, 교육 전문가, 정신건강 전문가, 소아과 의사에게 도움을 구하라.

지원은 많을수록 좋지만, 조건 없는 지지를 제공할 믿을 만한 사람이 하나만 있어도 엄청난 차이가 발생한다. 건강한 아이는 부모보다 중립적인 대상과 함께 경험을 처리하고 반추할 필요가 있다.

● 도전을 마주한 형제자매가 없었다면 삶이 어땠을지 아이에게 물어보고 소통하자.

아이들은 부모를 힘들게 하고 싶지 않은 마음에 물어보지 않으면 힘든 감정을 먼저 말하지 않는다. 건강한 아이를 조건 없이 지지해주고, 추가적인 책임에서 벗어날 여유를 주고, 언제나 아이의 안전을 우선하자(예를 들면 아픈 아이에게 폭력적인 행동 문제가 있을 때).

● 현실적인 기대치를 관리하고 설정하자.

도전을 마주한 아이가 있으면 부모는 다른 아이에게 더 많은 것을 기대한다. 이 기대에 부응하는 아이들도 있지만 한계가 있다. 유아들은 떼를 쓰고, 더 커서 10대가 되면 발달 단계상 자기를 우선으로 생각하게 되며, 한 명이 아프다고 해도 형제자매간의 다툼은 언제든 있을 수 있다.

● 발달 단계상 준비가 됐을 때 돌봄에 참여시키자.

아이가 가족의 삶에 기여하는 부분을 인정하고, 참여해줘서 고맙다는 마음을 표현하자. 또한 어린 시절의 경험을 위해서 아이만의 시간과 여유를 항상 남겨줘야 한다.

● 아픈 아이의 형제자매를 위한 시간을 내자.

아픈 아이의 형제자매가 부모의 애정을 의심하거나 부당하다고 느낄 수 있음을 기억하라. 현실에 죄책감을 느끼기보다 형제자매와 유대를 강화하며 부족한 부분을 메울 방법을 찾자.

만성·중증 질병이 있는 아이의 형제자매는 복잡한 경험을 바탕으로 정체성을 형성하는 투쟁의 과정을 거친다. 환자 가족이나 전문가와 이 문제를 논의하다 보면 '작은 조력자'의 딜레마가 자주 언급된다.

몇 살 차이 나지 않는 형제가 있으면 부모는 형에게 동생을 돌보는 일에 참여하라고 요구하곤 한다. 형은 '작은 조력자'가 되어 기저귀나 젖병을 가져오면서 가족의 일에 참여하고 소속감과 유대감을 느낀다. 그러나 큰아이가 '작은 조력자'가 되고 싶지 않을 때도 있다. 낮에 집에 앉아 있는 대신 놀이터에 가고 싶을 수도 있고, 잠시라도 동생 없이 엄마를 독차지하고 싶을 수도 있다. 이러한 현실적인 갈등 때문에 적응기 동안 행동 문제가 일어나기도 한다.

도전을 마주한 아이의 형제자매에게 이 갈등은 점점 중요하고도 강렬해진다. 간호의 중요성을 알게 되면 사랑하는 사람을 진짜로 돕는다는 생각에 만족과 자존감을 느낀다. 간호는 현실 감각을 길러주는 유의미하고 긍정적인 경험이 되어 자아상을 형성하는 데 영향을 미칠 수 있다. 그러나 '작은 조력자' 역할을 강요당한다고 느끼거나 이외의 정체성을 위협당하면 억울함과 분노가 생길 수 있다.

간질이 있는 새미는 집에서 길고 심각한 발작을 일으켰다. 베이비시터는 어쩔 줄 몰랐고, 당시 여덟 살이었던 누나 릴리가 뛰어들어 약을 먹이고 구조대에 신고했다. 베이비시터가 너무 소리를 질러서 릴리는 구급대원의 지시를 들으려고 장롱에 들어가야 했다. 나중에 고등학교에 가서 진로를 고민할 때까지 릴리에게 그보다 강렬한 경험은 없었다. 남동생의 생명을 구한 것 같았고(실제로 그랬다!), 슈퍼히어로가 된 것 같았다. 지금 10대인 릴리는 보건의료 분야에서 진로를 탐색하고 있다. 자신의 강점을 살려 생명을 구하는 직업을 찾을 생각인 것이다.

내 주위에는 이런 이유로 직업을 선택한 의사가 수십 명은 된다. 나 역시 비슷한 경험이 있다. 중학교 때 치어리더 캠프에 가서 종일 활발하게 움직인 후였다. 우리 팀에는 하늘로 던져지는 역할의 체구가 작은 팀원이 있었는데, 1형 당뇨 환자였다. 나는 잠자리에 들기 직전 그 친구가 완전히 정신을 잃은 모습을 발견했다. 두 배로 움직이고 밥은 반만 먹고 인슐린은 원래대로 맞아서 저혈당 상태에 빠져 있었다. 지금 생각하면 내가 한 일은 친구의 상태를 주변 어른들에게 알린 것뿐이지만 당시에는 내가 아니었다면 친구가 아침에 일어나지 못했을지도 모른다고 여겼다. 그 경험을 통해 어린 시절의 긍정적인 간호 경험이 자존감 형성에 도움이 되는 것을 알게 되었다.

도전을 마주한 아이의 형제자매는 독특한 관점으로 세상을 보며, 세상 사람을 둘로 나누곤 한다. 이해하는 사람과 그렇지 못한 사람이다. 이 기준으로 집안 사정을 말할 사람과 말하지 않을 사람을 정하는데, 가능하면 이 부분은 아이가 통제하도록 두는 것이 좋다. 담임 교사, 교장, 학교 상담사에게 아이의 가정 상황을 말해두면 도움이 된다. 부모가 이혼하거나 가족이 이사 갈 때도 학교에 말해두는 것이 좋듯, 집에서 일어나는 일을 학교에서 알면 아이가 집에서 받은 스트레스를 학교에서 드러낼 때 더 잘 해결할 수 있다.

어떤 아이들은 '작은 조력자'로서의 추가적인 책임을 잊어버리고 평범해질 수 있는 환경에서 안정을 찾는다. 그래서 또래와 보내는 시간이 특히 중요하다. **아픈 아이의 형제자매는 간병인의 정체성을 벗어나 자기 자신으로서 활동하고 가치를 인정받을 필요가 있다. 간호에 기여할 때나 그렇지 않을 때나 조건 없이 사랑받고 가치를 인정받아야 한다.**

아픈 아이와 건강한 아이를 함께 양육하는 상황이라면, 건강한 아이의 입장을 깊이 생각하고 최대한 존중하는 것이 필요하다. 건강한 아이가 휴식을 원하고 필요하다고 하면 부모는 실망하거나 좌절할 수 있다. 동생과 관련된 일인데 어떻게 휴식이 필요할 수 있단 말인가? 부모에게 지원이 부족하거나 부모 자신이 휴식이 절실하다면 특히 마음이 힘들다. 그러나 이때가 바로 건강한 형제자매에게 무조건적 사랑을 보여줄 기회다. 건강한 아이의 마음도 중요하다. 형제자매를 사랑하고 가족을 중요하게 여기더라도 삶의 여유와 균형이 필요할 수 있다.

가끔은 아이가 이러한 욕구를 정직하게 표현한 덕분에 다른 가족 구성원 역시 모순적인 기분을 드러낼 수 있게 되기도 한다. 건강한 아이를 조건 없이 귀하게 여기는 모습을 보여주면서 부모 역시 스스로가 귀한 사람이라는 사실을 확인할 수 있다.

도전을 마주한 가족에겐 더 긴급한 일이 많으므로 아이를 돌볼 사람들을 선정하고 교육하고 관리하는 데 시간을 들이기 어렵다. 그러나 건설적이고 생산적인 대화를 나눌 수 있는 주변 사람이 돌봄에 참여하면 큰 도움이 된다. 또한 아픈 아이의 형제자매에게도 각자 욕구가 있으며 이들의 간호 경험은 축복이 될 수도, 재앙이 될 수도 있다. 가끔 형제자매는 조력자여야만 한다는 틀에 갇히거나 가족의 자원(시간, 돈, 관심)이 자신에게 쓰이지 않아서 상처받는다. 그러나 이 스트레스에 대응하며 배우고 성장할 수 있고, 공감과 회복탄력성, 독립심이라는 기술을 얻는다.

아이가 클수록 도전을 헤쳐 나가기 쉬우리라고 생각하는 사람이 많지만, 그렇게 간단한 문제가 아니다. 아이들이 성장하면 욕구 역시 진화한다. 발달 단계를 거치는 속도는 아이마다 다르지만, 전반적인 궤도에 대해 생각해보면 앞으로의 계획을 세우는 데 도움이 될 것이다.

그렇다면 아이의 가장 가까운 사람들을 생각하며 다음 질문을 되새겨보자.

• 공동 양육자와 어떻게 간호의 책임을 배분하고 소통하는가?

• 가족의 이익을 위해 활용할 수 있는 내집단, 외집단의 자원이 있는가?

• 다른 사람에게 도움을 요청하기를 주저하는 이유가 있는가?

PART 3

─────────────∞

부모와 아이의
감정 들여다보기

9장

감당하기 어려운 감정과
번아웃에서 나를 지키는 법

열 살인 데릭의 학교생활은 쉽지 않았다. 가정교사를 두고 교육에 힘쓰는데도 보통 아이들보다 훨씬 어려움을 겪었다. 부모는 아들에게 더 나은 길을 찾아주려는 희망으로 검사를 진행했고, 그 결과 구체적인 학습장애나 ADHD 등 기저질환은 없다는 결론이 났다. 그러나 지능지수(IQ)가 표준보다 낮게 나타났다.

장애가 없다는 결과가 나왔지만 가족은 오히려 실망했다. 차라리 확실히 해결할 수 있는 문제이길 원했다. 학습장애가 있다면 교육적 개입의 도움을 받을 수 있었고, ADHD라면 약물치료가 가능했다. 하지만 이제 가족은 더 어려운 과제를 마주하게 됐다. 결과를 받아들이는 것이었다.

데릭의 엄마와 상담하는 시간에 나는 혹시 본인 역시 아들처럼 IQ가 낮다고 생각하는지 물었다. 엄마는 울기 시작했다. 그리고 아들이 낮은 IQ 때문에 학교에서 겪는 어려움은 자신이 성장 과정에서 겪은 일과 매우 비슷하다고 고백했다. 엄마는 죄책감을 느끼는 듯했다. 아들에게 좋은 것만 주고 싶었지 골칫거리를 물려주고 싶지는 않았다.

엄마는 평균 이하의 IQ로 성장한 경험을 이야기하면서 가장 힘들었던 점은 IQ 자체가 아니라 주변 사람들의 몰이해였다고 했다. 어렵게 이뤄낸 성취는 다른 강점을 가진 타인과 늘 비교 당했고, 삶에서 중요한 사람들의 기대에 미치지 못했다. 최선을 다하고 있는데도 선생님과 부모님은 게으르다는 비난을 멈추지 않았다. 성장하는 내내 성공의 길은 너무 좁아 보였다. 모두가 성적, 시험 점수, 명문대 입학만 정답인 듯 말했다.

데릭의 엄마는 낙담했고, 감정을 조절하려 애썼다. 슬픔, 죄책감, 분노, 걱정이 밀려왔다. 나는 육아에서 힘든 순간을 맞은 엄마를 어떻게 도울 수 있을까 고민하다가 그녀가 데릭에게 완벽한 엄마라는 사실을 상기시켰다. 엄마의 경험에서 얻은 교훈이 모두 아들을 지원하는 데 도움이 될 거라고 말해줬다. 엄마는 아들이 어떤 능력이 있는지 알았고, 그래서 시험 점수를 또래와 비교하기보다 노력과 성장에 집중할 수 있었다.

데릭의 가족은 데릭의 강점을 강조하고 계발해줘야 했다. 데릭은 사회적, 감정적 기술이 뛰어났고 천성적으로 다른 사람을 배려하는 마음이 있었으며 운동 능력이 좋았다. 이런 재능을 발휘할 수 있는 활동을 함께 찾아보고, 아이에게 '너는 너 자체로 완벽하다, 너만의 재능을 펼치며 충만한 삶을 살 수 있다'고 말해줄 수 있었다. 또한 데릭이 가진 기술과 강점에 가장 잘 맞는 목표를 선택하는 과정을 도울 수 있었다. 결국 엄마가 겪은 과거는 데릭을 이해하고 지지하게 만들어줄 선물이었다.

장애든 질병이든 힘겨운 진실을 직면한 가족을 만날 때, 나는 주로 긍정적인 방향으로 사고를 전환해주려고 노력한다. "힘드신 줄 알지만, 이제 이 정보가 있으니 더 잘할 수 있어요." 항상 근본 원인을 없앨 수 있는 것은 아니지만, 환경을 바꾸고 기대치를 조정해서 결과를 개선할 수는 있다.

아이의 도전이 무엇이든 부모의 잘못이 아니라는 사실을 이해하는 것이 변화의 출발점이다. 개인적 '약점'은 강점만큼이나 나를 나답게 만드는 요소다. **우리는 어려움이 있으면 근본 원인을 찾아내서 '고쳐야' 한다고 생각하곤 하지만, 가끔은 그저 인식하고 그대로 받아들이는 것만으로 충분하다.**

우리가 가장 잘 통제할 수 있는 것은 자기 자신이다. 도전을 마주했을 때의 기분과 반응을 통제할 수 있다. 부모들은 보통 큰 스트레스를 받아 나빠진 기분을 어떻게 나아지게 만들지 잘 모른다. 하지만 나는 부모들에게 자신의 감정을 진지하게 들여다보라고 한다. 그러면 나 자신을 잘 돌볼 수 있을 뿐 아니라 아이를 돌볼 준비도 할 수 있다. 왜 기분이 나쁜지 알면 나아질 계획을 세울 수 있다. 감정을 바꿀 수는 없더라도 어디에서 비롯된 마음인지 이해하면 도움이 된다.

아이들의 불안과 슬픔에 대해 상담할 때, 나는 보통 구름의 비유를 쓴다. 종종 비를 맞거나 하늘이 어두운 것은 당연하다. 이 감정이 지나가리라고 확신하면 힘든 시간을 견디는 데 도움이 된다. 이 비유를 쓰면서 기분이 나쁘다고 해서 나쁜 사람이 되는 건 아니라고 아이들에게 알려주곤 한다. 또한 어려운 시기에도 아이를 사랑하는 사람들이 항상 곁에 있다고 말해준다.

도전을 마주한 아이의 부모가 일반적으로 경험하는 부정적 감정은 어떤 것일까? 민감하고 불편한 주제지만 생각해볼 필요가 있다. 부모들은 이런 힘든 감정이 금기시된다고 느끼기에 아무에게도 이야기하지 못하고 외롭게 버티곤 한다. 혼자 이겨내려고 노력하는 부모들이 많지만, 얼버무리고 넘어가거나 억누른다고 해서 어려운 감정이 사라지지는 않는다.

슬픔과 비탄

부모로서 아이가 고난을 겪는 모습을 지켜보기는 힘들다. 맹장염이나 골절처럼 일시적인 문제라도 해도 아이가 아픈 모습을 보는 것은 슬프지만, 일반적으로 이런 도전은 회복하기 쉬운 편이다. 하지만 장기적인 육체적, 정신적 질환이나 장애가 있는 아이도 있다. 또한 실제로 아이를 낳기 전에 어떤 특징을 기대하고 상상한 가족이 많을 것이다. 운동을 잘했으면, 똑똑했으면, 외모가 뛰어났으면,

남자·여자였으면 하고 바랄 수 있다.

이런 부모는 아이의 삶과 자기 삶을 어떤 식으로든 그려 보았을 것이고, 아이의 미래에 대한 꿈과 야망이 있었을 것이다. 어떤 스포츠를 함께 즐길지, 어떤 학교에 보낼지, 아이와 어떤 관계를 쌓아나갈지 말이다. 그러나 이제 기대치를 조정해야 한다. 이후 질병이나 장애와 싸우면서 기대치를 다시 설정하고 계획을 바꿔야 한다.

에밀리 펄 킹슬리Emily Perl Kingsley는 능력이 다른 아이를 양육하는 것에 대한 영향력 있는 에세이 《네덜란드에 오신 것을 환영합니다 Welcome to Holland》에서 아이를 갖는 과정을 이탈리아로의 여행을 계획하는 것에 비유한다. 여행 안내서를 읽고, 여행 계획을 세우고… 그러다 비행기에서 내렸는데 네덜란드에 와 있는 것이다.

네덜란드에는 아무 문제가 없다. 튤립이 있고 렘브란트가 있다. 하지만 곤돌라도 없고 피사의 사탑도 없다. 다른 사람들은 모두 이탈리아로 여행을 떠난 것 같고 고립된 느낌이다. 계획이 바뀌어 실망스럽지만 상황을 통제할 수도, 바꿀 수도 없다.

킹슬리의 에세이는 아이에게 닥친 예상 밖의 도전을 마주하고 슬픔을 느꼈다고 인정한다. 하지만 이탈리아에 가지 못한 슬픔에도 불구하고 네덜란드에서 기쁨을 찾았다며 에세이를 끝맺는다. 자녀에게 어떤 질병이나 장애가 있더라도 우리는 아이의 모습을 있는 그대로 받아들이며 기쁨을 찾을 수 있다.[1]

가끔 어려운 질병이나 장애와 함께 예상치 못한 기쁨의 기회가 찾아오기도 한다. 예를 들어 윌리엄스증후군이라는 유전병이 있으면 심각한 심장병, 성장 지연, 발달 지연을 겪을 수 있다. 증상의 정도는 아이마다 다르지만 어려움은 분명히 있다. 심각한 학습장애를 나타내기도 하고, 대부분은 입원과 수술이 필요한 선천성 심장병(대동맥판상부협착증)이 있다. 그러나 윌리엄스증후군이 있는 아이는 특별한 음악적 감각이 있으며 사회성이 매우 좋다. 이런 성격 특성이 주변 사람들에게 기쁨을 가져다준다.

아이에게 질병이나 장애 외의 다른 면도 있다는 사실을 기억하자. 건강 문제가 있든 없든 누구에게나 강점과 약점이 있으며, 어떤 것은 쉽게 얻고 어떤 것은 고생 끝에 성취한다. 나는 한 번도 '소아암과 이후 합병증이 있어서 좋았어'라고 생각한 적은 없었다. 그러나 이것 역시 내 정체성을 형성하는 경험이었다는 사실을 인정한다. 의사가 되고 싶다고 생각하게 해준 선생님들께도, 환자였기 때문에 배운 점에도 감사한다.

긍정적인 면에 집중하고 감사의 마음을 갖는 것은 어려운 상황에서 오는 슬픔에 대처하는 전략 중 하나다. 그러나 스스로에게 너그럽게 시간을 허락하지 않고 무리하게 감사의 단계로 넘어가려는 사람들이 많다. 계획이 바뀌면 당연히 슬프다. 특히 아이의 진단에 고통, 위험, 고난, 상실이 동반된다면 부모는 아이를 가졌을 때 상상했던 내 자녀의 건강한 어린 시절을 잃어버렸다는 사실에 슬퍼할 이유는 충분하다. 부모는 슬픔이나 실망과 더불어 수치심을 느낄 수 있지만, 슬퍼한다고 해서 아이를 있는 그대로 사랑하지 않는다는 뜻은 아니다. 가끔은 억누르지 않고 슬퍼도 된다고 생각하면 더 쉽게 대처할 길을 찾을 수 있다.

소아과에서는 아이에게 회복탄력성이 있다고 본다. 아이들에겐 기적이라고 할 만한 회복력이 있다. 하지만 도전을 마주한 아이의 부모를 만난 의사들은 놀랍도록 회복탄력성이 좋은 부모들도 있다고 입을 모아 말한다.

슬픔을 딛고 나아가는 과정

부모 역할의 슬픈 면은 잘 알려지지 않았다. 육아서를 저술하기도 한 교육학자 엘리자베스 스톤Elizabeth Stone의 말을 빌리면, 부모가 된다는 것은 "심장이 영원히 몸 밖을 돌아다니게 하는 것"이다. 부모가 되면 특별히 취약한 면이 생긴다. 남 일이었을 때는 별것 아니었던 불편이 내 아이에게 일어나면 중대한 일이 된다. 아이란 건강하고 행복해야 한다고 생각하며, 내 아이의 삶이 완벽하지 않으면 깊은 배신감을 느낀다.

저명한 심리학자 엘리자베스 퀴블러 로스Elisabeth Kübler Ross가 정립한 슬픔의 모델이 있다. 나중에 재정리와 확장을 거쳤지만, 여기서 다루기엔 최초에 발표된 5단계가 적당할 듯하다. 부모는 보통 부정, 분노, 협상, 우울, 수용의 단계를 거친다. 이 틀은 슬픔이 고정된 상태가 아니라 과정임을 이해하고 슬픔에 갇혀 있지 않도록 도움을 준다.

회복 과정에서 주도권을 가지라고 조언하는 슬픔의 모델도 있다. 윌리엄 워든_{William Worden}이 주장한 애도의 네 가지 과업은 '슬픔을 헤치고 나아가는' 과정을 설명한다. 워든은 새로운 현실을 받아들이고, 감정을 인지하고, 새 환경에 적응하고, 새로운 삶에 재투자하라고 제안한다. 슬픔을 딛고 일어설 준비가 되었다면, 위와 같은 이론을 바탕으로 감정을 추스를 수 있을 것이다. 아이를 돌보며 경험할 강렬한 감정을 모두 인지하고 수용하는 것은 강점이 된다.

과거의 방식

아이의 도전과 직접적인 관련이 있는 슬픔과 비탄의 감정을 느끼게 되는 것은 당연하다. 아이가 고생하는 모습에 마음이 아플 것이다. 하지만 내 삶에 대한 감정도 든다. 간호의 의무가 생기면서 삶에 손상을 입어 슬퍼하는 부모가 많다. 간병하는 부모는 그렇지 않은 부모보다 직장을 그만둘 확률이 거의 30배 더 높다. 간호와 관련된 조정에는 일주일에도 몇 시간이 들고, 육아와 간호에 소모하는 시간은 평범한 부모가 아이를 직접 돌보는 시간보다 주당 20시간이 더 많다.[2] 이에 좌절과 부담을 느끼는 것은 부모 자격이 없어서가 아니라 당연한 일이다.

심장병과 발달장애를 진단받은 아이를 위해 유망한 커리어를 한순간에 포기한 엄마가 있었다. 이 가족에게는 선택의 여지가 없었다. 아들은 출생 직후 선천성 심장병 진단을 받았다. 병원비 청구서가 쌓이고 아들에겐 도움이 필요했다. 엄마가 출산 휴가 중이고 아빠는 일하고 있었기 때문에 결국 엄마가 물리치료에 따라가고 심장병 전문의와 상담했다. 자연히 복직은 멀어졌다.

엄마는 이것이 가족 모두에게 옳은 방향이라고 생각했다. 다시 선택의 순간으로 돌아간다고 해도 같은 결정을 내릴 것이었다. 하지만 원래 극히 신중하게 인생을 계획하는 사람이었던 엄마는 갑자기 주체성과 통제의 감각을 잃었다. 그래서 실망하고 좌절한 순간도 있었다. 간호 책임이 생기면서 직업적인 면에서는 잠재력을 포기해야 했다. 가족에게는 옳은 선택이었고 엄마의 가치와 우선순위에도 맞았지만 대가가 따랐다. 엄마는 아이의 아빠가 안정적인 직장을 가지고 있다는 이유로 집에서 아픈 아이를 돌보는 힘든 일을 피해 간다는 사실이 억울했다. 다른 복잡한 사정도 있었지만, 이 억울함은 이혼을 부른 중요한 요인이었다.

엄마는 아들과 보내는 시간을 좋아했고 아이를 돌보는 활동을 직접 관리하는 편을 선호했지만, 커리어의 상실은 여전한 슬픔이었다. 지적 자극, 직장 동료와의 유대, 무언가를 훌륭하게 해냈을 때 긍정적인 자존감을 느끼던 일이 그리웠다. 아이를 돌보는 일이 싫지 않고 오히려 매우 즐겁다고 해도 동시에 이전에 가졌던 것을 그리워할 수 있다. 직업, 친구, 건강했던 아이, 나 자신까지….

아이가 아프다는 사실을 아는 지인이 안부를 물었을 때 "직장생활이 그리워"라거나 "이런 엄청난 책임이 생기기 전의 삶의 리듬이 그리워"라고 말하면서 스스로 이기적이라고 느낄 수 있다. 하지만 어떤 감정이든 느낄 권리가 있다. 아이를 엄청나게 사랑하면서도 여전히 육아의 어떤 면은 싫어할 수 있다. 주변에 함부로 판단의 잣대를 들이밀거나 나쁜 부모라고 여기게 만드는 지인이 있다면, 그 사람에겐 내가 처한 상황을 이해하고 공감할 능력이 없는 것이다. 자신의 감정에 솔직하면 기분이 나아지는 데 도움이 되고 주변 사람들의 더 적극적인 도움을 받을 수 있다. 직장을 그만둔 일을 억울해하던 엄마가 남편과 더 빨리 터놓고 소통했다면 둘이서 다른 해결책을 찾아낼 수 있었을지도 모른다. 뒤섞인 감정을 솔직하게 드러내면 쉬쉬하는 분위기가 사라지고 주위 사람들이 공감하고 이해해줄 가능성이 커진다.

친구와 가족이 사정을 이해해주지 못한다면 비슷한 육아의 어려움이 있어서 나를 이해해줄 부모를 찾아볼 수 있다. 몇몇 수기에서 이 부분을 강조한다. 《재앙처럼 닥친 균열Catastrophic Rupture》은 난산을 거쳐 뇌손상이 있는 딸을 낳은 소아중환자실 의사이자 윤리학자 엄마의 이야기를 다룬다. 헤더 래니어는 《특별한 아이 키우기》에서 희소한 유전적 증후군이 있는 딸과의 이야기를 공유한다. 심리치료도 좋은 선택이다. 모든 감정을 수용하는 데 도움을 받을 수 있는 안전한 공간을 찾아나설 필요가 있다.

죄책감의 모습으로

많은 부모는 아이가 힘들어하면 슬플 뿐 아니라 강한 죄책감을 느낀다. 아이의 모든 고난을 부모가 막아줄 수 없다는 사실을 알면서도 아이가 고통받는 모습을 보며 이렇게 생각한다. "이 일을 겪지 않게 보호해줬어야 했는데." 부모도 이 생각이 합리적이지 않다는 사실을 안다. 그러나 아이를 고난으로부터 보호할 힘을 갖고 싶다는 깊은 욕구를 논리로 통제할 수는 없다.

아이의 고통의 원인은 대부분 부모의 통제 밖에 있으며, 다양한 요인이 복합적으로 작용한다. 다음의 상황을 생각해보자.

- 노산 산모가 다운증후군이 있는 아이를 낳았다. 산모는 유전병의 위험이 높아지는 나이에 임신하기로 한 결정이 잘못이라고 느낀다.
- 어린이집에서 아이가 사고로 다쳤다. 부모는 이 사고를 막을 수 있었으며, 아이들을 더 철저하게 지켜보는 어린이집을 선택하지 않은 것이 잘못이라고 생각한다.
- 몇 년간 성장이 느리던 아이가 염증성 장질환 진단을 받았다. 아빠는 진단이 늦어진 것에 죄책감을 느낀다. 더 빨리 전문의를 만났다면 치료를 앞당길 수 있었을지도 모른다.

각 사례를 자세히 살펴보자. 첫 사례에서 산모가 5년 일찍 임신

했을 때 위험도의 차이는 언뜻 중요해 보인다. 산모가 35세에서 40세가 되면 다운증후군의 확률은 350명 중 1명에서 95명 중 1명으로 늘어난다. 그러나 다시 생각해보면 위험도가 높은 집단이라고 해도 98% 이상의 절대다수는 다운증후군이 없다. 5년 전에는 경제적, 감정적으로 아이를 낳을 준비가 되지 않았을 수도 있고, 같은 사람을 만나고 있지 않았을 수도 있다. 또한 5년 전에 낳았다고 해도 여전히 아이에게는 다운증후군이 있었을지도 모른다. 아빠의 나이가 많은 경우에도 나이에 따른 위험도 증가가 확연하지 않을 뿐 자폐, 백혈병, 조현병, 선천적 결손증 등 다양한 질병의 위험이 커진다고 알려져 있다. 부모의 행동으로 위험도가 높아지거나 낮아지는 부분도 있지만 무작위성과 확률 등 통제를 벗어난 외적 요인도 있다는 사실을 알아야 한다. 마지막으로, 아이에게 어려움이 있는 유전자만 주었다고 생각하지 말자. 부모는 아이에게 생명을 주었으며 상상한 것과는 다르더라도 풍요로운 삶의 기회 역시 주었다.

어린이집에서의 사고를 살펴보자. 미끄럼틀을 타려던 아이가 꼭대기에서 몸을 앞으로 밀다가 옆으로 떨어져 팔이 부러지는 사고는 흔하다. 수술 후 4주간 깁스하면 완전히 회복할 것이다. 부모들은 성급한 비난에 나서곤 한다. 아이를 제대로 지켜보지 않은 어린이집이나, 그 어린이집을 선택한 배우자를 탓한다. 하지만 이 경우에도 생각보다 우연은 더 많이 작용한다. 선생님이 조금도 방심하지 않았는데도 사고를 막지 못했거나, 여러 가지 상황이 합쳐져 사고로 이어지기도 한다. 상황을 분석하고 이후 재발을 막는 것은 중요하지만, 이미 다친 아이와 가족에게 분석은 큰 도움이 되지 않는다.

몇 년간 성장이 느리다가 결국 염증성 장질환 진단을 받은 아이의 경우, 부모는 더 일찍 진단을 내리고 전문의를 만나게 하지 않은 소아과 의사의 부주의를 탓할 수 있다. 하지만 자가면역질환이나 희소병은 진단에 이르기까지 오랜 시간이 걸리는 경우가 많으며, 수년을 지켜봐야 정확하게 평가할 수 있을 때도 있다. 진행이 느리고 눈에 띄지 않는 질병도 있어서 무조건 문제를 일찍 해결했어야 한다고 다그치는 것은 불공평하다. 아이를 일찍 위장병 전문의에게 데려갔다면 성장이 늦은 아이는 진단에 필요한 진정제 투여와 결장경 검사가 포함된 침습적 정밀검사를 버틸 수 없었을지도 모른다. 결국 더 일찍 정확한 진단을 받고 치료를 시작할 수 있었을지는 미지수다. 위장병 전문의 역시 이렇게 말했을지 모른다. "앞으로 6~12개월 동안 아이가 자라는 상황을 지켜봅시다."

죄책감을 느낄 법한 상황도 있다. 최고의 부모도 가끔 실수하고, 심각한 대가를 치르며 후회하기도 한다. 예를 들면 아이를 안은 채 조는 바람에 떨어뜨려서 다치게 만들면 죄책감이 심할 것이다. 그러나 우리가 잊기 쉬운 사실은 부모가 애초에 그렇게 피곤했던 이유가 아이를 돌보느라 애썼기 때문이라는 것이다. 우리는 늘 모든 일을 완벽하게 하던 부모가 한 번 실수한 눈 깜짝할 사이 사고가 일어났다는 사실을 잊곤 한다. 아이가 겪는 일로 죄책감을 느낀다면 객관적인 시각에서 다시 한번 바라보아야 한다. 친구가 나의 입장이라면 어떤 조언을 해줄 것인가.

죄책감으로 인한 스트레스

세상의 어떤 논리를 제시해도 부모의 죄의식을 완전히 지울 수는 없다. 그러나 죄책감을 마주할 방법을 찾아야 아이를 돕고 양육자의 삶의 질도 보호할 수 있다. 죄책감은 신체의 균형을 무너뜨리는 스트레스 요인이다.

만성적 스트레스와 삶에 일어나는 사건의 부담이 누적되면 건강에 어떤 영향을 미치는지 연구한 결과가 있다. 이런 스트레스를 생체적응적 부하라고 하며, 대처 능력을 넘어서는 부하가 계속되면 심장병, 암, 당뇨, 골다공증, 신경학적 손상, 치근막질환 등 다양한 질병이 발생한다.[3]

죄책감은 의학적, 생물학적으로 측정하기 힘든 무형의 감정이다. 그러나 신체의 생리학적 균형에 중대한 영향을 미친다. 가족에게 비극이 닥치면 신체는 이 외부적 스트레스를 외상성 사건으로 처리한다. 죄책감은 내면의 스트레스 요인이지만, 뇌는 과도한 걱정을 신체적 위협으로 해석하여 수면의 질 하락, 혈압 및 심박 상승 등 건강을 해치는 생리학적 변화가 나타난다. 어느 정도의 걱정은 건설적이고 필요하지만, 생활에 방해가 될 정도라면 이점보다 해로운 점이 많다.

부모는 시간을 들여 어려운 감정에 대처함으로써 양육자로서의 삶을 개선할 수 있다. 감정의 대처법을 익힘으로써 아이의 건강은 물론 자신의 건강도 챙기는 지속가능한 계획을 세우는 데 도움이 될 수 있다. 죄책감의 원인을 파악하고 인정하는 전략이 있다. 크게 혼잣말하거나 누군가에게 말하는 것만으로 치유 효과가 생긴다. "아이가 진단받은 병 때문에 죄책감을 느껴." 감정과 거리를 두고 다른 시각에서 상황을 바라보는 방법이다. 또한 자신에게 친절과 용서를 베풂으로써 부담을 줄일 수 있다.

다른 전략을 찾은 부모들도 있다. 죄책감을 동력으로 사회 운동에 나서는 것이다. 어떤 부모는 자신이 겪은 것과 비슷한 혼란, 고통, 사고를 예방하기 위해 지식을 공유하고 에너지를 쏟는다. 행동을 요구하는 엄마들Moms Demand Action(총기 폭력 감소를 위해 총기 규제를 요구하는 단체 - 역주), 전국정신질환연맹National Alliance on Mental Illness, 알렉스의 레모네이드 판매대Alex's Lemonade Stand(소아암 자선 단체 - 역주), 기타 영향력 있는 조직 수백 곳을 포함하여 비영리 운동은 대부분 변화를 추구하는 개인에 의해 시작됐다. 어려운 감정이 들 때 무엇이든 행동을 취하면 기분이 나아진다. 이 과정에서 공동체를 구축할 수 있고, 내가 겪는 일을 받아들이는 데도 도움이 된다.

공포와 불안

친한 친구 부부가 첫 아이를 낳았다. 둘 다 무척 기뻐했고 SNS에 행복한 가족사진을 올렸다. 그러나 친한 친구였던 나는 이 아이가 의학의 기적임을 알고 있었다. 수년의 노력과 난임치료 끝에 태어난 아이였다. 기쁨이 넘치는 것도 당연했다. 모유 수유부터 수면 교육까지 모든 것이 완벽했다.

어느 날 아침에 일어나 보니 친구로부터 부재중 전화가 16통 와 있었다. 심장이 떨어지는 듯했다. 아이가 단기 해결 원인 미상 사건 Brief Resolved Unexplained Event(흔한 일이라 BRUE라는 약어로 불린다)으로 입원했다고 했다. 한밤중에 이상한 소리에 깬 내 친구 부부는 아이가 평소 숨 쉬고 코 고는 소리와 다르게 끙끙거려서 달려가 확인했다. 아이는 굳은 채 숨도 쉬지 않고 파랗게 변해 반응이 없었다. 이 상태가 지속된 것은 1분 미만이었고 갑자기 제대로 숨을 쉬고 혈색도 평소대로 돌아왔다. 아이의 상태는 저절로 해결됐지만, 친구 부부는 엄청난 공포에 질렸다.

서둘러 응급실에 데려가자 병원에서는 아이가 완전히 회복했으며 건강에 아무 문제가 없다고 했다. 의료 기록과 검사 결과에 잘못된 점이 전혀 없어서 의료진은 아이를 집에 돌려보냈다. 다만 자기 전에 먹은 우유가 식도 윗부분을 막아서 일시적으로 호흡 곤란이 발생했을 수 있다고 했다. 의료진은 젖을 먹인 뒤 세워서 안아주는 등 역류를 줄이는 간단한 동작을 알려줬다.

이후 친구 부부를 만났을 때 상황은 달라져 있었다. 긴장과 불확실성, 어둠이 이 가족을 덮쳤다. 신생아와의 삶이 순조롭던 차에 일어난 이 갑작스러운 사건은 지금 행복하다고 해서 앞으로의 인생도 쉽다는 보장이 없다는 현실을 일깨웠다. "우리가 못 일어났다면?" 눈 밑에 그늘이 진 친구 부부가 물었다. 아이에게 문제가 있을지도 모른다는 가능성과 아이를 잃을 수도 있다는 공포가 마음에 스며든 것이다.

저위험군 아이들은 이런 일을 겪은 후에도 보통 잘 자란다. 위산 역류 등 다시 일어나지 않을 일이 원인이었을 것이다. 이 사건은 이미 몇 년 전에 일어났고, 그 신생아는 자라서 행복하고 건강한 3학년 학생이 되었다. 그러나 사건 직후에 부모가 공포에 질린 것은 당연한 일이다.

아이를 키울 때 느끼는 모든 감정 중에 공포가 가장 강력하다. 공포는 투쟁-도피나 얼어붙기 반응을 유발한다. 부신에서 스트레스 호르몬이 쏟아져 나와 극적인 생리학적 변화가 일어난다. 어떤 의미에서 이 반응은 우리에게 도움이 된다. 일시적으로 해야 할 일을 할 수 있는 에너지를 준다. 그러나 장기적인 공포의 감각은 삶의 질을 침식한다.

심장마비, 발작, 알레르기 쇼크, 자동차 사고, BRUE 등 아이와 관련된 큰 공포를 겪은 부모가 겁을 먹고 정신적 외상을 입는 것은 자연스러운 일이다. 그러나 직접적으로 생명에 위협이 되지 않는 사건에도 두려움을 느낄 수 있다.

조는 경증 뇌성마비가 있는 여섯 살 아이다. 발끝으로 걷는 것이 주요 증상이며 운동 협응 능력이 떨어져 자주 넘어진다. 물리치료사와 재활 전문의의 도움으로 하지 보조기를 맞췄고, 정형외과 진료에서는 긴장된 종아리 근육을 풀 수 있는 수술과 주사를 추천받았다. 오래전부터 한 주에도 여러 차례 꾸준히 물리치료를 받고 있다.

조가 생명을 위협하는 긴급한 위기를 마주하고 있지는 않지만, 부모는 걱정이 크다. 조의 진단이 정확하지 않거나 시간이 지나면서 증상이 심해질까 우려한다. 주변 사람들이 조를 받아들여 줄지, 또래를 따라갈 수 있을지, 증상을 관리할 의료진을 제대로 선택했는지도 고민이다. 아이가 아파서 잠을 자지 못할까 봐 걱정한다. 이미 마음에 무겁게 얹힌 걱정 위로 자꾸만 큰 짐이 더해진다.

부모들은 불확실한 미래에 대해 걱정한다. 어떤 부모는 이런 마음을 무난하게 감당하지만, 불안이 너무 큰 부모도 있다. 부모는 가끔 공포를 묻어 놓으려 한다. 그 편이 실용적이라고 생각할 수도 있지만, 사라지지 않은 불안은 아이를 보는 시선과 다양한 결정에 의도치 않은 영향을 미친다.

과도한 공포를 느끼면 주변 사람을 불신하게 된다. 부모는 걱정을 입 밖에 내면 현실이 될 것이라고 느끼곤 한다. 이런 주술적 사고Magical Thinking(자신의 생각 혹은 욕망이 외부 세계에 영향을 미칠 수 있다는 믿음 - 역주) 때문에 입을 닫으면 공포를 관리하는 데 필요한 지원이나 외부의 의견을 얻지 못할 수 있다.

걱정이 너무 과하다고 느끼면 충분히 자고, 사고방식을 전환하고, 명상과 호흡 훈련을 해보는 것을 권한다. 걱정을 한 번에 처리하는 기술 역시 도움이 된다. 걱정 시간으로 주당 30분을 마련해두면 걱정이 일상을 방해할 때 메모했다가 정해둔 시간에 걱정하자고 생각할 수 있다. 이렇게 하면 걱정 때문에 다른 일을 하다가 궤도를 벗어나는 것을 막고 생각을 통제할 수 있다.

스트레스가 심한 상황을 맞으면 우리의 뇌는 이를 위협으로 지각하고, 신체는 전면적인 투쟁-도피 반응으로 대응한다. 호랑이를 보면 호흡이 빨라지고 심장이 빨리 뛰고 땀을 흘리기 시작한다. 호랑이로부터 도망치도록 설계된 생존 반응이다.

질병이나 장애가 있는 아이의 부모는 물론 진짜 호랑이, 즉 아이의 삶의 질을 위협하는 사건을 많이 만난다. 하지만 '종이호랑이'를 조심하자. 위협적으로 보이지만 실제로는 피해를 주지 못하는 대상을 의미한다.[4] 우리는 가끔 종이호랑이를 보고도 실제 호랑이를 만난 것처럼 반응한다.

의사가 아이의 신체검사에서 발견한 심장 잡음이나 발달 지연이 심각한 상황일 확률은 크지 않지만, 부모는 즉시 공포로 반응한다. 부모의 뇌는 이 상황을 호랑이를 만난 듯 해석하지만, 실제로는 연구와 치료가 더 필요한 불확실성의 영역일 뿐이다.

겪고 있는 불안이 상황의 심각성에 비해 지나치다고 생각되면 잠시 멈춰서 자문하자. 무엇이 진짜 두려운 것인가? 상황을 객관적으로 분석하면 아이의 두통이 뇌종양 때문이라든가 하는 가능성 낮은 일을 걱정하고 있다는 사실을 알게 된다. 또는 발달 지연으로 아이가 대학에서 체육 활동을 할 수 없을까 봐 걱정하는 등 터무니없이 먼 이야기를 생각하고 있을지도 모른다. 가끔은 걱정을 입 밖에 내어 논의하는 것만으로 객관적 시각을 가질 수 있다.

분노에는 이유가 있다

10대 아들의 암이 상당히 진행된 가족을 만난 적이 있다. 아이가 부끄러움 때문에 증상을 숨겨서(음낭이 감염되어 있었다) 진단이 늦어졌다. 엄마는 이에 좌절해서 어떻게 이런 상황이 돼서야 말할 수가 있느냐고 아들에게 화를 냈다. 나는 엄마와 마주 앉았다. 그리고 아픈 아이에게 화가 나도 괜찮다고 말했다. 이 화는 아이를 너무 사랑해서 느끼는 감정이다. 사실 사랑이 분노의 뿌리였다. 사랑하는 사람이 암에 걸려서 화가 났고, 아이가 증상을 숨겼다는 사실에 더 분노했다. 엄마는 간절히 걱정하고 있었다.

잠깐만 마음을 가라앉히고 돌아보면 부모는 쉽게 분노의 원천을 찾을 수 있다. 도전을 마주한 아이의 부모가 분노하는 데는 이유가 있을 것이다. 아픈 아이나 의료진 때문에 좌절할 때도 있지만, 한 가지 원인이 있다기보다 상황의 불공정함 때문에 화가 날 때가 더 많다. 그러나 이것만은 확실하다. 친절하고 사랑 넘치는 부모이자 본성이 선한 사람도 얼마든지 맹렬하게 분노할 수 있다.

우리는 그렇지 않기를 바라지만, 간병하다 보면 분노와 억울함은 반드시 일어난다. 노인을 간호하는 가족 간병인의 절반 이상이 최소한 가벼운 분노를 자주 느낀다고 한다.[5] **분노는 다른 감정과 마찬가지로 정당한 감정이며, 부모이자 간병인으로서 경험하는 분노에는 대부분 이유가 있다.** 정의롭지 않은 시스템에 화가 날 수 있다. 아이가 부당하고 힘든 일을 겪을 때 해결해줄 수 없는 것이다.

또는 아이의 진단 이후의 삶이 돌변한 데 대한 슬픔이 억울함으로 이어졌을 수도 있다. 당연히 이해할 수 있는 반응이다. 그리고 공포와 마찬가지로 가끔은 분노도 긍정적이다. 어떤 문제를 해결해야겠다거나 변화를 일으켜야겠다는 동기가 될 수 있다. 하지만 분노가 삶에 해로울 수도 있다.

도전을 마주한 많은 부모는 분노하지만 적절한 해소 방법을 찾지 못한다. 아이나 의사를 비난할 수도 없고, 스스로나 배우자를 비난하고 싶지도 않다. 그래서 그저 분노를 억압한다. 타인에게 화를 내면 사회적 관계에 악영향이 있고, 아이를 공격적으로 다그쳐서 속상하게 만들고 싶지도 않다.

부모는 혈압 상승 등의 건강 문제를 방지하고 가족이나 타인과의 관계를 망치지 않도록 분노의 감정에 대처하는 법을 배워야 한다. 장애아동은 학대의 대상이 될 확률이 거의 3.5배 높다는 연구 결과가 있다. 나는 구조적 불평등으로 끓어오른 분노가 아이에게 미치는 것이 주된 원인이 아닐까 생각한다.[6]

부끄럽지만 분노를 느낀다고 인정하고도 여전히 도움을 구하지 않는 부모를 많이 보았다. 아무것도 실제적인 도움이 되지 않는다고 생각하기 때문이다. 그러나 만성적인 분노를 줄이는 효과적인 방법이 있다. 우선 번아웃이나 우울증 등 더 큰 문제가 있어서 분노가 일어난다면 근본적인 문제를 치료나 약물로 해결해야 한다. 또한 환경을 바꿔 분노의 계기가 되는 자극을 줄여볼 수 있다. 아이를 재울 때마다 화가 난다면 하루를 마칠 때쯤 인내심과 에너지가 바닥난다는 뜻이다. 수면 시간을 늘리거나 육아 도우미를 쓰거나 일과를 바꾸거나 취침 시간을 당기거나 새로운 생활 규칙을 도입하는 등 변화의 시도로 문제를 개선할 수 있다. 최소 주 2~3회 규칙적인 운동을 하면 분노를 상당히 줄일 수 있다는 연구 결과도 있다.[7]

수치심에서 벗어나려면

수치심은 죄책감과 나란히 발생하는 보편적인 감정이다. 우리는 내가 사회적 규범을 어겼다고 판단하는 타인의 시선에 수치심을 느낀다. 내 행동에 대해서는 죄책감을, 내 존재에 대해서는 수치심을 느끼는 것이다. 그래서 **수치심은 정체성에 깊은 상처를 낸다. 수치심을 쉽게 느끼는 사람들은 우울증과 불안장애의 위험이 더 크다는 연구 결과도 있다.**[8]

내 환자 중에 체중이 워낙 늘지 않아 비강 삽관으로 음식물을 주입해야 했던 아이가 있었다. 코로 관을 넣어 아이의 위에 음식물을 넣는 이 방법은 꽤 흔히 쓰인다. 관이 설치된 후에는 큰 불편을 느끼지 않지만, 삽입 과정은 쉽지 않다. 구역질하는 아이를 달래며 정확한 위치를 확인해야 한다. 그래서 한 번 삽입한 관은 상황에 따라 2~6주 그대로 둔다.

하지만 이 아이는 매주 관이 빠져서 교체해야 했다. 시술 횟수가 늘고 아이는 불편함을 호소했다. 나는 관이 빠지는 이유를 도무지 알 수 없었는데, 어느 날 마침내 엄마가 고백했다. 이 가족은 매주 교회 예배에 참석하고 있었다. 엄마에게 교회는 중요한 공동체였으며, 아이를 간병하는 데 신앙생활이 꼭 필요했다. 하지만 다른 사람들이 딸의 상태를 아는 것이 싫어서 교회에 갈 때마다 영양보급관을 뺀 것이다. 의료적 개입 없이 아이 몸무게를 늘릴 수 없었다는 사실을 남들이 손가락질하는 것 같았다고 한다.

게다가 엄마는 매주 관을 다시 삽입하러 진료에 올 때도 죄책감을 느꼈다. 교회 공동체가 영양보급관을 쓰는 자신과 아이를 외면할까 봐 일단 관을 제거했지만, 의사인 나 역시 처방한 대로 영양보급관을 사용하지 않은 점을 비난하리라고 생각한 것이다. 사실 나는 그 선택을 완전히 이해할 수는 없었다. 영양보급관을 쓴다고 손가락질할 공동체라면 이 가족에게 힘이 되어줄 수 없을 거라는 생각이 들었다. 그러나 질병이나 장애와 관련된 편견은 어떤 조직에든 스며들어 있으며, 공동체에 대한 소속감은 엄마와 딸의 삶에 중요한 것이었다. 가치와 우선순위는 가족마다 다르며, 아이에게 무엇이 가장 이익이 될지는 가족이 직접 판단해야 한다.

엄마가 걱정을 털어놓은 덕분에 가족의 사정을 고려하여 진료 계획을 조정할 수 있었다. 이 가족의 건강과 행복에 사회적 포용, 소속 공동체의 지원, 부모로서의 자존감이 중요하다는 사실을 알게 된 이상, 영양보급관을 사용하는 보조 식이는 밤에 시행하도록 조정했고 교회 예배 전후 엄마가 직접 영양보급관을 탈착할 수 있도록 방법을 알려줬다.

몇 년 후 비슷한 상황의 가족을 만났다. 10대 자녀 넷 중 세 명이 견진성사 과정에 있었고, 그 과정은 신앙에 대한 완전한 헌신을 보여주는 의식이었다. 부모는 딸이 언어적 소통을 하지 못하고 휠체어로 이동한다는 이유로 견진성사에서 배제되는 건 부당하다고 생각했다. 그래서 전례 없는 선택을 했다. 중증 장애가 있는 아이가 견진성사에 참여하게 해달라고 요청한 것이다. 교회는 이 요구를 받아들였다. 이후 장애가 있는 다른 아이들도 예배에 나타나 견진성사 수업에 참여하기 시작했다. 이 고무적인 사례는 사회 운동의 힘을 보여준다. 그러나 매우 스트레스가 심한 시기에 가족들은 안정을 원하며, 공동체의 변화를 촉구하거나 체계를 개선하는 추가적인 책임을 원하지 않을 수 있다.

수치심은 힘든 감정이며, 어떤 도전을 마주하든 부정적 감정을 받아들여야 한다. 게다가 자신의 감정적 부담뿐 아니라 다른 사람들의 부정적인 감정도 소화해야 한다. 아이의 질병이나 장애에 대해 '정말 유감이에요', '힘드시겠어요'라는 말을 들으면 화가 난다는 부모가 많았다. 가족 구성원, 친구, 지인이 공감과 소통을 위해 하는 말이지만, 이런 언어에 깔린 메시지는 절망이다. **부모는 아이의 장애를 정체성의 일부로 받아들인다. 그런데 다른 사람이 이를 비극으로 여기며 이 가족을 판단하면 불행의 낙인을 찍는 셈이다.**

도전을 마주한 가족은 수치심을 유발하는 요소가 너무 많다고 느낄 수 있다. 안타깝게도 흔히들 느끼는 기분이다. 꿋꿋이 나아가려는 가족의 앞에 함정 같은 트리거 요소가 불쑥 나타나곤 한다. 아이의 체중이 늘지 않아 무력감을 느낀다며 모유 수유를 그만두고 싶다는 엄마들이 있었다. 나 역시 딸에게 분유를 먹이기 전에 같은 불안을 느꼈다. 도전을 마주한 부모는 의료계, 교육계와 상호작용이 많은 만큼 수치심이나 판단 당하는 느낌을 받을 일이 더 많다. 예를 들면 개별화 교육 계획(IEP)은 물리치료, 작업치료, 언어치료가 필요한 아이들의 황금률로 여겨지지만, 아이가 목표를 달성하지 못했다는 설명을 듣는 것이 너무 힘들다며 서비스 이용을 포기하는 부모도 많다.

특히 수치심을 감당하기 어려워하는 사람이라면 간호 계획을 조정하는 것이 좋다. 어려운 회의나 진료에 배우자, 돌봄 인력, 다른 간병인이 대신 참석해서 설명을 듣고 결과를 알려줄 수도 있다. 이렇게 한 발 거리를 두면 시간을 두고 혼자서 새로운 소식과 결과를 처리할 수 있다. 의료진에게 힘든 감정을 설명하고 절차를 간소화하는 방법도 있을 것이다. 어떤 부모는 집에 체중계나 기타 장비를 마련해서 확인 과정을 통제하고 필요할 때만 병원에 연락한다. 학교의 개별화 교육 계획 회의가 스트레스 요인이라면 학교에 양해를 구하고 관련 교육자들과 일대일로 만나는 방법이 있다. 또는 의견을 표현하기가 힘들다면 다른 사람에게 소통 과정을 부탁할 수 있다.

나는 항암치료로 머리가 빠지고 케모포트를 꽂은 상태로 어린이집에 다녔다. 병원은 두 시간 거리였다. 하지만 엄마가 부탁하자 간호사들은 몇 시간이 걸려 학교를 찾아와 친구들, 선생님, 보건 선생님을 만났다. 학교 공동체에 내가 앓는 병과 치료 과정에 대해 알려주고 질문을 받는, 우리 가족이 직접 하기엔 힘들었을 과정을 맡아주었다. 포용성이 커지는 시대가 왔지만, 여전히 남들과 다르다는 것은 쉽지 않으며 차이로 인해 수치심을 느낄 수 있다. 가끔은 아이를 위해 직접 목소리를 내야 한다는 사실이 불공정하게 느껴질 수 있지만, 솔직히 의견을 말하면 변화의 의지를 보여주는 사람이 있을 것이다. 장애인차별주의는 일상을 편견으로 물들인다. 선의를 가진 의료 전문인조차 때로 실수하여 불편한 감정을 초래한다. 사람들의 인식을 바꾸는 것이 유일한 개선 방법이다. 나 같은 경우는 실수했을 때 누군가 지적해주면 경청하고 더 나아질 준비가 되어 있다.

한번은 미술 수업에 아들을 데려갔다가 휠체어를 탄 아이가 당당히 들어오는 것을 보았다. 아이는 주저하지 않고 크게 말했다. "이 테이블은 높이가 맞지 않아요. 예전에 쓰던 테이블은 높이가 달랐는데, 하나 구해주실 수 있나요?" 이것은 내 환자와 가족들에게 공유하고 싶은 높은 자존감과 정당한 자기주장을 목격한 경험이었다.

번아웃이 왔다

하루는 아동지원국에서 내가 담당하는 가족의 의료 기록을 요구하는 팩스를 받았다. 한 달에 한 번 정도 있는 일이다. 내 환자 중에서 가족에게 학대받은 정황이 있다는 뜻이다. 방심하고 있으면 당황할 때는 있어도 놀랄 일은 아니었다. 정형외과 수술 후에 깁스를 풀어야 할 아이가 세 번이나 진료에 오지 않았다는 연락을 받은 적이 있다. 네 살짜리 아이가 깁스를 6주나 더 하고 있었다는 뜻이다. 그러나 내가 알기로 이 가족은 한 번 진료에 오기까지 장애물이 너무 많았다. 쉼터에서 불만을 제기한 적도 있다. 어린아이를 혼자 두고 엄마가 일하러 나갔다는 것이다. 아동지원국은 생각 없이 가족을 찢어 놓기로 악명이 높았지만, 이제는 그렇지 않다. 최근 아동지원국에서 연락이 오는 것은 도움이 필요한 가족에게 무상 돌봄 바우처, 교육·주거·경제 지원을 위한 사회복지사의 지원 등 자원을 제공하기 위해서다.

하지만 이 사건에는 놀랐다. 부족한 것이 없어 보이는 가족이었기 때문이다. 부모에겐 안정적 직업과 가족의 지원이 있었고, 주거 공간 역시 안정적이었다. 무슨 일이 일어난 걸까? 엄마에게 전화해서 자초지종을 들을 수 있었다. 그날따라 아이가 병원에서 말을 듣지 않아 몇 달이나 수면 부족과 과한 스트레스에 시달리던 엄마는 이성이 끊겼고, 자기도 모르게 십수 명의 의사, 간호사, 사회복지사 앞에서 아이를 때렸다는 것이다. 학대로 볼 수 있는 행동이었다.

이 가족에는 아픈 아이가 둘 있었다. 한 명에겐 장기이식이 필요했고 한 명에겐 여러 차례 수술받아야 하는 선천성 기형이 있었다. 두 아이의 수술과 입원이 수십 차례 이어졌다. 아이들의 담당의였던 나는 엄마와 거의 매주 이야기했다. 엄마에게 걱정이 있어서, 아이에게 건강 문제가 생겨서, 보험 처리를 돕고 학교 서류 관련 문제를 해결하기 위해서 등 이유는 다양했다. 엄마는 어떤 것도 놓치는 법이 없었다. 약에 대한 지식이 있었고, 진료 약속을 지켰고, 아이들의 상태를 잘 알았고, 훌륭한 질문을 했다. 스트레스에도 잘 대처하고 있는 것 같았다.

사건 후 나와의 통화에서 엄마는 혼자 대처하고 있었던 문제를 모두 털어놓았다. 금전적, 감정적 스트레스, 고립감, 인간관계의 어려움, 보살핌이 필요한 두 아이의 행동 문제, 억지로 아이에게 약을 먹이는 자기 모습이 '괴물'로 느껴진다는 것까지. 늘 긴장성 두통이 있었고 상대적으로 평화로운 날에도 잠을 자지 못했다. 번아웃 상태였기에 과민해지고 감정 조절이 어려워서 아이를 때리게 된 것이다.

내 질문은 하나였다. "왜 일찍 말하지 않았나?" 사실 답은 뻔했다. 부모는 가족을 위해서라면 뭐든지 하고, 아이를 돌보는 일을 가장 중요한 과업으로 생각한다. 도움을 청하면 부모 자격이 없다는 생각이 든다. 고립된 상태로 번아웃의 동굴에 들어가면 누군가 도와줄 수 없다는 희망이 없어진다. 누구의 판단도 피하고 싶었고, 더 생각하기도 싫었을 것이다.

문제를 하루아침에 해결할 수는 없었지만, 일단 재정적 지원을 더 받을 수 있도록 사회복지사를 연결해주었다. 때때로 엄마가 한숨 돌릴 수 있도록 다른 가족 구성원을 훈련했다. 아이의 약물치료와 식사 시간을 바꿔 수면 시간을 충분히 확보했고, 약을 처방하는 전문의에게 부작용으로 행동 문제가 나타난다는 사실을 알려 함께 대안을 찾았다.

나는 아이들과 관련된 수많은 문제를 함께 해결한 소아과 주치의였다. 그리고 엄마의 어려움 역시 내게 말해도 된다는 사실을 알아주었으면 했다. 의료진의 한 사람으로서 아이를 지원하는 것이 내 일이고, 이는 부모를 도울 수도 있다는 뜻이다. 어려움을 겪을 때 언제든 아이의 의사에게 도움을 청하면 효과가 있을 거라는 사실을 알아두었으면 좋겠다.

나도 번아웃?

심리학 연구에 따르면 번아웃은 크게 세 가지 차원으로 나타난다. 탈진, 무감각, 무력감이다. 다음과 같은 증상이 있다.

탈진의 신체적 증상
- 두통
- 수면 장애
- 복통

감정적 증상
- 에너지와 창의력 고갈
- 사소한 스트레스 요인에 대처하기 힘듦

무감각 또는 비인격화 증상

- 냉소주의 또는 과민성
- 무력감
- 집중 불가
- 절망감

위 증상 전부 또는 일부를 겪고 있다면 도움을 요청하여 번아웃을 해결하자. 번아웃 상태의 부모는 상황이 개선될 수 있다는 희망을 잃어버린 경우가 많지만, 적절한 자원을 파악하면 의외로 쉽게 일이 해결되기도 한다.

부모가 힘들어하는 가장 흔한 이유는 간호의 책임이 삶의 모든 면을 잠식한다는 것이다. 아이의 발달 이정표를 달성하는 데 너무 집중한 나머지 아이와 눈 맞추고, 웃고, 함께하는 시간을 잃어버린다. 치료해도 진전이 없어 좌절하고, 간호하느라 시간과 에너지가 고갈되면서 도전을 마주하기 전의 '나'를 잃어버린다. 아이에게 필요한 부분을 채우느라 모든 것을 쏟아부은 부모에겐 자신의 욕구, 친구, 창조적 분출구, 취미, 여가, 기타 나를 나답게 하는 모든 것에 쓸 에너지가 남아 있지 않다.

이런 상황을 겪고 있다면 악순환을 끊을 방법이 있다. 부모에겐 아이의 도전을 함께 헤쳐 나갈 책임이 있지만, 번아웃의 위험 역시 경계해야 한다.

부모의 번아웃

세계보건기구(WHO)는 번아웃을 세 가지 차원으로 정의한다. 업무 효율 저하, 탈진, 직업과 관련된 부정적·냉소적 감정이다. 현재까지의 연구는 노동, 특히 외부에서 하는 유급 노동으로 인한 번아웃에 집중됐지만, 최근에는 가정 내의 무급 노동으로 인한 부모의 번아웃에 대한 인식도 높아지고 있다. 2010년의 연구에 따르면 부모 중에서 거의 20%가 번아웃 기준을 만족한다. 구체적으로 1형 당뇨와 염증성 장질환 환아의 부모를 살펴보자, 거의 두 배인 36%가 번아웃 상태였다.[9] 특히 환자 가족을 많이 만나는 내 시각이 편향된 면도 있겠지만, 많은 부모는 때때로 불가능한 짐을 지고 과도한 스트레스를 마주하여 번아웃을 겪는다.

팬데믹으로 인해 보육 시간이 늘어나면서 부모의 번아웃이 주목받게 됐다. 학교가 문을 닫아 가정 보육과 동시에 재택근무를 하는 상황은 만성 질병이 있는 아이 부모의 일상을 느낄 수 있는 좋은 간접 경험이다. 부모는 공포를 누르면서 책을 읽어주고 일상을 지키고 빨래하고 밥을 차리고 아이의 발달과 학습을 돕는다. 간호하는 부모는 여기다 진료 예약과 추가 과제, 정보 조사, 장비와 약물치료 관리, 학교 검색도 해야 한다. 이들 부모가 더 심각한 번아웃을 겪는 것도 당연하다.

많은 부모가 이렇게 생각한다. '번아웃일지도 모르지. 하지만 원래 이런 거야.' 좋은 부모가 되려면 자원은 부족하고 필요한 것은 많은 상황을 인내해야 한다는 문화적 압박이 있다. 앞으로는 우리 사회가 부모를 더 지원하는 쪽으로 진화하길 바란다(예. 유급 휴가, 신뢰도와 접근성 높은 돌봄 서비스). 또한 끝없이 긍정적이고 완벽한 부모에 대한 환상이 줄어들길 바란다. 이 비현실적으로 높은 기준 때문에 부모에게 요구하는 바가 더 많아진다. **부모가 번아웃 없이 건강한 것은 중요하다. 부모의 욕구도 너무나 중요하다.**

부모들도 대부분 내 말에 동의한다. 번아웃으로 힘들어하는 친구가 있다면 더 행복하게 살 자격이 있다고 말해주고 삶의 균형을 바꿀 수 있도록 도와주려 할 것이다. 하지만 자신에게 번아웃이 오면 그냥 참는다. 내가 힘들더라도 아이에게 최선을 다하고 싶은 욕구 때문이다. 그러나 우리는 번아웃은 의도치 않은 결과를 낳는다는 사실을 쉽게 잊곤 한다.

기업에서는 이미 번아웃이 성과 악화로 이어지는 현상을 파악했다. 미래를 내다보는 테크 기업, 금융 기업에서는 무기한 휴가 제도를 만들거나 번아웃이 의심되는 직원에게 휴가를 권장하기 시작했다. 복지 좋은 직장으로 순위권에 오르고 싶어서가 아니라, 잘 쉬어야 생산성이 높다는 사실을 알기 때문이다. 가정에서도 마찬가지다. 부모는 피로로 인해 집중력이 흐트러지거나 꼭 해야 할 일을 끝낼 수 없을 때 번아웃이 효율성 저하로 이어진다는 사실을 깨닫게 된다.

번아웃은 직장보다 가정에서 더 큰 악영향을 미친다. 무감각 증상은 가족 구성원이나 지원 시스템과의 긴밀한 관계를 망칠 수 있다. 우리는 본능적으로 희망적, 낙관적, 긍정적일 때 더 높은 목표를 세우고 긍정적인 결과를 향해 에너지 넘치게 달려갈 수 있음을 잘 알고 있다.

해리엇은 조산과 선천성 심장병을 이기고 살아남은 세 살 소녀였다. 아직 걷거나 말하지는 못했지만, 당시 상태가 나아지고 있어 앞으로 언어와 운동 기능을 습득하리라고 낙관할 여지가 있었다. 심장병이 나으면서 새로운 기술을 익힐 힘과 체력도 생겼다. 이 가족은 끔찍한 시간을 지나왔다. 아이는 수십 번 입원하며 몇 차례 죽을 고비를 넘기고 심장발작도 여러 번 일으켰다. 간호에 드는 시간을 버거워하던 가족은 결국 모든 치료를 중단하기로 했다. 잠정적 중단이 아니라 끝내겠다는 것이었다.

가족의 입장을 헤아려보기로 했다. 어떤 면에서 이 결정은 포기라는 사실을 알 수 있었다. 희망을 품었다가 다시 역행하는 과정을 과거에 몇 번이나 겪은 것이다. 부모는 아이를 무조건 사랑했지만 나아지리라는 기대는 없었다. 현재 상태를 그대로 받아들이는 것은 유효한 대처 전략이다. 그러나 반복적인 정신적 외상으로 비관성이 학습되면서 이제는 치료 효과가 있을 상황인데도 마음의 문을 닫은 것이다. 발달 이정표에 도달하지는 못하더라도 치료를 통해 장애로 인한 합병증, 예를 들면 통증 등을 예방할 수 있었다. 결국 최소한의 치료를 시행하며 쉬는 것으로 가족과 타협했다. 아이가 안정되고 나아지는 모습을 보자, 가족은 의욕을 되찾았고 학교에 보내 필요한 서비스를 받을 계획을 세웠다.

냉소주의는 더 실망하지 않도록 나를 보호하는 방법이 될 수 있지만 건강에 악영향을 미친다는 연구 결과가 있다.[10] 현재까지는 소규모 관찰 연구만 이뤄졌지만, 낙관적인 관점을 가지면 더 자주 기회의 문이 열리고 더 많은 자원과 지지를 얻을 수 있을 거라고 쉽게 상상할 수 있다. 이론적으로, 낙관적인 부모의 아이에게 더 나은 결과가 있다. 반대로 번아웃된 부모는 희망을 잃고 정신적, 신체적 에너지가 고갈되어 아이를 잘 돌보기 어렵기에 이를 유심히 볼 필요가 있다.

번아웃의 고리를 끊는 법

이미 할 일이 너무 많은 부모에게 자신을 먼저 돌보라는 조언은 진부한 말이다. 아이에게는 돌봄이 필요하고 의료와 교육 시스템이 구조화된 방식은 끊임없이 부모의 노동을 요구한다. 심리학자이자 여성 정신건강 운동가인 푸자 라크시민Pooja Lakshmin은 이를 개인적 번아웃이 아니라 '사회적 배신을 반영하는 스트레스'라고 표현한다.[11] 번아웃은 여러 면에서 부모가 간단히 해결할 수 있는 문제가 아니다. 간병인의 번아웃은 시스템적 문제다. 우리 사회는 간호노동을 과소평가하며 부모는 외부의 도움 없이 모든 돌봄 노동을 스스로 해결해야 한다고 생각한다. 그러나 당장 시스템적 변화를 일으키기는 어렵더라도 대처 능력을 개선하고 삶의 질을 개선할 수 있는 방법을 찾아볼 수 있다.

/ 내 건강 우선하기 /

부모는 최선을 다해 아이의 건강을 관리한다. 그러나 앞서 말했듯 시간과 에너지, 자원은 한정돼 있다. 온 가족이 아이에게 모든 것을 바치면 부모는 결국 상대적으로 방치되는 경우가 많다.

그러나 부모 자신의 욕구, 특히 수면, 운동, 규칙적인 식사 같은 기본적인 욕구는 소중하다. 이런 기본적 욕구를 제때 채워주지 않으면 건강과 행복을 해칠 위험이 있다. 쉽게 화내거나 잘못된 판단을 할 수 있고 불안감이 커진다. 단기적으로는 어떻게든 할 수 있다고 느끼지만, 장기적으로는 건강을 해치며 기본적 욕구를 소홀히 한 대가를 크게 치르게 된다.

그저 방치하기에는 나는 가족에게 너무 중요한 사람이다. 부모는 정신적, 감정적으로 가능한 한 최상의 상태를 유지해야 한다. 비행기에서 부모가 먼저 산소마스크를 쓰듯 삶도 그래야 한다는 돌봄의 비유를 들어보았을 것이다. 이 조언이 불편하다고 느끼는 사람도 있겠지만, 푹 자고 규칙적으로 먹고 사회활동에 적극적으로 참여하는 부모가 중요한 순간에 아이 옆을 지킬 준비가 더 잘 되어 있는 것 역시 사실이다.

기본적 욕구를 넘어서서 삶에서 느끼는 긍정적 감정을 늘리면 회복탄력성이 높아진다. 춤, 그림, 시, 사진, 공예 등 창조적 분출구를 통해 번아웃의 감정을 줄이고 자기효능감을 느낄 수 있다. 좋아하는 사람이나 활동과의 끈을 놓지 않는 것 역시 긍정적 감정으로 부정적 감정을 밀어내어 균형을 옮기는 데 도움이 된다. 같은 입장의 다른 가족을 후원하거나 멘토링하는 등 다른 사람을 돕는 활동을 하면 기분이 좋아지고 의미를 찾을 수 있다. 긍정적 경험을 한껏 누리는 감사의 마음을 가지면 긍정적 인식을 더 확대할 수 있다.

현재 마주한 시스템이 나와 내 가족에게 도움이 되지 않는다면 언제든 의견을 낼 수 있다는 사실도 기억하자. 부모는 아이를 위해 희생하는 경향이 있다. 그러나 사회적인 압박에도 불구하고 자신을 우선하여 시간과 에너지를 쓴다고 해서 사랑과 배려가 적은 부모라는 뜻은 아니다. 오히려 스스로를 잘 돌보면 더 나은 부모가 될 수 있다.

/ 한계를 설정하고 방어하기 /

부모가 자신의 시간과 공간을 만들고 에너지를 되찾는 중요한 방법 한 가지는 한계를 설정하는 것이다. '안 돼', '그 방법은 안 통할 거야', '너무 힘들어'라고 말해도 된다. 아이가 정말 원한다고 해도 안 된다고 말할 수 있다. 학교가 요청하는 일에도 안 된다고 말할 수 있다. 의사의 추천에도 안 된다고 말할 수 있다. 요청이 과하거나 이해할 수 없다고 느낄 때 거부하는 것은 정당한 권리다. 어떤 사람도 나만큼 나의 가족을 알지 못하며, 가끔은 뭔가를 더 하지 않는 것이 최선이다.

아이의 언어 발달에 문제가 있어 소아과 주치의가 청력검사를 받고 치료를 시작하라고 권하며 진료 의뢰서를 써주었다고 하자. 물론 그러면 좋겠지만, 둘째가 태어나기 직전이라 다른 문제에 관심을 쏟을 여력이 없다. 심각하게 떼를 쓰고 언어 발달이 중대하게 지연된 경우, 시기적절한 청력검사와 조기 치료가 필수적이다. 아이가 두 살인데 말을 하지 않고 청력 손실이라는 해결 가능한 원인을 파악했다면 바쁘게 출산을 계획하고 있더라도 즉시 조치하는 편이 언어 발달을 촉진하고 가족의 스트레스 수준을 낮출 것이다. 그러나 가벼운 언어 장애가 있는 다섯 살이라면 가족의 상황이 힘들어 치료 시작을 6개월 늦춘다고 큰 차이가 발생하지는 않는다. 예로 든 사례는 상대적으로 분명하지만, 애매한 상황이 더 많을 것이다. 나 역시 부모와 이야기를 나눌 때는 삶의 나머지 상황에 의료 문제가 어떤 영향을 미치는지를 가장 중요하게 확인한다.

의료진과 부모, 교육자와 부모 사이에는 뚜렷한 권력 불균형이 존재한다. 간호하는 부모는 전문가가 추천하는 돌봄 방식에 의문을 제기하려 하지 않는다. 개별화 교육 계획 회의를 운영하는 교장이나 교사를 화나게 하고 싶지는 않다. 아이를 도와줘야 할 사람이기 때문이다. 의사의 추천은 중요한 일일 거라고 짐작하고, 계획에 의문을 제시했다가 비위를 거스를까 걱정한다. 물론 전문가도 나름대로 경험과 지식에 근거하여 판단을 내리지만, 궁극적으로 가족과 아이에 대해 가장 잘 아는 사람은 부모다. 도전을 마주한 가족을 지원하는 전문가들은 부모의 의견을 가치 있게 생각하고 의사결정자로서 부모의 권위를 존중해야 한다.

/ 위임하기 /

아이의 도전이 단기적이라면 몇 달 정도는 모든 책임을 혼자 짊어지고 불도저처럼 밀고 나갈 수 있지 않을까 생각하게 된다. 그러나 이것이 가족에게 진짜로 좋은 방향인지 생각해보자. 부모에게 아이의 어린 시절은, 특히 아이가 여럿이라면, 도전의 연속이다.

아이의 도전이 길어질 것 같다면 부모나 아이나 번아웃을 조심해야 한다. 삶의 질에 도움이 되지 않는 루틴에 빠져들기도 쉽다. 한계를 설정하되 시간의 흐름에 따라 한계를 조정하고, 나 자신을 우선하고, 휴식을 취하면 번아웃 예방에 도움이 된다.

번아웃이라고 느낄 때는 빠져나갈 수 있다는 사실을 기억하기를 바란다. 작은 변화를 만들어간다면 시간이 지나며 크게 숨통이 트일 것이다. 당장 상황을 바꿀 방법이 없더라도 기분을 자각하는 것 자체가 변화의 시작이다. 큰 그림을 보고 더 나은 상황으로 가기 위해 에너지를 투자하면 나와 가족에게 도움이 될 것이다.

기분이 나아지려면 어떻게 해야 할까?

육아의 여정에서 부정적 감정을 느낄 때 너무 힘든 이유는 기대와 현실이 다르기 때문이다. 대부분은 부모가 되는 것에 대해서 힘든 부분은 기대하지 않았기에 받아들이기 어렵다. 보통의 육아보다 상황이 더 힘들거나 복잡한 부모에게는 특히 큰 시련이다.

육아가 항상 쉽거나 즐겁지만은 않다. 모든 일이 잘되고 있을 때도 모든 순간을 사랑할 수는 없고, 그럴 필요도 없다. 게다가 아이가 도전을 마주하면 부정적인 감정을 더 많이 경험할 것이다. 가끔 긍정적 감정보다 부정적 감정이 더 커져도 나쁜 부모라는 뜻은 아니다. 육아의 어떤 부분을 싫어하면서도 여전히 아이를 사랑할 수 있다.

부정적인 생각과 감정을 혼자만 간직하면 더욱 견디기 힘들다. 솔직히 터놓는 것은 감정을 관리할 수 있도록 도와준다. 힘든 감정을 마주할 때면 나만 그런 것이 아니라는 사실을 기억하자.

많은 부모는 지원 시스템에 부정적 감정을 터놓기를 꺼린다. 다른 사람들이 나를 판단할까 봐, 이런 감정을 느끼는 사람이 나뿐일까 봐 걱정한다. 게다가 도전을 마주한 아이의 양육자가 되는 것은 본질적으로 고립되는 일이며 여기서 오는 외로움도 처리해야 한다.

삶이 넓은 길에서 벗어나면 내가 겪는 일을 이해할 수 있는 사람은 적어진다. 우리는 역사적으로 정신건강 문제, 만성 질병, 학습장애가 있는 사람을 사회의 주변부로 밀어냈다. 부모들은 아이가 진단받은 질병이나 장애로 인해 공동체에서 배제되거나 불쾌한 질문을 받게 될까 걱정하며 내면으로 침잠한다. 그러나 삶에서 일어나는 일이 대부분 그렇듯 나 혼자만 이런 기분을 느끼고 어려움을 겪는 것은 아니다.

아이의 도전은 당연히 부모의 삶에 영향을 미치며, 그 영향이 얼마나 심각한지, 어떤 지원이 필요한지는 본인만 알 수 있다. 육아와 관련하여 힘든 감정을 겪는다면 언제든 전문가의 도움을 받는 것이 좋지만, 부정적 감정이 긍정적 감정을 밀어내고 있다면 이는 더욱 필수적이다.

부모의 대처 능력을 넘어서는 돌봄 스트레스는 만성 우울증이나 불안으로 이어질 수 있다. 연구에 따르면 교통사고나 암 투병을 겪은 아이의 부모 중 상당 비율이 외상 후 스트레스 장애에 해당하는 증상을 경험한다고 한다.

현재 마주한 부정적 감정에 잠식되어 있다면 치료법과 해결책이 있다는 사실에 주목해야 한다. 어려움을 겪는 사람에게는 상담, 약물치료 또는 종합적 해결책을 제공할 의사나 정신건강 전문가의 도움이 필요하다. 인지행동치료Cognitive Behavioral Therapy(CBT) 등 증거 기반 치료가 많은 행동 건강 문제의 황금률로 떠올랐다.[12] 인지행동치료에는 왜곡된 사고 과정을 인식하고, 문제해결능력을 개발하고, 행동 패턴을 변화시키는 과정이 포함된다. 이러한 개입 덕분에 6~8회의 짧은 치료 안에 증상이 상당히 개선되었다는 증언이 많다.[13] 물론 심각한 불안장애 또는 우울증이 개선되려면 장기치료가 필요하다.

치료받아야 할지 확신이 없다면 일단 전문가와 상의하는 것이 좋다. 부모가 치료를 망설이는 가장 흔한 이유는 시간이 없어서다. 그러나 정신건강은 인간관계와 일상의 행복에 영향을 미칠 중요한 일인 만큼 시간을 내야 한다. 적합한 전문가를 찾아 치료를 시작하기까지는 시간이 걸린다. 그 사이 이 책에서 제시하는 대처 기술을 시도하면 효과가 좋을 것이다. 스스로 노력한 효과가 있다면 언제든 진료를 취소하거나 횟수를 줄일 수도 있지만, 정신건강 전문가가 해주는 맞춤형 조언의 이점을 과소평가하지 말자. 지역 내에서 구체적인 도움을 받을 만한 곳을 알려주고 장기간에 걸쳐 치료 효과를 확인할 수 있을 것이다.

대처 기술은 어떤 것이 있을까?

아이의 도전을 마주한 부모는 보통 부담감과 스트레스를 심하게 느낀다. 상황이 불확실하고 통제할 힘이 없다는 사실에 좌절이 깊어진다. 누구에게나 강점과 약점이 있으며 스트레스에 대응하는 습관도 다르다. 이제 대처 능력을 개선할 수 있는 기술을 배워보는 것을 놓치지 말자. 처음에는 자연스럽게 사용하기 힘들겠지만, 이 기술은 차차 확장되며 대처 능력을 개선해줄 수 있다.

/ 인식 /

스트레스에 대한 대응은 사고나 언어보다는 느낌으로 구성되어 있다. 상황이 좋지 않으면 맥박이 빨라지고 땀이 흐른다. 위협을 느낄 때의 태도로 전환되어 공격적이거나 방어적인 반응을 보이게 된다. 말은 '괜찮다'고 하지만 말투와 신체 언어가 달라진다. 이 대응 패턴을 긍정적, 건설적으로 바꾸고 싶다면 먼저 생리학적 전환이 일어났다는 사실을 인식하는 것이 필수적이다.

아이가 떼쓰고 있을 때 말로 설득할 수는 없다. 마찬가지로 우리가 조절할 수 없는 스트레스를 받는 상태에서 원하는 대로 움직이기는 힘들다. 신체의 반응에 반드시 귀 기울여야 한다는 단순한 사실은 너무나 잊기 쉽다. 자신의 스트레스 수준을 잘 파악하는 사람도 있지만 나를 포함해서 그렇지 못한 사람도 많다. 나는 감당 못할 스트레스를 받으면 귀 쪽으로 자꾸만 올라가는 어깨를 내리려고 결연한 노력을 해야 하고, 기본값인 '불도저' 모드가 발동하려는 것을 의식적으로 막는다.

스트레스를 받으면 빨간 깃발을 본 소처럼 앞뒤 가리지 못한다는 사람도 있고, 거북이가 등딱지에 들어가듯 외부와의 교류를 차단한다는 사람도 있다. 기분을 인식하고 허용하는 것이 변화의 시작이며, 더 나은 상황으로 나아가는 데 도움이 된다.

/ 긍정적 자기 대화 /

누구나 일상에서 내적 독백을 한다. 일이 잘되지 않으면 이런 생각을 하게 될 것이다.

"제대로 해낼 수가 없어."
"이 사람들은 구제불능이야."
"내가 아이를 망치고 있어."

"나는 절대 좋은 부모가 될 수 없을 거야."

"영원히 안 끝날 것 같아."

부모를 무능한 존재, 희생자, 위험인물, 덫에 갇힌 존재로 만드는 표현이다. 이런 말은 상황을 실제보다 나쁘게 묘사할 뿐 아니라 앞으로도 모든 일이 그대로일 것이며 희망이 없다는 생각을 강화한다. 물론 힘든 상황을 과하게 미화하는 것은 가식이며 어리석은 낙관주의다. 그러나 성장 마인드셋이 인기를 얻은 데는 이유가 있다. 돈이 들지 않으면서도 효과가 증명된 인생관 개선 방법이기 때문이다.

위와 같은 부정적 문장이 떠올랐다는 사실을 인식하면, 이를 더 건설적인 문장이나 질문으로 바꿀 수 있는지 생각해보자.

부정적 문장	건설적 문장
"제대로 해낼 수 없어."	"지금 너무 힘들어, 어디서 도움을 구할 수 있을까?"
"이 사람들은 구제불능이야."	"이 시스템을 어떻게 다르게 이용할 수 있을까?"
"내가 아이를 망치고 있어."	"나는 최선을 다하고 있지만 아직 결과에 만족할 수가 없어."
"나는 절대 좋은 부모가 될 수 없을 거야."	"어떤 사람은 육아의 이런 부분을 잘 해내는 것 같아. 무엇을 배울 수 있을까?"
"영원히 안 끝날 것 같아."	"어떤 점을 바꿔야 일상을 지속할 수 있을까?"

먼저 감정을 인지하고 스스로에 대한 공감을 발휘하는 방법은 부모가 육아의 어려움에 대처할 수 있는 방식으로 연구 및 제안됐다.[14] 부정적 감정을 인정하는 법을 익히는 것이 이 방법의 목적이

다. 감정을 인식하지 않고 지나가면 부정적 자기 대화를 거쳐 대처 능력이 악화하는 악순환에 빠질 수 있기 때문이다.

이미지 떠올리기

'유도된 심상Guided Imagery'이라는 기술을 처음 들으면 회의적인 반응을 보이는 사람이 많다. 그러나 유도된 심상은 유명한 스트레스 관리 기술이며 실제로 도움이 된다는 증거도 수없이 많다. 인간의 뇌는 믿을 수 없을 정도로 강력하며, 자연이나 다른 편안한 회복 장소에 있는 내 모습을 상상하도록 훈련하면 인상적인 결과를 얻을 수 있다. 한 연구에 따르면 10분간 시각화 과정을 거친 사람들의 불안은 거의 5% 감소했다고 한다.[15] 또한 편안하고 회복력 있는 장소를 상상하는 것이 실제로 가는 것보다 더 효과적이라는 연구도 있다. 아마도 순간의 즐거움을 불가능하게 하는 현실적 문제가 없어서일 것이다. 평화로운 장소를 상상할 때면 너무 뜨거운 햇볕이나 피부를 가렵게 하는 모래를 걱정할 필요가 없다.

유도된 심상은 확실히 스트레스, 불안, 우울과 관련된 증상을 개선하며 통증과 혈압을 낮추고 회복을 촉진한다는 연구도 있다. 이를 시도하고 싶다면 잠시 편안한 곳에 가서 진정으로 행복한 장소와 시간을 상상하거나, 숨 막히는 자연의 아름다움에 둘러싸였던 순간을 생각하자. 그때의 소리, 냄새, 풍경, 촉감을 되살려보자.

따로 명상에 집중할 시간이 없다면, 짧은 시도 역시 도움이 된다. 성난 황소처럼 흥분한 순간 차분한 푸른 파도를 상상해볼 수 있다. 팔짱을 낀 채 뒤로 물러나고 있다고 느끼면 등딱지에 들어간 거북을 상상하며 크게 심호흡하고 자세를 편안히 풀어보자. 세찬 비를 맞는 기분이라면 오리가 되었다고 상상하며 흠뻑 젖은 몸을 털어내 보자. 이 이미지에 모두가 공감할 수는 없겠지만, 스트레스를 마주했을 때 안정을 찾는 비언어적 방식이 될 수 있다.

우리는 아이를 보호하려 노력할 때 잘못될 가능성에만 집중하는 경향이 있다. 유도된 심상을 활용해서 반대로 일이 잘 풀린 상황을 상상할 수 있고, 그러면서 창의적인 문제해결 방법을 떠올리고 희망을 품을 수 있다. 시합 전에 긍정적 결과를 상상한 선수의 기록이 실제로 향상된다는 연구 결과도 있다.[16]

/ 명상, 확언, 호흡 연습 /

바쁜 사람들은 명상을 현실에서 실행하기 힘든 사치로 생각하곤 한다. 그러나 부모들에게 힘든 시간을 어떻게 지나왔는지 물으면 푹 쉬거나 스트레스를 잊고 다른 곳에 집중한 평화의 순간을 이야기하는 사람이 많다. 가장 좋아하는 주말 TV 프로그램이나 초콜릿 한 조각도 '보상'이 될 수 있지만, 숨 가쁜 일상을 멈추고 때로 자신만을 위한 시간을 가지는 것은 모든 부모에게 중요하다. 누군가는 샤워나 설거지에 몰입한다. 손을 바쁘게 움직이면 멀티태스킹이 어려워져 머리를 비우게 된다. 산책, 조깅, 호흡 연습을 하며 명상하는 사람도 있다.

힘든 감정을 달래주는 확언을 찾으면 기분이 나아지는 데 도움이 된다. 짧은 문구를 습관처럼 되뇌다 보면 하루가 평화롭게 흘러가는 마법 같은 힘이 있다. 부모들이 도움이 된다고 느낀 여러 가지 확언을 소개한다.

- "나는 최선을 다하고 있다."
- "내일은 새로운 날이다."
- "완벽이 아니라 전진이 중요하다."
- "내가 통제할 수 있는 건 나뿐이다."
- "나는 내 아이에겐 완벽한 부모다."
- "나는 혼자가 아니다."
- "평온은 확산된다."

명상의 효과는 호흡에 미치는 영향 때문이라고 주장하는 사람들도 있다. 느린 호흡은 부교감 신경을 활성화하여 정서 조절과 심리학적 건강을 강화한다.[17] 나는 종종 아이들에게 박스 호흡Box Breathing을 가르친다. 이것의 방법은 다음과 같다.

1. 배에 손을 올려 호흡이 들어오고 나가는 것을 느낀다.
2. 4초간 들이쉰다.

3. 4초간 숨을 참는다.

4. 4초간 내쉰다.

5. 4초간 숨을 참는다.

이 단계를 몇 번만 반복해도 긴장이 풀리는 것을 느낄 수 있다.

유머를 발산할 수단을 찾자

나는 육아와 관련된 어려운 감정에 대처하는 과정을 뭔가 흘렸을 때 행주로 닦는 것에 비유하곤 한다. 당장은 행주가 얼룩을 빨아들이지만, 결국은 행주를 세탁기에 넣고 빨아야 '리셋'해서 쓸 수 있다. 스트레스와 좌절이 계속될 때 어떻게 '리셋'할 수 있을까?

예를 들어 취미생활을 할 수 있다. 화가 날 때 테니스공을 때리거나 전속력으로 달리면 상대적으로 생산적인 방식으로 긴장을 날려버릴 수 있다. 일기를 쓰거나 다른 사람과 소통하는 것도 마음의 짐을 덜어준다. 하지만 내가 가장 좋아하는 분출구는 유머다.

열한 살 조셉은 늘 참을성이 없었다. 걷기도, 달리기도, 자전거도 싫어했다. 앉아서 정적인 활동만 했다. 체육 시간이면 늘 격하게 반항했고, 가족이 마트까지 걸어가는 등의 활동에 참여하라고 하면 폭발해버렸다.

여러 의사를 만났는데도 문제점을 찾지 못했다. 아이의 행동 문제가 이 가족에 너무 많은 불화를 초래했기 때문에 치료를 시작했다. 이후 결핵이 의심되어 절차에 따라 흉부 엑스레이를 찍었다. 결핵 증상은 발견되지 않았지만, 조셉의 심장은 같은 나이대 표준 크기의 네 배에 가까운 것을 알게 되었다. 희소한 심장 결함이 있어서 즉시 심장 이식이 필요했다.

심장 이식을 준비하는 동안 이 가족은 웃고 또 웃었다. 몇 년이나 좌절하고 아이와 싸우며 원래 기질이 힘든 아이거나 훈육이 부족하다고 생각했는데, 해결할 수 있는 원인이 있었다는 사실을 이제야 알게 된 것이다.

가족들은 채혈할 때 웃었고 심전도 검사를 하며 웃었다. 이야기하면서도 눈물을 흘릴 정도로 웃었다. 이유를 묻자 엄마는 이렇게 말했다. "글쎄요, 이 모든 게 얼마나 터무니없고 가능성 희박하고 놀라운 일인지 이야기하며 웃을 수도 있고, 몇 년 전에 알지 못했다는 사실이 끔찍해서 울 수도 있겠죠. 그렇다면 웃는 편이 나은 것 같아서요."

도전을 마주한 아이의 부모는 스트레스에 빠지고 감정적으로 무너졌을 때 고립감을 느낀다. 이 거대하고 힘든 감정은 당연하고 일반적인 것이며 나만 그런 것이 아니라는 사실을 알길 바란다.

'두 번째 화살'이라는 불교의 가르침이 있다. 화살에 맞으면 아프다. 그런데 첫 번째 화살을 맞은 사람이 자신을 비난한다고 생각해보자. 화살을 피하지 못했다는 사실에 부끄럽고 죄책감을 느낀다. 도움을 받아야 한다는 생각에 스스로가 가치 없게 느껴진다. 내면에서 분노와 좌절이 일어난다. 이러한 두 번째 공격이 바로 '두 번째 화살'이다. 부모들의 상황도 이와 같다. 첫 번째 화살, 즉 아이의 도전은 부모가 통제할 수 없다. 그러나 이에 대한 대응은 통제함으로써 두 번째 화살을 피할 수 있다.

나쁜 감정은 없다. 감정은 그저 존재할 뿐이다. 모든 부모는 어려운 감정을 느낀다. 일단 이런 감정을 인지하고 수용하면 삶의 질을 개선할 계획을 세울 수 있다. 대처하는 법을 익히고, 새로운 기술을 배우고, 스스로와 가족을 위해 더 나은 미래를 그릴 수 있다.

자신의 감정을 인식하고 대처하는 법을 배우면 결국 이 모든 과정의 중심인 아이를 포함해서 다른 가족 구성원에게도 도움이 된다.

書을 계속 읽기 전에 다음 질문을 생각해보자.

- 지금 어떤 기분인지, 과거에는 어떤 기분이었는지 돌아보자.

- 대처하기 가장 어려운 감정은 무엇인가?

- 내가 마주한 스트레스에 비해 느끼는 감정이 너무 크지는 않은가?

- 책을 읽는 것 이상으로 정신건강과 관련된 지원이 필요한가?

- 어떤 대처 기술이 가장 효과적인가? 시도해보고 싶은 다른 기술이 있는가?

10장

아이의 감정을
이해하게 되면

내 친한 친구의 딸 에밀리에겐 뇌전증이 있다. 5학년 때 갑자기 넘어지는 일이 몇 번 있었다. 주의하지 않아서일까? 한눈을 판 걸까? 직접 보지 못한 친구는 신경이 쓰였다고 한다. 이때쯤 아이가 쓰러져 발작을 일으켰다고 학교에서 전화가 왔다. 친구들은 에밀리가 팔다리를 떨며 괴로워하는 모습을 보았다. 학교 직원이 구급대를 불렀고, 병원에서는 검사 후 뇌전증 진단을 내렸다. 갑자기 넘어진 것도 이 때문이었다. 에밀리는 큰 부작용 없이 발작을 억제해줄 약을 하루 두 번 먹기 시작했다.

친구가 에밀리를 간병하며 가장 힘들어한 부분은 약을 먹이는 것이었다. 에밀리는 원래 착하고 똑똑하고 성실한 학생이었지만, 어째서인지 약 먹는 것을 싫어했다. 부모는 약을 먹이느라 하루 두 번 아이와 씨름했다. 약을 주고 싶지는 않았지만, 발작을 막으려면 어쩔 수 없었다. 아이가 순순히 약을 먹길 바랐고 더는 싸울 힘이 없었다. 그래서 내게 도움을 청해왔다.

약물치료는 쉬운 해결책으로 보이지만 다른 행동 변화와 마찬가지로 어려운 숙제일 수 있다. 정기적으로 약을 먹어보았다면 말처럼 쉽지 않다는 사실을 알 것이다. 먼저 필요할 때 약을 먹을 수 있도록 매번 약을 타야 한다. 다음으로 식사 상태나 구체적인 시간 등 복약 지시사항에 따라 잊지 않고 약을 먹어야 한다. 집을 떠나거나 특별한 일정이 있을 때도 예외가 아니다. 매일 먹는 약이라면 부담이 될 수 있다.

아이들의 경우는 더 어렵다. 먼저 아이들은 왜 약을 먹어야 하는지 잘 이해하지 못한다. 약은 맛이 없고 불편하다. 에밀리는 약을 먹기 싫어했다. 행동 문제를 일으켰고, 열 살인데도 서너 살 때처럼 발버둥 치고 침을 뱉고 울기도 했다. 약을 숨기기도 하고, 엄마에게 아빠와 약을 벌써 먹었다고 거짓말한 일도 있었다.

진료 때는 이런 부분을 깊게 이야기할 시간이 없다. 물약을 알약으로 바꿔 처방하거나 양치질 등 일상 루틴에 약 먹기를 결합해보라고 조언하는 정도다. 약을 싫어하는 아이들에게 추천하는 방법이 몇 가지 있다. 이런 실용적인 기술이 도움이 되는 때도 있지만, 친구의 상황을 들어보니 똑똑한 10대 초반 아이에게 이런 해결책은 통하지 않았다.

이렇듯 도전을 마주한 아이를 도우려는 노력이 벽에 부딪힐 때는 어떻게 해야 할까. 약 먹이기뿐 아니라 영양 보급관 관리나 아이가 적극적으로 치료에 참여하게 만드는 일에 대해서도 살펴볼 필요가 있다. 이 상황의 공통점은 간호하는 부모가 관리하는 일이라는 것이다. 부모는 결국 아이에게 통하는 방법을 저절로 익힌다.

나는 에밀리의 엄마에게 가장 먼저 문제를 다른 관점에서 보라고 조언했다. 엄마가 이렇게 말했기 때문이다. "아이에게 약을 먹일 수가 없어." 느낀 대로 말했겠지만, 엄밀히 말하면 부정확한 표현이다. 부모가 약을 먹이지 못하는 것이 아니라, 아이가 약 먹기를 어려워하는 것이다.

이 구분이 어리석게 느껴질 수 있다. 그러나 부모의 문제라고 생각하면 책임감과 죄책감이 생긴다. 약을 먹이지 못한다는 것은 부모가 뭔가 잘못하고 있다는 뜻인데, 이는 사실이 아니다. 다른 아이에게 똑같은 방식으로 약을 먹였다면 십중팔구 먹었을 것이다.

아이의 저항을 아이의 문제로 생각하면, 궁극적 해결책이 아이 중심이어야 한다는 사실을 깨달을 수 있다. 부모의 문제로 바라보면 이런 질문을 하게 된다. 언제 약을 주는가? 약을 어디에 보관하는가? 아이에게 뭐라고 말하며 약을 먹이는가? 하지만 아이의 문제라면 질문은 달라진다. 아이가 약을 먹기 싫어하는 이유는 무엇인가? 맛 때문인가, 온도 때문인가, 시간 때문인가 부작용 때문인가? 어떤 변화가 있으면 쉽게 약을 먹을까?

물론, 부모와 아이가 둘 다 원인일 때도 있다. 에밀리의 엄마는 약을 먹여야 한다는 생각과 엄하게 굴기 싫은 마음 사이에서 고민했을 수 있다. 아이들은 놀랄 만큼 눈치가 빨라서 이 망설임을 느끼고 더 저항했을 수도 있다. 양육자가 흔들리는 마음을 다잡거나 약 먹이는 기술을 연구하거나 계획에 확신을 가져서 상황을 개선할 수도 있다. 그러나 보통은 그냥 아이가 저항하는 것이며, 저항의 근원을 들여다볼 필요가 있다.

아이의 저항을 이해하려면 먼저 아이의 발달 단계를 기반으로 이 경험이 일반적이고 예상되는 것인지 파악해야 한다. 보통 간호하는 부모는 익숙하지 않은 상황을 맞는다. 옷 입기나 배변 훈련에 저항하는 아이를 다루는 법에 관한 책은 수십 권이다. 그러나 안경 쓰기를 싫어하는 아이를 어떻게 달래는지, 상처 관리는 어떻게 하는지, 치료에 어떻게 참여하는지, 기타 환아나 장애아동의 보호자가 마주하는 상황을 다루는 것을 알기는 쉽지 않다.

아이가 단호히 거부할 때

아이가 필요한 활동을 격렬하게 거부하면 이유를 파악하는 것이 먼저다. 다음 질문을 생각해보자.

- 내 아이가 이 활동을 견디길 바라는 기대가 현실적이고 발달상 적절한가?
- 저항이 곧 지나갈 것 같은가, 계획 변경을 고려할 정도인가?
- 아이가 힘들어서 마음이 닫힌 상태인가? 약어 **HALTS**를 떠

올려보자. 배고픔Hungry, 분노Angry, 외로움Lonely, 피로Tired, 아픔 Sick(통증 포함).

위의 간단한 질문으로 저항의 원인을 파악해볼 수 있다. 근본 원인 해결은 치료를 설명하거나 시행하는 방법을 바꾸는 것보다 효과적이다. 아이에게 발달이나 감각과 관련된 문제가 있어 다른 아이들에게 통했던 방식이 효과가 없을 수 있다. 아무리 경험 많은 교육자나 의사도 직접 시도하기 전까지 아이가 무엇을 견딜 수 있는지 반드시 알 수 있는 것은 아니다. 부모의 본능이 아이가 해낼 수 없다고 말한다면 그 의견이 옳을 수 있으며, 그럴 때는 계획을 변경하는 것이 낫다.

/ 동기강화상담 /

대화할 수 있는 아동과 성인의 경우, 동기강화상담은 행동 변화를 이끌어내는 증거 기반의 기술이다. 개인에 대한 존중이 동기강화상담의 핵심이다. "해야 돼, 그냥 해"라고 말하기보다 이렇게 묻는 것이다. "매일 뇌전증 때문에 약을 먹어야 하는데, 어떻게 생각해?" 그리고 열린 마음으로 대답을 들어야 한다.

이 기술은 부모에게 무시할 수 없는 감정적 부담을 지운다. 아이의 대답을 듣기가 힘들 수 있다. 부모는 본능적으로 문제를 '해결'하고 싶은데 아이의 걱정을 경청했음에도 해결 방법이 없을 수 있다. 아이는 불공평하다고 느끼고 화를 낼 수 있다. 약을 먹는 것이 창피하고 기분 나쁠 수 있다. 보호자가 느끼듯 아이 또한 어려운 감정을 모두 느끼고 있을 수도 있으며, 어른보다 대처 능력이 떨어질 수 있다. 하지만 아이와 이런 감정을 논의할 수 있는 여유를 가지면 도움이 될 것이다.

일단 경청하면 계속 열린 질문을 할 수 있다. "약을 왜 먹는지 이해하고 있니? 약을 안 먹으면 어떻게 될까? 어떻게 하면 더 쉽게 약을 먹을 수 있을까?" 적극적으로 아이의 말을 듣고 확인과 요약으로 반응하면 아이와 유대를 쌓으면서 함께 결정하는 느낌도 줄 수 있다.

충분한 대화 후 모순을 지적하면서 아이의 행동 변화를 유도해 보자. "발작이 또 일어나는 건 싫다고 했지? 그런 일을 방지하고 싶은 거잖아. 하지만 일주일에 몇 번이나 약을 거르면 발작 위험이 커져." 어느 정도 성숙한 아이의 자기 조절 능력을 키우려면 해야 할 일을 바로 말해줌으로써 문제를 해결하고 싶은 충동에 저항하는 것이 중요하다. 본의 아니게 아이가 더 고집을 부리고 저항하게 만들 수 있다. **공감하는 마음으로 들어주고 동기를 이해하면 아이가 자신을 보살피는 일을 더 책임지고 통제하도록 힘을 부여할 수 있다. 아이는 자신의 가치에 따라 행동한다는 데 자부심을 느낄 것이다.**

에밀리는 하루에 두 번 발작 약을 먹으면서 '자신이 남들과 다르다는 것, 또 발작이 일어날 위험이 있다는 것, 친구들에게 약점을 보였다는 것'을 상기했다. 왜 약이 필요한지는 알았지만 약을 먹을 때 밀려오는 어려운 감정 때문에 피하고 싶었던 것이다. 에밀리의 마음을 알게 되자 강점(약을 먹어야 할 필요성을 이해하고 수용하는 것)을 활용하고 약 먹는 행위를 덜 슬프게 할 방법을 찾을 수 있었다. 등교 시간이나 취침 시간 등 이미 스트레스가 쌓인 시간 대신 좀 더 즐겁고 마음 편한 시간에 약을 먹는 방법을 시도했다. 또한 새로운 계획을 세울 때 아이의 의견을 물어봄으로써 주체성과 통제력을 느끼게 하여 성공 가능성을 높일 수 있다.

아이가 문제를 말하지 않거나 말할 수 없을 때

심각한 조산으로 태어난 여섯 살 마리아를 담당한 적이 있다. 생후 6개월까지 호흡을 도와주는 관을 사용하면서 기도가 좁아져 기관절개술로 영구 호흡관을 삽입해야 했다. 자라면서 기도를 넓히는 시술을 반복하면 호흡관 없이 안전하게 살 수 있을 가능성도 있었지만, 당장은 호흡관이 필요했다. 마리아는 조산으로 인한 발달 지연과 호흡관 때문에 의사 표현에 어려움이 있었고 화가 나면 심하게 떼를 썼다.

마리아의 행동 문제는 하루 두 번 호흡관을 청소하고 관리할 때 절정에 달했다. 불편하게 가만히 앉아 있어야 하는 이 시간을 너무 싫어했던 마리아는 허우적거리며 엄마를 때리거나 가끔은 자기 몸을 때렸고, 너무 예민해지면 구토까지 할 정도였다. 관리에 걸리는 시간은 1분 남짓이었지만, 매번 최소 30분이 걸렸고 끝나면 둘 다기진맥진했다.

마리아와의 의사소통이 어려웠기에 엄마와 내가 상황을 개선할 방법을 찾으려 애썼다. 이 경우처럼 아이가 동기강화상담에 참여하기엔 너무 어리고 간호에 필요한 활동을 거부한다면 면밀한 관찰과 분석이 필요하다.

마리아의 엄마는 학교 보건교사와의 면담에서 답을 찾았다. 학교에서 거의 여덟 시간을 보내던 마리아는 등교하는 날이면 학교에서 기관절개관 관리를 받았다. 엄마는 이 과정이 잘 이뤄지고 있는지 전화했다가 마리아가 불평 없이 관리를 받고 있으며 전혀 문제없다는 말을 듣고 놀랐다. 엄마는 학교에 가서 과정을 관찰했다. 보건교사는 마리아를 데려오기 전에 필요한 장비를 준비해두었으며, 마리아와 처음 만나던 날 각 단계에 번호를 붙여 앞으로 할 일을 설명해줬다고 했다. 마리아에 대해 잘 알고 있던 보건교사는 엄마에게 호흡관 관리 과정을 편하게 할 수 있는 법을 알려주며, 다음을 생각해보라고 조언했다.

- **단계와 규칙을 만들 것** – 장비를 꺼내 놓고, 마리아를 부르고, 일관된 태도 취하기.
- **관리 시간 정하기** – 저녁에 호흡관 관리를 하면 마리아는 더 힘들어할 것이다. 종일 지쳐서 인내심이 없을 시간이다. 결국 관리 시간을 아침으로 옮겼다.
- **주의 돌리기** – 보건교사는 마리아가 목에 집중하지 않도록 음

악이 나오는 디스코볼을 틀었다. 엄마도 집에서 마리아의 주의를 돌릴 만한 물건들을 생각했다.

- **보상** – 학교에서는 빨리 관리를 마치면 친구들과의 자유 놀이 시간으로 돌아갈 수 있다는 보상이 있었다. 엄마는 집에서 관리 후에 가지고 놀 수 있는 특별한 장난감을 만들었다.

서두르는 것은 부모의 흔한 실수다. 특히 어린아이의 경우에는 모든 일에 시간이 더 필요하며, 부모는 자신에게도 아이에게도 인내심을 가져야 한다. 시간을 들여 여러 가지 기술을 여러 번 시도해야 새로운 루틴을 만들 수 있다.

/ 도움 요청하기 /

마리아의 엄마가 그랬듯, 나는 부모들에게 주저하지 말고 도움을 요청하라고 조언한다. 의료진이 최초 계획에 대한 의문이나 도전을 무시할 때도 많지만, 가족에게 효과가 있고 관련된 사람들의 욕구를 존중해야만 좋은 치료 계획이라고 할 수 있다. 의사와 계획을 상의할 때 아이를 데려가면 같은 정보를 듣더라도 전문가의 말이라서 더 신뢰할 수 있다. 그 과정에서 계획을 조정할 수도 있다. 예를 들면 인두염에 걸린 아이가 먹는 항생제를 격하게 거부하면 대신 주사를 맞을 수 있다. 또한 의사를 방문하여 치료 계획을 다시 논의하는 과정 자체가 치료다. 아이는 좌절과 불만을 표현할 수 있고, 누군가 자기 말을 들어준다고 생각하게 된다.

아이가 치료 계획을 따르게 할 방법에 대해 간호사, 교사, 물리·작업·언어치료사, 다른 부모가 매우 실용적인 조언을 해줄 때도 있다. 따라서 열린 마음으로 병원이나 학교 관계자들의 의견을 들어보면 해결책을 찾는 데 도움이 된다. 다음 사례를 보자.

- 칭찬스티커 모으기 등 마지막에 보상이 있는 행동 계획을 세운다. 어린아이뿐 아니라 10대 아이도 자신의 목표와 일치한다면 여기에 열광하곤 한다.
- 아이에게 약을 먹이거나 아이가 스스로 약을 먹을 때(또는 지시와 감독 하에 손가락을 찔러 혈당을 측정하거나 상처 관리를 할 때) 더 편안한 자세를 찾아본다.
- 물리치료 운동을 누군가와 함께하는 재미있는 게임으로 만든다.

도전을 마주한 아이를 돌볼 때 이런 활동이 혼란스럽고 낯설게 느껴질 수 있다. 그러나 기저귀 갈기, 목욕, 선크림을 참게 만들 때 썼던 기술이나 손톱 깎기, 장갑 끼기, 치과 진료에 참여하게 만들 때 썼던 전략이 유효할 수 있다는 사실을 기억하자. 같은 기술을 쓸 수는 없더라도 과거에 효과를 발휘한 방법을 돌아보면 가족의 구체적인 강점이나 선호와 관련하여 시험해볼 만한 아이디어가 떠오를 것이다.

저항이 더 큰 문제의 징후일까?

아이가 힘들어할 때는 근본 원인을 해결하는 것이 가장 효율적이다. 특히 갑자기 변화가 일어난 경우라면, 나는 부모에게 저항의 원인을 생각해보라고 한다. 치료 거부는 불안, 번아웃, 우울, 트라우마 등 아이의 상황에 대한 더 깊은 감정적 반응의 징후일 수 있다.

/ 걱정이나 불안일까? /

공포감, 불확실성, 통제력 부재를 느낀 아이는 소통을 피하거나 치료를 거부하거나 반항한다. 보통 아플까 봐 피하는 등 그럴 만한 이유가 있으며, 대부분은 실제 치료보다 기다리는 시간을 더 힘들어한다. 병원 놀이는 공포와 불확실성을 줄이는 데 도움이 된다. 약을 먹는 장면을 연기하거나, 동물 인형의 붕대를 갈거나, 가족에게 가짜 주사를 놓을 수 있다. 편안한 상태에서 호흡 연습을 하는 것도 원하지 않는 치료의 스트레스를 견디는 데 도움이 된다. 사탕이나 주스를 대신 사용한 약 먹는 연습도 불편한 감정에 적응할 수 있도록 도와준다. 아이가 통제의 감각을 느낄 수 있도록 선택권을 주는 방법도 좋다.

규칙적인 루틴을 만들면 안전의 감각이 생겨 걱정이 줄어든다. 무슨 일이 일어날지 알게 되는 것이다. 시간을 들여 반복하면 아이는 새로운 활동에 적응하고 공포를 다스릴 수 있다.

그러나 걱정으로 인해 필요한 치료에 지장이 생기고 다른 일상까지 방해받을 때가 있다. 이런 수준의 피해를 초래하는 걱정은 불안장애의 징후일 수 있다. 불안장애는 아동기에 시작되는 가장 흔한 정신질환이며 잘 드러나지 않을 수 있으나, 치료법이 있으므로 인지하는 것이 가장 중요하다.

불안이 있는 아이는 과한 걱정 외에 보통 다음 증상을 보인다.[1]

- 가만히 있지 못함
- 쉽게 피로를 느낌
- 집중을 어려워함
- 과민함
- 근육 긴장
- 수면 장애
- 복통 또는 두통

아이의 불안장애가 의심된다면 소아과 주치의와 치료법을 상의해야 한다.

/ 번아웃 때문일까? /

앞 장에서 부모의 번아웃을 다뤘지만, 아이에게도 번아웃의 위험이 있다는 사실을 알아야 한다. 아이가 치료를 단호하게 거부한다면 번아웃일 가능성이 있다. 번아웃은 원래 일과 관련된 증상이라는 인식이 있지만, 아이에게 공부와 치료는 성인의 노동과 마찬가지로 의무로 인식된다. 지치고 무심하고 냉소적인 아이는 알고 보면 번아웃 상태일 수 있다.

집중적인 의료 개입, 또는 강도는 세지 않지만 오래 이어진 치료 때문에 번아웃을 겪는 아이들을 보았다. 열두 살 알레한드로는 사랑스러운 아이였다. 발화에 어려움이 있어 설소대 시술, 턱 수술, 구개 확장술을 받았고 몇 년간 주3회 언어치료실을 찾았다. 아주 열심히 노력하는 성실한 아이여서 상당한 발전이 있었으나, 언어치료를 졸업하기 전에 진전이 멈췄다.

알레한드로는 그다지 불평하지 않았지만, 또박또박 말하게 될 거라는 희망을 잃은 듯했다. 구강 검사에 더 민감하게 반응했다. 언어치료사에게 농담도 하지 않고 전처럼 열정적으로 참여하지도 않았다. 이해할 만했다. 그동안 너무 많은 일을 겪은 탓이다.

다른 분야에서는 변화가 없었다는 점에도 주목할 만하다. 친구들과 즐겁게 어울리고, 잠도 잘 자고 잘 먹었다. 가족과는 말장난도 했고 성적도 좋았다. 짜증이 다소 심해졌지만, 치료 예약이 있거나 부모가 연습하라고 했을 때의 일이었다.

알레한드로가 목표에 점점 가까워지고 있었기 때문에 엄마와 치료사는 고민했지만, 결국 여름 동안 휴가를 주기로 했다. 진료도 치료도 없었고, 아이답게 놀게 두었다. 가을에 치료실로 돌아왔을 때 알레한드로의 눈은 다시 장난스럽게 반짝였고 적극적으로 참여했다. 알레한드로에게 필요한 것은 휴식이었다.

짧은 휴식도 큰 효과가 있지만, 잠시라도 치료를 그만둘 수 없을 때도 있다. 앞 장에서 부모의 번아웃에 대해 언급한 모든 내용은 아이의 번아웃에도 도움이 된다. 다음 방법을 활용해보자.

- 충분한 수면, 운동, 기타 대처 기술 등 삶의 기본적이고 필수적인 부분에 집중하자.
- 사랑하는 사람과 시간을 보내며 유대감을 느낄 수 있게 하자.
- 함께하는 시간에는 질병에 관해 이야기하거나 기술을 연습하거나 어떤 '일'을 하지 말고 함께하는 시간을 즐기자.
- 감사, 소속감, 기쁨 등 긍정적 감정을 느낄 수 있도록 노력하자.
- 힘든 시간을 잊을 수 있도록 가장 좋아하는 활동을 하자.
- 놀이와 창조적 분출구에 접근할 수 있도록 도와주자.

이 모든 경험은 앞으로 마주할 만성적 스트레스로부터 아이를 보호할 것이다.

/ 우울증일까? /

아무리 부모가 사려 깊게 돌본다 해도 도전을 마주하는 것은 아이에게 매우 힘든 일이다. 그러므로 좌절감과 부정적 감정이 드는 것은 당연하다. 이런 감정을 안전하게 분출할 방법을 허락해야 한다. 아픈 아이를 돌보는 부모들은 아이의 거대한 감정을 인내하는 것을 큰 부담으로 느낀다. 반대로 아이가 깊은 감정을 부모와 공유하지 않으려 하기도 한다. 조부모, 학교 상담사, 치료사 등 다른 사람의 힘을 빌려 아이의 말을 경청하면 부모와 아이 모두에게 도움이 된다.

또한 아무리 부정하고 싶어도 아이가 우울증을 겪고 있을 가능성을 생각해야만 한다. 세 살 아이도 우울증 진단을 받을 수 있다고 한다. 만성 질병이 있는 아이에게는 우울증이 더 흔하다.[2] 소아 우울증을 파악할 때 가장 어려운 부분은 아이들은 인지와 감정이 충분히 발달하지 않아 감정을 정리하여 표현할 수 없다는 것이다. 성인은 슬픔을 표현할 수 있지만, 아이들은 슬퍼하기보다 짜증을 낸다. 아이는 우울하면 짜증과 심술이 솟고 모두가 나를 괴롭힌다고 느끼며, 사방에 시비를 걸고 다닌다.

우울증의 다른 증상은 다음과 같다.[3]
- 흥미와 기쁨을 잃음
- 식욕 감퇴 또는 체중 감소
- 수면 장애
- 눈에 띄게 안절부절하거나 느려짐
- 피로와 에너지 부족
- 쓸모없다는 느낌과 죄책감
- 집중력 부족
- 자살과 관련된 생각 또는 자살 의도

위 증상 중 탈진과 부정적 성향은 번아웃일 때도 나타나지만, 우울증은 휴식 등 상황의 변화로는 개선되기 힘들다. 번아웃은 입증된 치료법이 있는 진단 질병이 아니다. 그러므로 아이가 일상 생활이 어려울 정도의 감정 기복을 겪고 있다면 의사의 진료를 받을 것을 강력하게 추천한다. 종합적인 평가를 통해 적절한 진단과 치료법을 제안할 것이다.

열심히 세운 치료 계획을 아이가 거부하면 화가 날 수 있다. 부모는 아이에게 필요한 도움을 주려고 노력하며 치료를 중요하게 생각한다. 하지만 좌절감이 들 때는 도전을 마주한 아이에게 우리가 많은 것을 요구한다는 사실을 기억하자. 아이들은 제대로 말하기보다 말썽을 피우거나 말을 듣지 않고, 말대답하거나 중요한 치료를 거부하는 것으로 기분을 표현한다. **아이가 적대감을 보인다는 생각이 들 수 있지만 부모의 육아 방식을 거부하는 것이 아니라 나름대로 계획에 적응하기 위해 애쓰는 것이다.**

책을 계속 읽기 전에 다음 질문을 고려하며 아이의 저항에 대해 생각해보자.

- 아이의 저항을 아이의 문제로 생각했는가, 나의 문제로 생각했는가?
- 아이의 행동에 궁금증을 갖고 접근했다면, 근본 원인에 대해 무엇을 알아냈는가?
- 새로운 전략이 떠올랐는가?

- 아이가 마주한 상황을 더 자세히 설명하거나 아이에게 통제력을 줄 방법이 있는가?
- 아이에게 번아웃이 왔는가? 잠시 치료를 쉬거나 노는 시간을 늘릴 수 있는가?
- 불안이나 우울 등 정신건강 문제가 저항의 근본 원인인가?

11장

트라우마를 내려놓고
회복하는 삶으로

카를로스는 숨이 찬다고 자주 불평했다. 등굣길이나 3학년 교실로 올라가는 계단에서 주저앉곤 했으며 통증과 피로를 호소했다. 체력과 집중력이 부족해 학교생활도 힘들어했다. 이 가족이 찾아왔을 때, 나는 학교 밖에서의 삶이 어떤지 물었다. 뛰거나 땀을 흘리거나 아주 크게 웃지 못하게 하고, 봄, 여름, 가을에는 외출하지 않는다고 했다. 신체활동의 제약이 이렇게 심한데 지구력이 부족한 것은 당연했다.

카를로스는 어릴 때 심각한 천식으로 여러 번 중환자실에 입원했다. 계절성 알레르기와 운동으로 인해 천식 증상이 심해지는 것을 알고 아이를 보호하기 위해 위와 같은 규칙을 만들었으며, 이렇게 주의했기에 아이가 살아남았다고 생각했다. 하지만 내가 카를로스를 만났을 때는 이미 마지막으로 입원한 지 거의 5년이 넘었고 지난 몇 달간 흡입기를 사용한 횟수도 손에 꼽는다고 했다. 숨 쉴 때 쌕쌕거리거나 기침하지도 않았다. 최근에 숨이 차서 흡입기를 썼는데 증상이 나아지지 않았다고 했다. 천식보다는 운동(계단을 뛰어올라가는 것 같은)으로 숨이 찬 것이라 효과가 없었을 것이다. 나머지 의료 기록과 검사 기록을 보아도 아이가 아직 천식 환자라는 증거는 없었으며, 관리가 어렵거나 위험이 큰 상태일 확률은 더욱 없었다.

부모들은 아이가 위험할 때 의사를 찾지만, 증상이 나아져 원래 삶으로 돌아가는 과정에서 진료실을 충실히 찾는 일은 드물다. 카를로스가 계속 병원에 다니며 의사의 소견을 바탕으로 삶의 제약을 하나씩 풀었더라면 본인에게도 가족에게도 좋았을 것이다. 의사가 지속적인 상담을 권하지 않는 것은 이것이 가치가 없다고 느껴서 그런 것은 아니다. 그보다는 어떤 가족이 전환 과정에서 도움을 원할지 예측하기 어렵기 때문이다. 이런 진료는 예방 차원의 정기검진과는 달리 보험으로 전액 지원되지 않고 학교나 직장을 빼야 하니 의사들은 강요하지 않는다. 그러나 도움을 원하는 가족이 있다면 언제든 이런 서비스를 기꺼이 제공하고 싶다. 그러나 상황이 안정되면 가족들은 지원이 줄어드는 것을 느끼고 앞으로는 알아서 해나가야 한다는 뜻으로 해석한다.

카를로스 가족과 대화하며 아이의 건강에 대해 얼마나 두려워하는지 알 수 있었다. 특히 나와의 첫 진료였기에 "더 이상 아이의 활동을 제한하지 마세요"와 같은 단순한 조언을 따를 만큼의 신뢰를 기대할 수는 없었다. 이 가족은 트라우마가 될 만한 경험을 했으므로 안전하고 지지받고 있다고 느끼면서 제약을 느슨하게 할 방법을 찾아야 했다. 카를로스와 가족은 과거 학습을 통해 숨찬 것을 응급 상황이 다가오는 위험 신호로 해석하게 됐다. 그러나 지금은 아이가 성장하여 천식의 영향을 벗어났으므로 아이들이 신나게 놀고 웃으면 자연스럽게 숨이 찬다는 사실을 다시 익히도록 도와야 했다. 일상적인 경험에서 공포를 제거하고 제약이 덜한 삶을 살면 시간이 흐르면서 지구력과 체력도 저절로 자라날 것이었다.

소아암이나 선천성 심장병 생존자도 위 사례와 비슷한 전환 스트레스를 겪는다. 화학요법이나 영양과 관련된 중대한 문제에 대처하는 동안에는 일주일 사이에도 몇 번씩 의료진을 만난다. 증상이 나아지거나 수술이 잘 끝나면 그런 밀착 관리는 종료된다. 가족들은 최악의 상황은 넘겼다는 사실에 기뻐하며 일상으로의 전환을 축하한다. 하지만 완벽히 회복되지 않았다는 사실을 느낄 때마다 의료진과 연락이 줄어들었다는 사실에 불안이 커진다.

집중치료가 끝나면 눈앞의 문제 하나에 모든 에너지를 쏟지 않고 다양한 과제들에 에너지를 나눠 쓰게 되면서 진정한 회복의 과정이 시작된다. 충격적인 사건을 겪는 동안에는 위기가 길어져도 무감각한 상태로 어떻게든 헤쳐 나간다. 하지만 무감각이 사라지면 '평범'이 돌아온다. 이미 느꼈어야 할 감정이 뒤늦게 몰려온다. 출산 과정에서 충격을 겪거나 아이를 신생아집중치료실에 들여보낸 엄마, 입원치료를 받은 어린아이의 부모, 질병이나 장애 진단 검사 결과가 나오기까지 불안에 떨던 부모가 이런 과정을 겪는다. 카를로스가 생명을 위협하는 중증 천식으로 고생하는 사이, 가족은 여러 차례 트라우마를 겪었다. 아이의 지구력 문제보다 가족이 겪은 사건을 정리하도록 돕는 것이 우선이었다. 그렇다면 도전을 마주한 아이와 부모가 트라우마를 겪었는지 파악하고 필요한 지원을 어떻게 얻을 수 있을까?

과연 이것이 트라우마가 맞을까?

많은 가족은 확신하지 못한다. 우리가 겪은 일이 트라우마일까? '대문자 T' 트라우마와 '소문자 t' 트라우마는 차이가 있다고들 한다. 전자는 학대, 자연재해, 전쟁, 대참사 등의 사건과 관련된 명확한 트라우마다. 한편 개인의 대처 능력을 넘어서거나 일상의 혼란을 초래한 사건은 무엇이든 '소문자 t' 트라우마가 될 수 있다. 대인관계 갈등, 이혼, 이사, 따돌림 등은 모두 스트레스 누적으로 '소문자 t' 트라우마를 일으킬 수 있는 사건이다.

도전을 마주한 아이가 겪은 일이 '대문자 T'인지 '소문자 t'인지 분류해볼 수 있다. 중환자실 입원, 회복이 힘든 수술, 채혈과 수혈이 잦은 암 치료 등 장기 치료가 '대문자 T'에 해당한다. '소문자 t'는 채혈, 예방주사, 응급실 방문, 구급차 타기, 교육 성과 평가 등을 포함할 수 있다. 부모, 조부모, 형제자매 등 가족 구성원도 간접적으로 트라우마를 겪을 수 있다.

그러나 계기가 되는 사건의 규모만으로는 아이나 부모가 이를 트라우마로 인식하여 일상생활에 어려움을 겪는지 신뢰도 있게 예측할 수 없다. 채혈과 정맥주사는 생명을 위협하는 시술이 아니지만, 아이는 시술 자체나 신체의 구속, 시술을 기다리는 공포를 생명의 위협으로 인식할 수 있다. 게다가 트라우마에 대한 아이의 민감성과 취약성도 중요하다. 충격적인 사건을 반복적으로 경험하거나, 기존에 정신건강 문제가 있거나, 충분한 지원을 받지 못하거나, 감정에 대처하는 기술이 부족한 아이는 부정적 경험의 영향을 더 쉽게 받곤 한다.

부모도 마찬가지로 사건을 경험하는 상황에 따라 스트레스를 받는 정도가 다르다. 수면이 부족하거나, 직장에 큰일이 생겼거나, 또는 사랑하는 사람의 죽음을 애도하는 중에 낳은 첫 아이의 호흡기 질환을 알게 되었다고 하자. 충분한 휴식을 취하고 정신 무장을 한 채 셋째 아이가 같은 병에 걸렸다는 소식을 들은 부모와는 충격의 수준은 다를 것이다.

반면 어떤 아이와 부모는 상상을 뛰어넘는 놀라운 회복탄력성을 보여준다. 중환자실에 들어가 며칠 동안 산소호흡기의 힘을 빌린 아이가 이 충격적 경험을 문제없이 소화하고 이전처럼 친구를 만나고 즐겁게 활동하는 모습도 보았다.

이런 변수가 있기에 시스템으로 트라우마 극복을 지원하기는 쉽지 않다. 의료 및 교육 시스템이 이 부분을 활발하게 지원하지 않으므로, 간호하는 부모는 자신과 아이에게 필요한 지원을 찾기 위해 노력해야 한다.

부모는 트라우마가 될 만한 불쾌한 경험으로부터 아이를 보호하고, 치유와 회복을 돕기를 원한다. 이를 위한 첫 단계는 아이가 사건을 트라우마로 받아들였는지 파악하는 것이다.

일반적인 트라우마 증상

네 살 젠슨은 피부 감염으로 입원했다. 나흘간 아빠가 입원실을 지켰고, 엄마는 동생과 다른 가족을 돌보느라 집에 있었다. 젠슨이 엄마와 떨어진 것은 이번이 처음이었다. 치료에는 몇 번의 채혈과 정맥주사가 포함됐고, 젠슨은 불편해했지만 잘 참아냈다.

그러나 집에 돌아온 아이는 평소와 다른 모습이었다. 방에서 혼자 자지 못했고 엄마가 옆에 있어도 악몽으로 몇 번씩 깼다. 배변 훈련을 한 지 1년이 넘었는데 다시 기저귀를 차야 했고, 이상할 정도로 짜증을 내고 고집을 부렸다. 주로 입원과 관련된 일, 예를 들면 후속 진료를 기다릴 때 참을성이 없어졌지만, 관련 없는 문제로 떼를 쓰기도 했다. 놀 때도 부모에게 의존했으며 다른 사람을 만나는 상황에서는 더욱 부모에게 매달렸다.

젠슨의 부모는 후속 진료에 와서 아이에게 문제가 생긴 것인지 물었다. 감염이나 항생제가 뇌 활동과 행동에 영구적 영향을 미친

것은 아닐까? 젠슨이 2주째 이상 행동을 보이자 부모는 과연 아이가 예전으로 돌아올지 걱정하기 시작했다. 젠슨의 행동 변화는 모두 트라우마 반응과 일치했다.

의학적으로 트라우마의 증상은 상당히 다양하지만, 일반적으로 다음과 같은 증상이 관찰된다.

- 감정 기복. 사회적 상황을 피하려 하고, 우울하거나 예민해 보이고, 감정 변화가 심해진다(쉽게 화를 낸다).

- 재경험. 경험한 일의 세부 사항에 집요하게 집착한다. 같은 이야기를 과하게 반복하고, 그림으로 그리고, 놀이에서 재현한다. 어느 정도는 겪은 일을 처리하는 과정이라고 볼 수 있다. 그러나 오래 지속되거나 다른 활동을 할 수 없을 정도로 종일 특정 사건에만 매달린다면 트라우마의 징후일 수 있다.

- 과다 각성. 어떤 아이는 공황 발작을 일으키고, 신경과민 상태가 되거나 취침을 위해 마음을 가라앉히는 것을 어려워한다. 과다 각성으로 수면에 지장이 생기면 회복과 대처 능력은 더욱 손상된다.

- 회피. 어떤 아이는 경험한 일과 관련된 이야기도, 생각도 전혀 하지 않으려 한다. 필수 진료, 약 먹기, 의료인과의 상호작용 거부가 나타날 수 있다.

아이가 좀 크면 다른 형태로 트라우마가 나타날 수 있다. 열다섯 살 아드리안의 항암치료는 효과가 있었지만, 아이는 집과 학교에서 여러 행동 문제를 일으켰다. 학교에 나가지 않고 숙제도 건너뛰고 친구나 엄마와 싸웠다. 처음에는 여느 사춘기 아이들처럼 매사에 화가 나는 것인지, 아니면 트라우마나 정신건강 문제의 전조인지 판단하기 어려웠다. 병원과 관련된 상황에서만 행동 문제를 보이는 것도 아니었고, 힘든 치료 직후에 문제가 나타나지도 않았다. 엄마와 나는 아드리안이 겪은 일과 문제 행동 사이의 관계를 이해해보려고 많은 질문을 던졌다. 아이는 상담치료에 마음을 열게 되고서야 비로소 의료진을 자주 만나던 항암치료 시기보다 평범한 삶에 적응하려 노력하는 지금 더 심한 스트레스를 받는다고 털어놓았다.

청소년기에는 아드리안처럼 트라우마에서 회복하는 과정에 명확한 증상을 보이지 않고 일상적인 활동을 거부할 수 있다. 회피는 트라우마 증상이며 아이가 상황에 대처하는 흔한 방식이다. 겪은 일을 말하거나 생각하지 않으면 관련된 스트레스와 불쾌감을 줄일 수 있기 때문이다. 또한 스트레스 반응(심박수 증가, 어지럼증, 피로)을 신체적으로 불편하게 느끼면서 두통과 복통 등 신체 증상을 호소할 수 있다. 아드리안에게는 이 부분이 특히 문제였다. 스트레스로 인한 신체 증상을 느꼈지만, 엄마가 걱정할까 봐 입 밖에 내지는 않았다. **일상을 흔드는 걱정, 수면 장애, 집중력·행동력 저하를 불평하는 아이도 있지만, 아드리안처럼 혼자 고통을 참으며 도움을 청하지 못하는 아이들도 있다.**

입원, 수술, 기타 무서운 경험을 한 아이는 대부분 며칠 동안 혼란을 겪으며 비슷한 증상을 보인다. 평범한 일상과 활동으로 돌아가 충분히 자고 사랑하는 사람들에게 위안받으면 며칠이나 몇 주안에 원래 모습으로 돌아온다. 하지만 어떤 아이들은 회복하지 못하기도 한다.

계속 트라우마 증상을 겪는 아이들은 삶의 질이 떨어지고 평범한 활동을 즐기지 못하게 된다. 여기서 벗어나기 위해 추가적인 지원이 필요한 것은 아이나 부모의 잘못이 아니라는 점을 분명히 하고 싶다. 아이는 스트레스에 뇌가 반응하는 방식을 의지로 통제할 수 없으며, 사랑 넘치는 양육자라고 해도 지원 없이 아이의 상처를 치유할 수는 없다. 트라우마를 겪는 아이와 양육자에게는 적절한 훈련을 받아 치료를 지원할 수 있는 전문가의 도움이 필요하다.

트라우마를 마주하는 증거 기반의 치료법

트라우마는 치료할 수 있다. 가족 중 누군가의 상황이 여기서 설명하는 트라우마 증상과 일치한다면, 적절히 훈련된 심리학자와의 4~6회 만남으로 효과를 볼 수 있는 증거 기반의 방식이 있음을 알아두기를 바란다. 전문가의 도움을 받기가 항상 쉽지는 않지만 가끔은 반드시 필요하다.

물론 비슷한 상황에서 일상으로의 전환을 이뤄낸 친구나 다른 부모, 의료진에게 연락할 수도 있다. 그러나 고통을 유발하는 트라우마에 접근하는 증거 기반의 방식은 전문 치료사나 정신과 의사가 제공할 수 있는 고차원적 치료다. 전국 아동 외상성 스트레스 네트워크[1] The National Child Traumatic Stress Network는 이런 치료에 대한 자세한 정보와 함께 지역 치료사의 연락처를 제공하는 매우 유용한 웹사이트를 운영한다. 여기서는 트라우마를 치료하는 다양한 증거 기반 접근의 일반적인 특징을 다루려고 한다. 전문가의 도움을 구하는 데 도움이 될 것이다.

아동-부모 심리치료Child-Parent Psychotherapy

6세 미만 아동은 보통 아동-부모 심리치료를 받는다. 아이의 기능을 회복하기 위해 아이와 양육자 사이의 관계를 지원하고 강화하는 활동이 이뤄진다. 아동-부모 심리치료는 애착 이론에 기반하며 정신 역학, 발달 이론, 인지-행동 이론 등을 폭넓게 적용한다. 증거 기반 치료법이기는 하지만 가족마다 맞춤형으로 이뤄지며 어린아이의 경우 과제에 집중하지 못하는 등 활동의 어려움이 있기에 치료 기간은 일반적으로 다른 치료법에 비해 길어서 1년 정도다.

트라우마 집중 인지 행동치료Trauma-Focused Cognitive Behavioral Therapy

트라우마 집중 인지 행동치료(TF-CBT)는 3세 이상 아동에게 추천한다. 여기서 아이들은 정서, 행동, 사고 양식을 통제하는 기술을 배운다. 치료사는 아이가 충격적인 경험을 서사로 구성하고 처리하게 함으로써 대처 능력을 개선한다. 치료는 일반적으로 12~25회에 걸쳐 이뤄지며 부모도 참여한다. 다양한 대상에게 효과가 좋은 치료법이다.

안구 운동 민감소실 및 재처리 요법 Eye Movement Desensitization and Reprocessing

안구 운동 민감소실 및 재처리 요법(EMDR)에서, 치료사는 아이가 시선을 움직이게 유도하면서 트라우마 서사를 재구성하게 한다. 조안 러빗Joan Lovett 박사는 저서《작은 놀라움Small Wonders》에서 다양한 아이에게 이 치료 기술을 적용한 소아과 의사로서의 경험을 설명하고, 환자가 안전한 장소에서 트라우마를 재경험하기 때문에 치료 효과가 발생한다는 가설을 제시한다. 안구 움직임이나 리듬 치기 등의 운동은 마음을 편안하게 하고 트라우마 서사를 통합하는 과정을 도와 감정적 대처를 촉진하도록 설계되었다. 이 치료법의 효과는 증명됐지만, 안구 운동이 얼마나 중요한 역할을 하는지는 논란이 있다. 이 기술의 지지자들은 좌우로 리듬에 따라 안구를 움직이는 행동이 적응적 정보 처리를 촉진하여 트라우마가 되는 기억에 대한 민감도를 떨어뜨리고 재처리하는 자연적인 치유 과정을 돕는다고 주장한다.

놀이치료 Play Therapy

아동 중심 놀이치료Child-Centered Play Therapy(CCPT)는 신중하게 선택한 장난감과 미술 재료가 있는 안전하고 따뜻한 공간을 조성하고 트라우마를 겪은 아이가 놀도록 한다. 치료사는 아이의 기분을 함께 돌아보기도 하고, 자신이 겪은 일을 이야기하고 처리할 수 있는 방법을 찾도록 돕는다. 놀이는 아이의 주된 활동이기 때문에 놀이치료는 발달 단계상으로도 적절하고 아이에게 더 매력적이다. 단, 놀이치료는 상대적으로 흔하고 치료사를 찾기 쉬운 한편 여기 언급된 다른 치료만큼 효과가 입증되지는 않았다. 그래도 여전히 장점이 있다. 치료를 예약하기 전에 치료사와 만나 어떤 기술을 쓰는지, 언제쯤 증상 개선을 기대할 수 있는지 물어보자. 차도가 보이지 않으면 다른 의견을 듣거나 소아과 주치의에게 다른 방법을 물어보면서 희망을 버리지 말자.

외상 후 스트레스 장애(PTSD)를 예방하는 개입

아동 및 가족 트라우마 스트레스 개입Child and Family Traumatic Stress Intervention(CFTSI)은 7세 이상 아동을 위해 설계된 조기 개입 프로그램이다. 트라우마가 될 수 있는 사건 이후 최소 30~45일 간격으로 네 번 만나며 시작하게 된다. 심리·사회적으로 불리한 조건에 있고 광범위한 트라우마에 노출된 고위험군 가족을 대상으로 한 연구에서, CFTSI는 이후 PTSD 진단 확률을 65% 줄이는 것으로 나타났다. 이 치료의 주된 목표는 두 가지다. 트라우마에서 느낀 감정에 대해 아이와 양육자의 커뮤니케이션을 촉진하는 것과 대처 능력을 강화하는 구체적인 행동 기술을 가르치는 것이다. 최근 '대문자 T' 트라우마를 겪은 아이가 있다면, 미리 이러한 지원을 통해 아이의 고통을 예방할 수 있다.

약물치료

트라우마 증상을 보이는 아이에게는 ADHD로 인한 집중의 어려움, 우울증, 불안장애, 외상 후 스트레스 장애 등 기저의 정신건강 문제가 있을 때도 있다. 이럴 때는 약을 처방할 수 있는 정신과 의사를 만나 기저 질환부터 치료하라고 권하고 싶다. 특히 적합한 처방약을 먹으면서 위에 언급된 치료를 동시에 진행하면 회복을 앞당길 수 있으므로 열린 마음으로 약물치료를 고려해보길 권한다.

여기서 트라우마에 대한 배경지식을 공유한 것은 트라우마가 가족에 영향을 미치고 있을 가능성을 부모가 인식하는 것이 중요하기 때문이다. 아이가 트라우마로 인해 힘들어한다는 사실을 놓칠 때가 종종 있는데, 일단 파악하면 어떻게든 회복을 지원할 수 있다. 내 아이가 증상을 보이지 않더라도 트라우마가 치료 가능하다는 사실을 알고 있으면 주변의 다른 아이를 도울 수도 있다.

부모가 아이에게 원하는 것은 회복 이상일 것이다. 부모는 아이가 자신의 삶에서 날개를 펼치고 행복을 찾길 바란다. 아이가 트라우마를 겪고 있든 아니든 일상에서 행복과 기쁨을 누릴 방법을 찾아야 한다.

기쁨을 찾으려면

애니는 신체활동을 좋아하는 활동적인 다섯 살 아이다. 축구부터 체조까지 스포츠라면 뭐든 해보려 했고, 잠깐 이동하거나 쉴 때조차 놀이터 기구 꼭대기에 올라가거나 수영장 옆 분수에 뛰어드는 아이였다. 그래서 애니의 다리가 부러졌을 때 부모는 심란했다. 물론 깁스한 다리는 나을 것이고 진통제로 아픔을 달래고 있었지만, 그렇게 좋아하는 신체활동을 할 수 없는 한 달을 어떻게 버텨야 할까?

이 시기에는 통증을 덜어주고 회복을 도와줄 뿐 아니라 부상이 있는 상태에서도 최대한 즐겁게 지낼 수 있도록 해줘야 했다. 갑자기 생긴 일상의 구멍을 메울 수 있을지 의심스러웠지만, 부모는 퍼즐, 미술과 만들기 재료, 레고를 사오고 영화를 보여주고 친구에게 영상통화를 걸었다. 애니와 오빠를 놀이터에 데리고 나가 캐치볼을 하거나, 휠체어를 타고 할 수 있는 새로운 놀이를 개발하기도 했다. 애니가 다리를 다친 상황과 하지 못하는 활동을 최대한 생각하지 않게 하려는 것이었다. 여전히 애니가 속상해할 때도 있었지만, 한 달이 지나갔다.

아이가 기쁨을 찾게 하려면 또래와 교류하고 놀 수 있게 해주고, 도전 이전에 하던 활동을 계속 즐기거나 새로운 활동을 찾을 수 있도록 도와줘야 한다. 부모와 형제자매 역시 기쁨을 찾아야 한다. 부모에게 이것은 생산적인 취미나 여가 활동 등 자신을 위한 공간과 시간을 확보한다는 의미다. 간호하는 부모는 도전을 마주한 뒤 자주 외로움을 느낀다. 아이의 질병이나 장애 때문에 느끼는 고립감도 있지만, 취미를 더는 즐길 수 없기 때문이기도 하다. 일상에 추가 활동을 끼워 넣으려면 언제나 힘겹지만, 기쁨을 찾는 것은 고통을 치유하는 방식이다.

한편, 《몰입의 즐거움Flow》의 저자인 심리학자 미하이 칙센트미하이Mihaly Csikszentmihalyi는 '최적의 경험Optimal Experience'의 신비를 주장한다. 일반적인 '몰입flow'의 경험은 스포츠, 게임, 예술, 취미 등 겉으로 보기엔 평범한 활동이다. 그러나 개인에게 딱 맞는 일, 난이도가 적절하고 진심으로 즐겁게 푹 빠질 수 있는 일을 찾으면 시간 가는 줄 모르고 활동에 완전히 몰두하게 된다. 이 경험을 하고 나면 피곤하다기보다는 기운이 나고 에너지가 채워진다. 칙센트미하이는 최적의 경험의 일반적인 특징을 이렇게 설명한다. "강렬하게 집중하기 때문에 관련 없는 일을 생각하거나 다른 문제를 걱정할 주의력이 남아 있지 않다. 자의식이 사라지고 시간 감각이 왜곡된다."

이 책을 쓰면서 수많은 부모를 인터뷰했다. 일부는 몇 년 전에 이미 도전의 가장 힘든 부분을 이겨냈다. **어떻게 어려운 시간을 버텼냐는 질문에 기쁨을 찾는 일이나 몰입과 관련된 순간을 언급한 사람이 놀랄 만큼 많았다.** 일주일이 무사히 지나가면 초콜릿 한 조각이나 가벼운 TV 프로그램 등으로 스스로 보상했다는 부모가 여럿 있었다. 정원 가꾸기, 작곡이나 그림 그리기 등 창조적 활동, 스포츠나 걷기, 요가 등 운동에서 몰입의 순간을 찾았다는 사람들도 있었다. 아이들 역시 비슷한 활동에서 몰입을 경험한다. 상상이나 협동 놀이, 그림이나 집 짓기 등 창조적 활동, 그네 타기나 물장난 등 감각적 경험이 좋다. 나와 아이가 정말 좋아하는 활동을 잘 활용해보자. 시간 가는 줄 모르고 집중할 수 있고, 이후에 기력이 없어지기보다 활력을 되찾는 활동이 있을 것이다. 몰입 상태를 겪고 나면 기분이 나아지고, 힘든 일에서 한발 멀어져 시간에 맡길 수 있게 된다.

나와 내 가족이 마주한 도전이 크고 무서운 것이든 작은 것이든 트라우마가 될 수 있다. 어떤 사람은 충격적인 경험에서도 쉽게 회복하지만, 그렇지 못한 사람의 경우 트라우마가 있다는 사실을 파악하는 것이 회복의 시작이 될 수 있다. 삶의 어려운 순간에서 빠져나오려면 삶의 가장 좋은 부분을 충분히 누릴 시간과 공간을 찾아야 한다. 그래서 더욱 행복, 웃음, 몰입의 순간이 필요하다. 도전을 마주한 가족은 새로운 삶의 방식에 적응해야 하지만, 여전히 다른 가족과 마찬가지로, 어쩌면 한층 더, 기쁨을 누릴 자격이 있다. 브레네 브라운Brené Brown의 말처럼, "기쁨을 모아두면 회복탄력성의 연료가 된다. 이것은 힘든 일이 일어났을 때 감정적 힘의 저수지를 확보하는 셈이다."[3] 가끔은 삶의 긍정적인 면을 경험할 기회를 적극적으로 확보해야 한다.

책을 계속 읽기 전에 다음 질문을 생각해보자.

- 아이가 트라우마가 될 만한 사건을 겪었는가?
- 아이에게 트라우마가 될 상황은 완료된 상태인가?
- 아이는 어떤 상황에서 기쁨을 느끼는가? 안정감을 가질 관계를 맺고 있는가?
- 나 또는 배우자, 아이의 형제자매가 아이의 경험을 지켜보며 트라우마를 겪었는가?
- 나의 삶에 기쁨과 몰입을 위한 여유가 있는가? 아이나 배우자, 내집단의

다른 사람들은 어떤가?

- 이전에 좋아하던 활동을 지금도 하고 있는가? 그렇지 않다면 장애물은
  무엇인가?

PART 4

∞

도전 이후 삶은
계속된다

12장

좋은 계획의 모든 것

책을 기획하고 쓰는 동안 친구나 동료와 의견을 나눠보면 도전 전반을 다루는 책을 쓴다는 개념을 선뜻 이해하지 못하는 경우가 많았다. 우울증과 식품 알레르기를 해결하는 과정에서 과연 공통점이 있을까? 구체적인 진단명을 모르는데 어떻게 치료 계획에 관해 이야기할 수 있을까? 하지만 나는 오랜 시간 다양한 도전을 마주한 아이를 만났고, 일관된 경향성과 공통된 주제를 파악할 수 있었다.

구체적인 상황과 무관하게 계획에는 다양한 기반이 필요하다. 누가, 무엇을, 어디서 하는지 등 세부 사항은 달라질 수 있지만, 좋은 계획은 종합적으로 이루어진다는 것이다.

- 좋은 계획은 단순한 약물치료나 진료 이상이다.

- 좋은 계획은 아이와 가족의 특별한 욕구를 해결할 수 있도록 맞춤형으로 설계된다.
- 좋은 계획은 인간의 본성을 이해하고 인간이기에 저지르는 실수를 예방할 수 있는 장치를 만든다.

반면, 실패하는 계획은 공통적인 실수를 저지른다.

- 나쁜 계획은 한 명에게 의존한다.
- 나쁜 계획은 강압적이고 위협적이다.
- 나쁜 계획은 장기적 목표나 큰 그림의 가치를 고려하지 않는다.

계획의 약점을 미리 파악하면 더 효과적인 계획을 세우고 확신을 가질 수 있다.

모든 일을 해낼 수는 없다

제이슨과 줄리아의 아이는 우울해 보인다. 이사 후 사춘기를 거치면서 더 내성적이고 잠이 많아지고 기쁨을 표현하는 일이 적어졌다. 부모는 아이를 돕고 싶어서 직접 해결 계획을 세우려 한다. 놀랍고도 안타까운 일이지만 부모가 행동 문제나 정신건강 문제를 직접 해결하려는 시도는 의외로 꽤 흔하다. 사회적 낙인이 두려워서

나 적절한 전문가를 찾기 어려워서일 수도 있고, 아이의 정신건강 문제는 잘못된 육아의 증거라고 생각하기 때문인지도 모른다.

제이슨은 건강을 증진하는 방법을 잘 아는 편이다. 숙면, 명상, 운동이 중요하다고 생각한다. 줄리아는 아이의 친구 관계를 중요하게 생각하며, 아이가 예전에 좋아하던 활동을 하도록 유도해보았다. 부모는 기본에 집중하면 과거에도 그랬듯이 아이가 곧 제자리를 찾을 것이라고 믿는다.

이 계획의 허점을 발견할 수 있을까? 딸의 도전을 부모의 힘으로 해결하려고 하면서 놓친 부분이 있을지도 모른다. 소아과 의사, 정신과 의사 또는 치료사의 정신건강 검사 없이 부모가 우울증이 얼마나 심각한지 파악할 수는 없다. 아이의 우울증이 부모의 생각보다 심해서 자살을 고려하고 있다면? 부모에게 말할 수 없는 폭력이나 마약 문제가 있었다면? 우울증 증상이 계속 나빠진다면?

가족은 독립적인 단위이며 구성원들끼리 문제를 해결하는 것이 자연스럽게 느껴진다. 그러나 도전을 마주하고 계획을 세울 때는 도움이 필요하다. 심지어 제이슨과 줄리아가 관련 분야의 의료계 종사자라고 해도 딸을 돕기에 가장 적합한 사람은 아닐 수 있다. 제3자의 도움을 받으면 제대로 된 검사를 진행하고 객관적인 관점을 들어봄으로써 아이의 삶의 질을 안전하게 개선할 여지가 생긴다.

대체적으로 이런 경우 부모는 도움 요청을 망설이곤 한다. 그러나 친구가 이런 상황에 있다면 뭐라고 말해줄 수 있을까? 도움을 구할 때는 이렇게 생각해보자. 모든 선택이 가능한 이상적 상황이라면 어떤 사람, 어떤 기관, 어떤 서비스에 접근하겠는가? 당장 활용하지는 않더라도 다음 단계가 될 수 있는 선택권을 모두 알아두는 것은 중요하다.

안전 문제는 어떨까?

디어드러의 아들 제임스에겐 땅콩 알레르기가 있다. 초등학교 생활은 좌절의 연속이었다. 학교에서는 서류를 작성하라고 툭하면 전화가 왔고 모든 현장학습에 보호자가 참석해 아이의 안전을 감독해야 한다고 했다. 집 바로 건너편에 있는 중학교에 입학할 아이는 이제 땅콩이 든 음식을 잘 알아본다. 에피네프린 주사를 들고 다니지만 몇 년 동안 쓸 일이 없었다. 디어드러가 말한다. "제임스, 이제 네 알레르기에 대해서는 우리 둘만 아는 걸로 하자. 그러면 서류를 쓸 일도 없고 양호 선생님이 귀찮게 할 일도 없어."

매력적인 계획이었다. 서류 작성에는 많은 시간이 들었다. 학교에 비치해야 할 비싼 추가 에피네프린 주사는 건강보험으로 전액 지원되지 않았다. 남들과 달라 보이고 싶지 않은 10대 초반의 제임스에게도 매번 보건교사의 확인을 받거나 현장학습에 엄마가 따라오는 일을 참는 것은 힘들었다. 그러나 나는 학교 보건교사를 배제하는 계획에 동의할 수 없었다. 아무리 조심성 많은 아이나 어른도 종종 우연히 알레르기 유발 항원에 노출된다. 알레르기 발작을 몇 년 동안 겪지 않은 열두 살 소년에게 언제나 약을 잊지 않고 약이 필요한 순간을 판단하는 책임을 정말로 맡길 수 있을까?

아이들이 가정의 테두리 밖으로 나가는 것은 위험을 무릅쓰는 일이다. 학령 아동은 낮 시간의 28%를 학교에서 보내고, 이에 따라 아동 상해의 10~25%는 학교에서 일어난다.[1] 아무리 노력해도 환경을 절대적으로 통제할 수는 없다. 부모가 알아서 해결하는 것이 더 편하겠지만, 다른 사람이 끼어드는 상황도 생긴다. 이런 경우를 상상해보자. 제임스가 실수로 땅콩이 들어간 사탕을 먹었다. 디어드러는 바로 길 건너편에 있으면서도 다른 일로 바빠서 학교에서 온 전화를 받지 못했다. 학교에는 에피네프린이 없어서 교사가 구급대에 전화한다. 구급차가 와서 에피네프린을 주사하지만, 시간이 지연되는 바람에 제임스의 증상이 심해져서 입원해야 한다.

물론 가능성이 낮은 이야기지만, 응급 시 계획은 에너지와 비용을 들여 철저하게 세울 필요가 있다. 아이가 학교에서 알레르기 반응을 일으켰는데 하필 그날 에피네프린을 가져가는 것을 잊었고 보호자까지 전화를 놓칠 확률은 매우 낮다는 점을 생각하면 근거가 빈약해 보일 수 있지만, 충분히 실제로 일어날 수 있는 일이다.

아이와 관련해서 최악의 상황을 생각하는 것은 불편하다. 아주 성실하게 지침을 따르는 부모도 이 일을 피하려 하곤 한다. 최악의 시나리오를 생각하면 어쩐지 실제로 일어날 확률이 높아질까 봐 두렵기 때문이다. 하지만 이런 문제를 해결할 계획을 세워두면 자신감이 생기고 휴식에 도움이 된다. 계획에 포함할 부분을 생각할 때 반드시 맨 처음부터 시작할 필요는 없다.

미국소아과학회American Academy of Pediatrics와 미국응급의학회American College of Emergency Physicians에서 개발한 응급정보서식Emergency Information Form(EIF)이 있다.[2] 응급정보서식에는 의사들의 연락처와 약물 목록을 포함한 돌봄 계획서 외에 만일의 사태와 행동 요령이 포함된다. 만일의 사태는 반복적인 요로감염 등 아이가 자주 겪는 문제를 포함하며, 일반적 증상과 과거에 가장 효과가 좋았던 방법을 서식에 적어둔다. '행동 요령'이라는 용어는 극단적으로 들리지만 전기 공급 중단, 홍수, 수상 안전 문제 등 가능한 상황을 고려해두면 사전에 대비할 수 있다.

감독하기의 중요성

제시카의 네 살 아들에겐 연하장애가 있어 음식을 제대로 삼키지 못한다. 제시카 부부는 아이가 어릴 때 몇 번인가 연속으로 폐렴에 걸리면서 아이가 안전하게 삼킬 수 없다는 사실을 처음 알게 됐다. 아이가 먹은 젖이 해부학적 이유로 일부 폐에 흘러 들어가 자극(화학성 폐렴)과 박테리아 감염(폐렴)을 일으킨 것이다. 원인을 파악한 후 영양보급관을 쓰면서 폐렴에 걸리는 일은 없어졌다. 아이는 섭식치료를 통해 느리지만 꾸준히 호전되었으나 여전히 묽은 액체를 안전하게 삼킬 수는 없었다. 다양한 질감의 음식을 입으로 섭취

했지만 물은 여전히 영양보급관으로 마셨다. 제시카는 매주 아이를 섭식치료에 데려갔다. 올해는 제시카가 늦게까지 일하게 되면서 아이는 유치원 버스를 타고 하교해서 돌봄 인력의 보살핌을 받아야 했다.

제시카의 아들이 또 폐렴에 걸렸을 때는 유치원에서 다른 아이의 바이러스에 노출됐기 때문일 거라고 생각했다. 하지만 두 번째 폐렴에 걸렸을 때는 삼킴 때문일 수 있다는 생각이 들었다. 아이의 삼키는 능력이 나빠지지 않았는지 다시 검사해야 하는 상황을 이야기하는데, 듣고 있던 아이가 끼어들었다. "엄마, 나 이제 잘 삼켜요. 주스도 마실 수 있어요!" 엄마는 당황해서 얼굴이 붉어졌다. 알고 보니 스쿨버스 옆자리에 앉는 아이가 집에 오는 길에 사과주스를 나눠줬다고 했다. 원래 아이들이 버스에서 먹거나 마시면 안 되지만, 버스 기사와 하원 보조 교사는 특별히 문제가 된다는 사실을 모르고 제지하지 않은 것이다.

관련 교사에게 주스에 대해 당부한 후 호흡 문제는 개선됐지만, 이 일화를 공유하는 이유는 중요한 문제를 꾸준히 감독해야 한다는 교훈 때문이다. 아이를 맡길 때는 반드시 아이와 관련된 돌봄 인력, 버스 기사, 교사들과 정기적으로 중요한 문제를 확인해야 한다.

심지어 가족 구성원을 감독하는 것도 중요하다. 아이가 스스로 매일 약을 먹고 있다면, 정기적으로 새로 약을 받아왔는지 확인하거나 수시로 약 먹는 모습을 관찰해야 한다. 독립심을 길러주는 것도 중요하지만, 커 가는 아이들은 약 먹는 일이 얼마나 중요한지 과소평가할 수 있어 도움이 필요하다. 또한 전략을 세워 아이의 돌봄에 관여하는 사람들을 감독해야 한다. 버스 기사가 걱정되는 점을 발견하면 주 양육자인 부모에게 전달할 수 있어야 하고 그 반대도 가능해야 한다. 아이를 감독하는 한편 들어주고 이끌어주는 역할도 해야 한다. "너한테는 이 계획이 어때?"라고 물어보면 모르고 지나갈 뻔한 사실을 알게 될 수도 있다.

가족 구성원과 의료진, 돌봄 참여자와 열린 마음으로 대화하는 과정을 통해 계획을 최상의 상태로 실행하고 유대감을 형성할 수 있다.

사회적, 감정적 행복 찾기

내 10대 환자는 무감각한 상태였다. 웃지도 않았고 목소리 톤도 일정했다. 머리를 핑크색으로 물들이고 과감한 옷을 입었지만, 아일린은 내 진료실을 찾는 여느 10대와는 달리 친구나 꿈과 관련된 이야기를 하지 않았다. 심층적인 개인 상담까지 가지 않고도 우울증이라는 사실을 본능적으로 느낄 수 있었다. 10대는 누구에게나 힘든 시기지만 안면 기형과 기관 삽관으로 인해 아일린의 청소년기는 더욱 어두웠다. 목에서 기관으로 이어지는 짧은 흰색 관이 호흡을 도왔다. 혼자 몸 상태를 관리할 수 있고 신체건강은 안정적이었지만, 나는 아일린의 삶의 질이 걱정됐다.

아일린을 담당한 지 몇 년째였다. 보통은 다른 환자와 마찬가지로 지원 시스템, 활동, 학교, 친구와 관련된 대화를 나눴다. 가끔은 질병이 삶에 어떤 영향을 주는지도 이야기했다. 첫 1박 학교 여행에 보건교사가 따라온 불편함, 캠프에서 수영할 수 없었던 일(기관절개관을 통해 기도로 물이 들어갈 수 있었다), 다른 아이들과 다르다는 점 때문에 인기 많은 무리에게 따돌림을 당한 고립감을 털어놓기도 했다. 나와 부모님, 학교 상담 선생님에게 종종 스트레스를 이야기했고, 몇몇 가까운 친구와 꿈과 자신의 자리를 찾는 고민도 언급했기 때문에, 괜찮을 거라고 생각했던 것 같다. 우울증까지 가지 않도록 더 많은 것을 물어보고 어떻게든 도왔다면 어땠을까 싶은 마음이 들었다. 엄마도 같은 마음이었을 것이다. 하지만 생화학, 호르몬, 유전적 위험, 환경 스트레스 요인이 모두 합쳐져 우울증으로 번지는 것을 늘 예측하거나 막을 수는 없다. 다행히 우울증을 파악했으니 치료를 시작할 수 있었다. 아일린에게는 항우울제가 처방됐고, 학교에서 기존에 지원하던 치료 외에 정신과 진료를 받게 됐다. 그리고 증상은 개선됐다.

여느 10대 아이에게도 여러 요인으로 우울증이 생길 수 있지만, 도전을 마주하며 더해지는 정신적, 감정적 부담은 분명 위험성을 높인다. 우울증과 같은 정신건강 문제의 치료 계획을 세울 때는 아무것도 전문가의 도움을 대체할 수 없다. 그러나 모든 부모는 아이가 감정적으로 건강하도록 지원하고 싶어 한다. 아이가 잘 지낸다면 그 상태를 유지하게 해주고 싶다. 도전을 마주한 아이의 부모는 생각해봐야 한다. 회복탄력성과 대처 능력을 키우기 위해 미리 할 수 있는 일이 있을까?

부모들이 회복탄력성의 도구를 마련해줄 수 있는 전략을 아는 것은 큰 도움이 된다. 그러나 정신건강의 어려움을 늘 예방할 수 없다는 사실을 이해해야 한다. 부모로서 모든 바람직한 조치를 취해도 아이에게는 여전히 추가적인 도움이 필요할 수 있다. 아이가 힘들어할 때 부모 역시 깊은 고통을 느끼기도 한다. 부모의 행동도 아이의 삶의 질에 영향을 미치지만, 생화학과 유전자의 역할이 더 클 수 있다는 사실을 아는 것은 특히 중요하다.

/ 유대감 /

장애든 질병이든 도전을 마주한 가족은 보통 고립감과 수치심을 느낀다. 헤더 래니어는 《특별한 아이 키우기》에서 장애가 있는 딸 피오나를 기르는 일에 대해 이렇게 이야기한다. "평범함은 정규분포표의 범위 같은 것이 아니라 공동체이고 집단이다. 평범하다는 것은 타인과 함께 어떤 집단에 소속되는 것이다. 피오나를 양육하는 것은 남들과 다르다는 고립감 때문에 예상보다 더 힘들었다. 다른 부모, 그들의 아이들과 공감할 수 없었다. 그들 역시 우리에게 공감할 수 없었다."

아이의 삶의 질을 위해 가장 중요한 부분 중 하나는 아이가 타인과의 유대를 느끼도록 돕는 것이다. 안전하고 안정적이며 성장을 돕는 관계는 회복탄력성의 가장 큰 예측변수 중 하나다. 그러나 도전을 마주한 아이에게는 이러한 관계와 유대를 형성하는 것이 더 어려울 수 있다.

아이의 유대 관계를 촉진하기 위해 어떤 전략을 쓸 수 있을까? 먼저, 부모의 선택이 아이의 친구 관계에 어떤 영향을 미치는지 인식할 수 있어야 한다. 아이의 우정을 가족의 우선순위로 삼는 것만으로도 도움이 된다. 예상치 못한 곳에서 관계가 생긴다. 어떤 아이는 학교에서 친구를 사귀지만, 어떤 아이는 미술 수업, 도서관, 교회 등 다른 공동체에서 유대 관계를 만든다. 특히 큰 도전을 마주했을 때는 같은 질병이나 장애가 있는 아이들을 위한 여름 캠프나 프로그램에서 또래와 친해지는 경우도 흔하다.

어디서 친구를 사귀든 관계는 아이의 삶의 질을 위한 귀중한 자산이라는 점을 알고 최대한 지원해주어야 한다. 아이가 친구와 만날 수 있도록 영상통화를 걸고 놀이 약속을 잡는 불편을 감수하고 연락을 유지하려 특별히 애써야 할 수도 있다.

아이가 친구를 사귀는 것을 어려워하면 부모가 더욱 노력하는 것이 좋다. 소아과 의사인 카트리나 우벨Katrina Ubell은 질병이나 장애가 있는 아이를 간호하는 바쁜 부모를 위한 코칭 사업을 하고 있다. 우벨은 친구를 사귀는 과정이 직원을 구하는 것과 비슷하다고 설명한다. 딱 맞는 사람을 찾으려면 여러 지원자를 만나야 한다. 운이 좋아서 딱 맞는 사람을 바로 찾기도 하지만, 수십 명, 수백 명을 만난 후에야 적절한 사람이 나타날 때도 있다.

그러나 친구를 사귈 수 있을 만한 환경에 아이를 충분히 노출했는데도 좀처럼 타인과 긴밀한 관계를 형성하지 못한다면 교육이나 의료 지원팀의 의견을 구해볼 수도 있다. 긍정적인 관계를 구축하는 데 더 많은 도움이 필요한 아이도 있다. 긍정적 관계를 형성하는 법을 익힐 때까지 반복적으로 노출하거나 모범 사례를 보여줄 수 있다. 세심하게 구성된 놀이 집단을 운영하는 심리학자와 작업치료사도 있다. 아이들은 여기서 도움을 받으며 실행 기능과 의사소통 기술을 익힌다. 풍요롭고 충만한 관계를 맺을 수 있는 기술이다.

/ 긍정적 자아감 /

긍정 심리학을 개척한 마틴 셀리그만Martin Seligman은 위기를 막을 뿐 아니라 행복해지도록 도와야 한다고 주장한다. 셀리그만은 저서 《플로리시Flourish》에서 행복을 느끼기 위한 기본 요소를 정의한다. '기쁨을 경험할 것, 몰입 상태에 들어갈 것, 삶이 의미 있다고 느낄 것.'

부모는 이 세 가지 중에서 두 가지를 자연스럽게 아이와 함께한다. 아이가 무엇을 즐거워하는지 파악하고 더 긍정적인 경험을 하도록 돕는다. 또한 아이가 몰입할 수 있을 만한 활동, 환경, 장난감에 노출한다. 하지만 마지막 항목, 아이가 삶의 의미를 찾도록 돕는 대화는 거의 하지 않는다.

장기적 도전에 어떻게 대처했는지 물어보면 가족들이 각자의 방식으로 의미를 찾았다는 사실을 알 수 있었다. 아이와 부모의 정체성에 도전이 어떤 영향을 미쳤는지 이해하는 과정에서 스스로를 더 잘 이해하고 삶의 의미를 찾을 수 있었다고 했다.

한 엄마가 말했다. "아픈 아이를 키우는 건 힘들었어요. 솔직히 상상 이상으로요. 하지만 이 경험을 통해서 내가 생각보다 강하고 능력 있다는 사실을 알았어요. 이제 저와 같은 상황을 맞은 엄마가 조금 더 빨리 이겨내도록 도울 수 있다면 그게 삶의 의미라는 생각이 들어요."

다른 사람은 말했다. "아들이 병으로 오래 입원하면서 우리 가족은 너무 힘들었어요. 아들도, 저도, 아이의 누나와 형도 고생이 많았죠. 하지만 결국 이 경험에서 의미를 찾으면서 상처를 치유했어요. 같은 병으로 힘들어하는 사람들에게 도움을 주는 사회 운동에 참여했거든요."

위급한 순간을 넘기고 여유가 생긴 가족들이긴 하지만, 이들은 힘든 경험을 자기 삶의 이야기에 통합해냈음을 보여준다. 도전은 예상대로, 또 예상을 벗어나는 방식으로 삶에 영향을 미친다. 나 역시 암 투병 경험을 통해 오늘날의 내가 되었다. 나는 가족이 실제로 살아가는 병원 밖의 삶에 공감할 수 있는 의사이기도 하다. 나에겐 다른 사람을 돕는 일에서 의미를 찾는다는 나만의 이야기가 있다.

힘든 시간을 빨리 뛰어넘어 수용의 순간으로 갈 수는 없지만, 아이가 긍정적 자아감과 정체성을 형성하도록 도울 수 있다. **도전을 마주한 아이는 자기만의 기술과 특성을 드러낸다. 아이의 강점을 강조함으로써 긍정적 정체성을 형성하도록 도울 수 있다.**

도전을 만난 아이들은 다음과 같은 강점을 보여주었다.

- 유머
- 인내심
- 친절
- 공감 능력
- 결단력
- 창의력
- 낙관주의

부모가 발견한 아이의 강점은 작은 씨앗과 같으며 이를 인정해주는 것은 물을 주고 햇볕을 쬐어주는 것과 같다. 이렇게 꽃을 피운 강점은 삶에서 아이만의 이야기로 자리 잡을 수 있다. 도전을 마주했을 때 드러나는 아이와 가족 구성원의 강점을 보도록 노력해야 할 이유다.

/ 나만의 이야기 쓰기 /

많은 가족이 불가피하게 고립된다. 도전과 관련된 현실적 문제는 극복이 어려워 보이고, 가족 외 타인과 관계를 유지할 시간도, 돈도, 에너지도 없다. 거부감, 편견, 동정이 두려워서 관계 맺기를 주저하는 가족도 있다.

사실 부모는 아이의 환경을 어느 정도밖에 통제하지 못한다. 가족이 속한 공동체 구성원들에게 아이의 상태를 설명해볼 수는 있겠지만, 가정을 벗어나면 언제나 예측 못한 요소가 있다. 낯선 사람, 지인, 공동체 사람들이 아이에 대해 얼마나 알고 있는지 알 수 없다. 나쁜 의도는 아니라도 잘못된 말을 할 수 있으며, 이런 상황을 완전히 피할 방법은 없다.

아이가 적대적이거나 불친절한 사람의 영향에 대처하도록 어떻게 도울 수 있을까? 가장 기본적인 첫 번째 전략은 나만의 이야기를 쓰게 하는 것이다.

뇌성마비가 있어 하지 보조기를 착용하고 보조 장비를 쓰는 아들과 놀이터에 나갔다고 상상해보자. 공원에서 한 아이가 아들의 개인 공간을 침범하여 '무엇이 잘못되었는지' 자꾸만 묻는다. 이후 저녁 시간, 아이는 저녁을 먹고 있고 배우자가 외출이 어땠는지 묻는다. 이것은 경험을 서사로 만들 기회다.

먼저 부정적 경험을 무시하거나 최소화하는 방법이 있다. 그런 일이 일어난 건 사실이지만 오후 시간의 핵심이 아니었다고 말하는 것이다. 다른 부분에 집중하고 그 사건은 잊어버릴 수 있다. 그러나 아이가 그 경험을 힘들어하는 것 같다면 늘 이런 선택을 하는 것이 최선이 아니다. 아이는 그 일에 관해 이야기를 하고 싶을 수 있다. 경험을 이야기하기로 한다면 다양한 방식이 있다.

가령 이렇게 말할 수 있다. "불친절한 아이 하나가 우리 공간을 침범했어. 보조기에 대해서 끈질기게 물어봤지. 놀이터에서의 좋은 시간을 망쳤어." 부모가 상호작용에서 경험한 진짜 감정을 반영하는 이런 표현을 들으면 아들은 불편한 감정이 정당했다고 느낄 수 있다. 그러나 지역사회에서 병에 대해 잘 모르는 사람들은 언제든 자신의 기분을 나쁘게 할 수 있으며 위협이자 침입자 같은 존재라고 인식할 위험이 있다.

이렇게 말할 수도 있다. "놀이터에서 참 즐거웠어. 그런데 보조기를 찬 사람을 처음 보는 아이를 만났어. 여덟 살이나 됐는데 우리 아들 같은 아이를 만난 적이 없다니 이상하기도 하지." 이 기술은 아들이 타인의 관점을 이해하도록 유도하고, 적대적이거나 불친절한 행동을 자신이 아닌 그들의 문제로 여기게 만든다.

이렇게 말할 수도 있다. "좋은 시간을 보냈어. 그런데 질문이 아주 많은 아이를 만났어." 그리고 아들에게 물어보는 것이다. "그래서 우리 아들은 기분이 어땠어?" 그러면 아이의 기분을 공유할 수 있는 문이 열린다. 아들이 이 경험을 나와 전혀 다르게 느꼈다는 사실에 놀라게 될지도 모른다.

아이들은 어떤 전환점을 계기로 이런 마찰을 더 경험하게 되기도 한다. 긴 입원 끝에 학교로 돌아가거나, 계속 특수반에 있다가 일반 교실로 옮기거나, 눈에 보이는 장애가 있는 아이가 새로운 환경으로 들어갈 때가 그렇다. 아이가 학교에 다닌다면 학교 상담사나 돌봄전담사 등 아이를 확인해줄 수 있는 사람을 알아두어야 한다. 제3자의 도움은 매우 중요하다.

힘든 경험을 부모에게 말하고 싶어 하지 않는 아이가 많다. 안 좋은 상황을 부모에게 불평하면 학교에 다닐 수 없게 되거나 더 나쁜 학교로 옮길까 봐 두려워하기도 한다. 부모는 완전한 상황을 모르기 때문에 이해하지 못할 거라고 단정 짓기도 한다. 교실 상황이나 주변 아이들의 성격을 안다면 다른 관점에서 아이의 친구 관계를 바라볼 수 있다.

아이가 정말 힘들거나 속상하거나 트라우마가 될 수 있는 상황을 겪으면 이겨낼 수 있도록 전문가의 도움을 구하는 것을 어려워하지 않기를 바란다. 아이에게 사랑을 보여주고 안전하다고 느끼게 하고 평범한 일상을 되찾도록 도움으로써 이 상황을 극복하도록 응원할 수 있다. 사건 후 며칠, 몇 주 안에 무슨 일이 있었는지 빨리 이야기하고 싶겠지만 아이의 속도에 맞추는 것이 좋다. 불편한 기억을 이야기하라고 강요하면 더 나쁜 기억으로 굳어질 수 있다. 아이가 급성 트라우마를 극복할 수 있도록 돕는 방법을 훈련한 아동생활치료사, 사회복지사, 심리학자, 정신과 의사 등의 도움을 받을 수 있다.

앞으로 일어날 일을 예측해보자

사만다의 아들 헨리는 최근 학습장애 진단을 받았다. 학교에서는 탄탄한 개별화 교육 계획(IEP)으로 지원을 약속했고, 소아과 의사가 발달 평가를 실시하고 시력과 청력을 확인하고 다른 복잡한 문제가 없음을 확인했다. 안정적인 계획이 세워진 것 같았지만 사만다는 여전히 불안했다. 미래가 불확실해서였다. 개별화 교육 계획이 효과가 없어서 아이가 학년 수준을 따라가지 못한다면? 도전에 맞서 싸우는 아이가 사회적, 감정적 어려움을 겪는다면? 아이의 학습 능력이 달라서 괴롭힘을 당한다면 어떻게 해야 할까? 탄탄한 계획이 마련되었는데도 상황이 더 나빠졌을 때 아이에게 필요할 만한 자원을 모두 확보했는지 확신이 없었다.

모든 부모는 아이를 양육할 때 본질적인 불확실성과 관련하여 자연스러운 불안을 느낀다. 미래에 무엇이 필요할지 모두 예측할 수는 없다. 불안감을 다스리는 것은 효과적인 양육자가 되는 과정의 일부이기도 하다. 그러나 향후 일어날 수 있는 상황을 생각하며 계획을 재검토해볼 수도 있다. 걱정의 이점이 있다면 다양한 돌발 상황에 대비할 수 있다는 것이다.

사만다는 언제쯤 개선되리라 기대하는지, 효과가 없을 때 어떤 계획이 있는지 학교에 물어볼 수 있다. 학습에 특수한 도움이 필요한 아이에게 가장 잘 맞는 학교가 어디인지 지역사회의 다른 부모들에게 물어볼 수 있다. 정보 조사를 통해 실용적인 지식이 쌓이고 어떤 일이 일어나든 대처할 수 있다는 자신감이 생길 것이다. 다음 질문을 고려하여 계획을 검토해보자.

- 성공을 위한 계획이 있는가? 성공했다는 사실은 어떻게 파악하며 이후 무엇이 달라지는가?
- 실패에 대비한 계획이 있는가? 현재의 개입이 효과가 없다면 다음 단계는 무엇인가?

- 현재 이용하고 있지 않지만, 친구가 나의 상황이라면 추천해줄 만한 자원이 있는가?

향후 일어날 수 있는 상황을 다양하게 상상하는 것은 가장 효과적으로 계획을 보완하는 방법이다. 지원이 확장되거나 축소된 환경이 앞으로 아이에게 더 좋을 것 같다면 내년에는 다른 학교로 옮길수 있도록 절차를 밟아야 할 수 있다. 아이의 상태가 나빠져서 직장을 그만둬야 할 때를 대비해서 자금 계획을 세워야 할 수도 있다.

처음 계획을 세울 때는 파악된 문제를 해결하는 것이 우선이다. 그러나 앞으로의 일을 넓게 생각하면 더 종합적인 계획을 세울 수 있다. 1년, 2년 안에 오늘을 돌아보면 어디에 시간을 더 쓰거나 덜 썼길 바라게 될까? 육아에서 유일하게 변하지 않는 것은 모든 상황이 끊임없이 변한다는 사실이며, 간호 역시 다르지 않다. 변화하는 욕구, 변화하는 환경, 변화하는 선호 사항 때문에 늘 유연하고 민첩하게 사고해야 한다.

종합적인 양질의 계획을 세우는 일은 쉽지 않다. **모든 부분을 고려하도록 도울 수 있다면 좋겠지만, 완벽한 계획보다는 충분한 계획을 목표로 하는 것이 적절하다는 점도 말해두고 싶다.**

계획을 세우면서 충분한 지원이 있는지 확인하고, 안전을 우선하고, 감독을 지속하고, 미래를 생각하고, 아이의 사회적, 감정적 행복을 고려하는 일은 중요하다. 아이가 타인과 활발하게 관계를 맺고, 긍정적인 자아감을 구축하고, 자신만의 이야기를 만들도록 도와줄 수 있기 때문이다. 누구에게나 필요한 기술이지만, 도전을 마주한 아이에게는 이러한 선제적 대처가 더욱 중요하다.

책을 계속 읽기 전에 다음 질문을 생각해보자.

- 계획이 지나치게 한 명에게 의존하여 지속하기 어렵지는 않은가?
- 아이에게 계속 감독이나 지원이 필요한 부분이 있는가?
- 아이의 사회적, 감정적 적응을 돕기 위해 어떻게 하고 있는가?
- 계획에서 장기적으로 가장 중요한 부분은 무엇인가?
- 상황이 나빠지면 무엇이 더 필요할까?
- 상황이 좋아지면 다음 단계는 무엇일까?

13장

의지가 꺾이지 않고
나아갈 수 있도록

윌리엄의 엄마는 아들의 사진을 보다가 아들의 머리가 항상 오른쪽으로 조금 기울어져 있다는 것을 파악하고 진료 때 문제가 있는 것이 아닌지 물어왔다. 나는 안과에 가보라고 했다. 검사 결과 뭔가 잘못됐다는 엄마의 직감에는 이유가 있었다. 윌리엄은 눈의 정렬이 정상적이지 않은 사시였다. 한쪽 눈 시력이 다른 쪽보다 훨씬 좋아서 나타난 증상일 수 있었다. 안과에서는 하루에 최소 2시간 좋은 쪽 눈을 가리라며 붙이는 안대를 한 박스 주었다.

엄마는 네 살 윌리엄에게 이 일이 쉽지 않을 거라 예상하고 관련된 페이스북 그룹에 가입하여 몇 가지 팁을 얻었다. 아이가 가장 좋아하는 만화 캐릭터가 그려진 안대를 따로 주문했고 처음 며칠은 의외로 평화로웠다. 캐릭터 때문인지 새로운 상황 때문인지 윌리엄은 잘 버텨주었다.

하지만 일주일이 지나자 캐릭터 안대는 매력을 잃었다. 접착제 때문에 피부가 가려웠고 한쪽 눈이 보이지 않는 동안 놀기도 힘들었다. 안대를 하고 놀이터나 식료품점에 가면 다들 쳐다보는 것도 윌리엄에겐 불편한 듯했다.

이 시점에 엄마는 병원으로 전화해서 치료를 마칠 수 있도록 아들에게 동기를 부여하려면 어떻게 해야 할지 물었다. 지시사항을 따르지 않으면 영구 시력 상실의 위험이 있었고 안과에서는 아이의 상황에 맞는 뾰족한 대안도 없다고 했다. 윌리엄은 아주 어린 아기도 아니었기에 안대를 강요하면 역효과를 일으켜 저항만 세질 것 같았다.

장기적 도전에는 원래 부침이 있다. 아이의 도전이 오래 지속되고 있거나 부모가 다양한 우선순위 사이에 균형을 잡고 있다면 당연히 때로는 다른 일에 집중하게 된다. 삶의 다른 부분에 관심이 필요한 시점이 오기도 하고, 의식적으로 우선순위를 조정할 때도 있다.

또는 양육자나 아이가 도전에 대처하는 일에 매우 지쳤을 때 침체기가 오기도 한다. 도전에 대처하려면 많은 노동이 필요하며, 신체적으로 부지런해야 하고 정신적 에너지도 많이 들어 피곤하다. 의욕이 떨어지면 부모는 죄책감이나 불안을 느끼지만, 이 또한 당연히 예상되는 과정이라고 생각하면 더 나은 대처 계획을 세울 수 있다.

의욕이 없다는 것은 부모나 아이가 게으르다는 뜻이 아니다. 도전을 마주하지 않은 사람도 스스로 동기부여를 통해 자신을 돌보는 일을 하는 데 어려움을 겪는다. 건강하게 적당히 먹고 마시고, 자주 몸을 움직이고, 충분한 수면을 취하는 것 모두 쉽지 않다. 도전을 마주하면 일반적인 수준보다 훨씬 많은 시간과 에너지가 요구된다. 필요한 일에 집중하는 전략을 개발하면 도전에 임하는 데 도움이 된다. 이제 양육자와 아이가 동기를 유지하는 전략을 알아보자.

내적 동기 최대화

내적 동기가 있는 일은 재미있고 즐겁고 만족스러워서 하는 일이다. 이런 일을 하고 나면 기본적인 심리적 욕구가 채워진다. 독립적이고 유능하고 사랑받는 존재라고 느낀다. 윌리엄이 처음에 안대를 적극적으로 썼던 이유는 안대를 선택하고 눈에 붙이는 과정을 사랑하는 엄마와 함께했기 때문일 것이다. 같은 일이 반복되며 이 동기는 빛이 바랬지만, 처음의 근본적인 동기를 참고하면 앞으로의 전략을 떠올릴 수 있다.

아이가 원하지 않는 과제라고 해도 더 큰 목표에 의미 있고 중요하다면 해내야겠다는 의욕이 생길 수 있다.[1] 어떤 아이는 이렇게 말한다. "나 자신을 돌보는 건 중요해요. 이 목표를 늘 생각할 거예요." 이런 종류의 장기적 계획이 중요하다고 느끼지 못하는 아이도 많고, 특히 네 살에게 설명하긴 어려운 부분이지만 다른 내적 동기를 들어 참여를 유도할 수 있다. 윌리엄의 엄마는 이렇게 말할 수 있다. "우리 윌리엄은 말도 잘 듣고 집중도 잘하는 아이지? 이따가 아빠가 안대를 쓰라고 할 때 아빠 말을 잘 들어보자!" 아이가 이미 자신의 정체성이라고 생각하는 부분과 바람직한 행동을 연결하는 방법이다. 즐거움을 동기부여 요인으로 쓸 수도 있다. 가족과의 시간, 음악, 춤, 놀이 등 긍정적인 요소와 과제를 묶어서 제시하면 아이가 받아들이기 쉬울 것이다. 그렇다면 아래의 방법을 따라가보자.

- 윌리엄은 형을 좋아하고 늘 관심받고 싶어 한다. 형이 매일 안대를 붙여준 뒤 안아준다면 형과 하는 일이라는 점이 과제를 특별하게 만들어줄 것이다.
- 스스로 안대를 붙인 다음 인형에도 안대를 해주라고 해보자. 오래된 사진첩이나 책이 있다면 몇 명을 골라 스티커를 붙여 안대를 해주라고 할 수 있다. 선택의 과정에서 주체성과 독립성의 감각을 느낄 것이다.
- 경쟁 본능을 자극하려면 매일 아침 안대를 주방에 숨겨놓고 가장 먼저 찾는 가족이 이기는 놀이를 해보자.
- 어떤 아이는 눈 운동을 한다고 설명하면 이해한다. 안대를 하면 힘들지만, 이 과정에서 눈이 강해진다고 말해주자. 목표를 향해 가는 작은 걸음을 인식하며 감사의 감각을 깨우기에도 좋은 방법이다.

어떤 아이에게는 이런 내적 동기를 최대화하는 것이 효과가 없을 수도 있다. 동기를 유지하는 전략은 잠시 반짝한 후 효과를 잃곤 하지만, 내적 동기와 관련된 방법의 이점은 아이가 긍정적 자아감을 개발하는 데 도움이 된다는 것이다. '윌리엄은 필요하다면 어려운 일을 할 수 있는 아이다. 윌리엄은 중요한 일에 책임을 지는 아이다.' 나중에 안대가 필요 없게 되어도 이런 긍정적 메시지를 윌리엄의 내면에 남게 된다.

부모는 과제의 목적과 원래 목표를 기억함으로써 집중력을 유지할 수 있다. 통계나 수치를 활용해보자. 6개월 동안 하루 2시간 안대를 착용하면 아이가 수술을 피할 수 있다는 식이다. 어떤 부모는 다른 사람에게 조언하며 간호의 의미를 되새긴다. 최근에 내 아이와 같은 병을 진단받은 아이의 부모와 시간을 보내게 되면 이제까지 배우고 이룬 것들을 돌아보며 계속 노력할 힘을 얻을 수 있다.

외적 동기 고려하기

"안대를 할 때마다 초콜릿 하나 줄게"라고 한다면 외적 동기의 사례다. 보상, 인정, 권력, 벌 받지 않기 등이 외적 동기에 해당한다. 외적 동기는 지난 몇 년 사이 유행에서 멀어졌다. 전문가들은 외적 동기 활용을 자제하라고 조언한다. 칭찬과 보상을 남용하면 아이가 스스로 열심히 하려는 의지가 꺾일 수 있다는 뜻에서다.

하지만 멜린다 모이어Melinda Moyer가 저서《바보가 아닌 아이 키우기How to Raise Kids Who Aren't Assholes》에서 설명한 대로, 외적 동기와 관련된 연구는 대부분 구체적 활동을 기반으로 한다. 대학생 참가자에게 상대적으로 즐거운 활동인 퍼즐을 하는 데 대해 돈을 주는 연구가 있었다. 연구진이 돈을 주지 않자, 돈을 받던 학생들은 돈을 받지 않고 퍼즐을 하던 집단에 비해 퍼즐을 하지 않게 되었다. 이 연구 결과를 보상을 받으면 내적 동기가 줄어든다고 해석할 수도 있지만, 재미있지 않은 일에도 같은 논리가 적용되라는 법은 없다. 외적 동기는 아이가 좋아하지 않는 일을 시킬 때 도움이 될 수 있다.

칭찬 스티커가 고전적인 사례다. 안대를 쓸 때마다 스티커를 받고, 10개나 30개를 모으면 영화관이나 장난감 가게에 갈 수 있다. 이런 외적 동기를 즐겁게 생각하는 아이가 많다.

어른이 되면 칭찬 스티커는 졸업했다고 생각하지만, 사실은 여전히 좋아하지 않는 일을 할 때면 보상이 동기부여가 된다. 예를 들면 아이의 결장경 검사를 준비하면서 두려움을 느낀다고 하자. 이 유쾌하지 않은 일이 끝나면 가장 좋아하는 음식을 먹자고 보상을 정해둘 수 있다. 보상을 기대하는 마음은 눈앞의 과제를 해낼 수 있게 한다. 특별한 초콜릿, 친구와의 산책, 좋아하는 TV 프로그램의 힘으로 한 주를 버텼다는 부모가 많았다.

시간이 지나면서 보상이 반복되면 흥미가 떨어진다. 아이는 점점 더 많은 보상을 주어야 동기를 느끼고 부모는 다른 유인을 찾아야 한다. 그래서 보상은 제한적으로 활용하는 것이 좋다.

보상은 유일한 외적 동기가 아니다. 비난이나 처벌을 피하려는 마음도 외적 동기다. 아이는 약을 먹기 싫지만, 아빠가 야단을 칠까 봐 먹을 수 있다. 아이는 숙제하기 싫지만, 선생님이 화를 낼까 봐 할 수 있다. 이와 같은 외적 동기는 장기적으로 신뢰를 갉아먹고 바람직한 유대관계를 쌓는 데 좋은 요소는 아니다.

가끔은 해야 할 일이 너무 벅차서 의욕이 떨어질 수도 있다. 수술이 다가오고 있거나 노력이 필요한 대규모 프로젝트가 있을 때, 혹은 일상적이지만 미루거나 건너뛸 수 없는 의무가 너무 많아질 때면 아무것도 하고 싶지 않다. 하는 일이 많아서 의욕이 떨어진 경우라면 부담을 줄일 방법을 고민해보아야 한다.

큰 목표 쪼개기

가끔은 큰 프로젝트가 너무 부담스러워서 아예 생각하지 않거나 미루고 싶은 마음이 든다. 예를 들면, 학습에 특별히 도움이 필요하거나 신체장애가 있는 아이에게 적절한 학교를 찾는 과정이 버겁게 느껴진다. 선택지와 고려할 요소가 많고, 방대한 조사가 필요하고, 가족의 장기적 행복에 중요한 일이다. 여러 학교를 둘러보고, 아이를 돌본 유치원 선생님이나 비슷한 상황의 가족에게 학교와 관련된 의견을 듣고, 지원서를 쓰고 평가 과정을 밟다 보면 수백 시간은 훌쩍 지나갈 것이다.

이 복잡한 프로젝트를 단계별로 나누면 목록을 하나씩 지워갈 수 있다. 그러면 한 번에 하나의 특정한 과제에 집중하게 되고, 감당할 만하다고 느낄 것이다.

- **1단계**: 학교 목록을 만들고 다른 선택지가 있는지 이웃에게 물어보기.
- **2단계**: 이상적인 학교를 선택하기 위한 고려사항 목록 만들기.
- **3단계**: 학교가 아이를 수용할 수 있는지 점검하기 위한 질문 목록 만들기.
- **4단계**: 목록에 있는 학교 둘러보고 조사하기.
- **5단계**: 가장 좋은 학교를 추리고, 가족 및 중요 돌봄 인력과 공유하고 의견 듣기.

구체적인 단계를 상대적으로 짧은 시간 안에 완수하여 목록에서 지울 수 있다면, 과제 하나하나는 좀 더 쉽게 느껴질 것이다. 어떤 부모는 목표를 더 작게 쪼개서 캘린더에 시간까지 표시해두면 더 마음이 편하다고 한다. '이번 주 아이의 낮잠 시간마다 학교 한 군데에 전화해서 정보를 얻을 것'처럼 목표를 세분화하는 것이다. '학교에 지원하기'라고 하면 막연하게 느껴지지만, 단순한 단계로 나누고 하나하나 기한을 정하면 마감 시간 내에 절차를 마칠 수 있을 것이다. 계획이 있으면 일정보다 늦어질 때 다음 단계를 도와달라고 주변에 요청할 수도 있다.

지역사회, 함께하는 사람들에게 기대기

도전을 마주한 가족들이 공통으로 언급하는 부분이 멘토링의 좋은 점이다. 조언받는 사람에게는 당연히 이점이 있지만, 멘토가 되었을 때도 좋은 점이 있다고 한다. 비슷한 도전을 마주한 사람에게 조언해주다 보면 내가 도전과 관련하여 이미 이뤄낸 성취를 돌아보고 큰 그림을 볼 수 있다는 것이다. 이런 논의를 통해 내 목표와 행동에 내재한 이유를 확인할 수 있으며, 의미를 찾는 과정에서 더 큰 동기를 찾게 될 수도 있다.

아이의 친구들, 비슷한 상황의 부모들 외에도 조언을 구할 사람은 있다. 도전을 시작하는 가족들은 치료사, 교사, 의료진에게 지침을 구하고 확신을 얻는다. 점차 시간이 지나면 자신감이 생기면서 도움을 구하는 일이 줄어든다. 불가피하게 사건은 계속 생기지만, 직관에 따라 스스로 해결하게 된다.

내가 담당하는 가족 중에는 8~13세 자녀 셋이 모두 겸상적혈구성빈혈을 앓는 사례가 있었다. 이 병이 있는 아이가 탈수에 빠지거나 감기에 걸리면 적혈구 변형이 와서 통증이 심하다. 세 아이의 상태는 심각하지 않은 편이었고, 어린아이에게는 병원에 오가는 것자체가 스트레스이며 사소한 통증에는 부모가 대처할 수 있었기 때문에 이 가족은 좀처럼 병원을 찾지 않았다. 상비 진통제를 먹이고 수분을 공급하고 적절한 옷으로 체온을 조절하여 통증이 심해지는 것을 막았다.

그러나 큰아이가 사춘기에 접어들어 독립심이 커지고 활동이 많아지면서 겸상적혈구성빈혈 문제는 더 잦아졌다. 전에는 1년에 세 번 정도 심각한 통증이 있었다면 처음에는 매달, 나중에는 거의 매주 아프기 시작했다. 이 가족이 뒤늦게 문제를 상의하러 왔을 때 나는 쓴소리를 할 수밖에 없었다. 증상 악화를 더 일찍 알았다면 도움을 줄 수 있었을 것이다. 문제를 알아서 해결하는 데 익숙해졌다고 해서 의사의 도움을 그만 받아야 하는 것은 아니다.

부모는 아이를 가장 잘 알고 효과적으로 지원할 수 있다는 점에 자부심을 느껴야 한다. 그러나 도우려는 사람이 또 있다는 사실을 잊지 말자. 큰 도움이 되지 않을 때도 있지만, 타인의 색다른 관점이 아이의 삶을 개선하는 경우도 많다.

동기를 유지하는 것은 심층 육아 기술의 가장 중요한 부분 중 하나다. 의료진이나 교사를 자주 만나지 않아도 될 때가 올 것이다. 이제는 아이의 도전과 더불어 살아가는 단계가 된 것이다. 이때는 장기적인 동기를 유지할 필요가 있다.

아이의 강점은 가족이 앞으로 나아가는 힘이 된다. 학습장애가 있는 아이가 학교에서 힘들어할 때 유머 감각으로 좌절감을 덜어낼 수 있을 것이다. 아이가 무엇이든 열심히 한다면 체력이나 인내심을 칭찬할 수 있다. 승부욕이 있다면 아이가 이기거나 더 빨리 끝낼 수 있는 게임을 만들어서 기술을 연습시킬 수 있다. 아이의 성격을 고려하면 부모의 생각만 밀어붙일 때보다 성공 확률이 높다. 또한 아이의 강점을 인정해주면 추진력과 긍정적인 자아감을 형성하는 데 도움이 된다. 가끔 보상과 칭찬 등 외적 동기를 활용해도 좋다. 큰 그림을 생각하고, 휴식을 취할 순간과 도움을 청할 순간을 아는 것은 가족의 가치와 우선순위에 맞는 계획을 세우는 필수적인 기술이다.

전체적인 상황을 생각하며 다음 질문을 생각해보자.

- 과거에 가족에게 가장 효과적으로 동기를 부여한 방법은 무엇인가?

- 과소평가했던 내적 동기가 있는가?

- 보상, 칭찬, 기타 외적 동기부여를 시도해보았는가? 효과가 있었던 방법과 없었던 방법은 무엇인가?

- 상황이 벅찰 때 휴식을 취할 수 있는가? 큰 목표를 더 작고 감당할 수 있는 목표로 쪼갤 수 있는가?

- 아이의 돌봄에 참여하는 사람 중 도와줄 사람이 있을까?

글을 마치며

도전을 향한 목소리들이 모여

수련의 시절, 브라이언이라는 여덟 살 남자아이를 만났다. 몇 년 만에 자다가 오줌을 쌌다고 했다. 부모는 처음에 행동 문제라고 생각했지만, 며칠 후 아이가 엄청난 양의 물을 마시는 것을 인식했다. 물을 적당히 마시라고 해봤지만 아이는 지속적으로 목마름을 호소했다. 그러다 얼굴이 창백해지고 아플 때처럼 피곤해했으며 토하기 시작했다. 아이가 복통을 호소했을 때 부모는 맹장염을 의심하며 응급실을 찾았다.

브라이언은 즉시 중증 1형 당뇨 진단을 받았다. 전해액과 혈당을 안정시키기 위해 며칠간 입원한 채 정맥주사와 인슐린을 맞았다. 정신없는 50시간 동안 아이와 부모는 집에서 어떻게 당뇨를 관리할지 집중 교육을 받았다. 브라이언의 퇴원 계획 검토는 내가 담당했다. 나는 이후 진료 예약과 투약 계획을 확인했다. 세 시간마다 혈당을 확인하라고 당부했고, 혈당이 낮아서 위험할 때의 증상을 알려줬다. 필요하면 전화로 도움을 요청하라고도 말했다. "질문 있으세요?" 아빠가 퀭한 눈으로 손을 떨며 물었다. "하나 있어요. 우리가 다시 잠들 수 있을까요?" 퇴원은 기뻤지만, 병원을 떠나는 즉시 엄청난 책임을 새로 짊어지게 될 것이었다.

이 가족을 포함해서 많은 가족이 딜레마를 겪는다. 한쪽에는 의료와 교육 계획이, 반대쪽에는 가족의 삶이 있다. 이 책의 목표는 간호하는 부모가 그 간극을 줄일 수 있도록 돕는 것이다. 여기서 제공된 정보를 로드맵 삼아 자신감 있게 도전을 헤쳐 나아가며 필요한 해결책과 지원을 찾길 바란다.

책에서는 가장 먼저 어떤 마음과 방향성을 가지고 도전에 임해야 할지 이야기했다. 강점, 우선순위, 의료와 교육 시스템의 세부 사항을 다뤘다. 아이의 질병이나 장애에 관해 효과적으로 조사하는 방법, 간호에 도움이 되는 새로운 기술을 배우는 법, 다른 가족 구성원의 힘을 파악하는 법에 대해서도 논의했다. 도전을 마주했을 때 부모가 겪는 어려운 감정들, 아이와 상호작용하는 방법, 아이의 삶의 질을 개선하는 방법도 다뤘다. 좋은 계획을 세울 때 가장 간과하기 쉬운 부분과 의욕을 유지하는 방법을 검토하며 책을 마무리했다.

지금 상황이 벅차고 앞으로 다가올 일이 두렵다면, 한 번에 모든 것을 알아내거나 문제를 없애려 할 필요가 없다는 사실을 기억하자. 도전을 맞은 아이를 도울 때 혼란스러운 것 중 하나는 모든 가족과 모든 아이가 다르다는 점이다. 최선의 길은 하나로 정해져 있지 않으며 우리 가족에게 최선인 길을 찾아야 한다. 오늘은 그다지 중요하지 않거나 이해되지 않는 부분이 6개월 후, 1년 후에는 적절할 수도 있을 것이다.

이 책을 읽는 데 시간과 에너지를 쓸 만큼 사려 깊은 부모라면 이미 아이에 대해서는 전문가일 것이다. 또한 의료 시스템을 이용하는 고객이기도 하다. 물론 의사나 다른 전문가들에겐 나에게 효과 없는 지식과 경험, 자원이 있지만 부모가 기여하는 바 역시 매우 크다. 부모는 전문가와 동등하다고 여기고 시스템의 장벽과 편견에도 불구하고 요구를 명확히 표현하기를 바란다. 자부심을 갖고 동등하게 목소리를 내는 법을 연습하면 아이에게 엄청난 이득으로 돌아간다.

이것은 사회운동으로 볼 수 있다. 그런 시간도, 에너지도, 여유도 없다고 느낄 수 있다. "내 아이를 도우려는 것뿐이야"라고 생각할 수 있다. 그러나 나와 내 아이와 가정을 위한 노력이 모범 사례로 남든 변화를 초래하든 다른 사람을 돕는 상황이 자연스럽게 생길 것이다.

환자의 부모 중에서 집에 휠체어 리프트 설치 지원을 받겠다는 목표로 몇 주를 들여 지역 법률과 메디케이드 정책을 연구한 적이 있다. 부모는 다른 아이들을 생각한 것은 아니고 당시 절실한 문제를 해결하려 했을 뿐이다. 그러나 의사와 사회복지사들은 이 부모가 자랑스럽게 보여준 리프트 사진을 기억하고 있었다. 이 사례를 통해 알려진 사실은 다른 가족에게 공유됐고, 그다음 해에만 최소 수십 가구가 필요한 장비를 갖출 수 있었다. 도전을 경험하는 아이의 부모는 사회운동을 하려는 의도가 없더라도 이미 사회운동가일 수 있다.

한편, 나는 어려움 속에서도 아이를 지원하는 부모를 칭찬하는 것이 불편한 상황을 가져올 수 있는 것을 경험하곤 한다. 지칠 줄 모르고 아이에게 헌신하는 모습을 보고 매우 감명을 받아 칭찬했을 때 이것을 받아들이지 못하는 부모가 많다. 부모는 이렇게 말하곤 한다. "어떤 부모라도 이렇게 할 거예요."

질병이나 장애가 있는 아이의 부모에게 다른 부모와 다르다는 의미를 가진 말을 하는 것은 좋지 않다는 것을 경험을 통해 알았다. 모든 부모는 아이를 위해 최선을 다한다. 가끔은 한 차원 높은 심층 육아 기술이 필요하지만, 결국은 모두 같은 경험을 하고 있는 것이다.

부모는 아이에 대한 사랑과 헌신에 있어서 모두 같다. 일반적인 문제가 있는 아이를 키우든 복합적인 희소병 진단을 받은 아이를 키우든 사용하는 기술도 같다. 가족을 위한 정보 조사, 의사소통, 감정 처리, 사회운동 과정은 같은 노력, 같은 기술, 같은 인내를 요구한다. 우리는 모두 사랑하는 사람을 지지하기 위해 최선을 다하고 있다.

도전은 우리의 근본적인 정체성을 형성하지만, 그 도전 자체가 당연하고 피할 수 없는 삶의 일부라고 다시 생각하면 누구나 같은 길을 걷는다고 생각할 수 있을 것이다. 이러한 공감을 바탕으로 함께 노력하면 우리 공동체를 더 따뜻하고 활동하기 쉽고 '평범'의 좁은 정의에 딱 들어맞지 않은 사람에게도 포용적인 곳으로 조금씩 바꿔갈 수 있다. 어쩌면 공감은 무엇보다도 가장 중요하고 효과적인 심층 육아 기술일 것이다.

참고 문헌

1장

1. Lynch-Jordan, A. M. et al. 2013. "The interplay of parent and adolescent catastrophizing and its impact on adolescent pain, functioning, and pain behavior." Clinical Journal of Pain 29(8): 681–688.
2. 의료계에서는 만성 통증 환자를 소외시켜온 역사가 있으므로, 이것이 부모가 아이의 통증을 유발한다거나 통증이 진짜가 아니라는 뜻이 아님을 확실히 해두고 싶다. 만성 통증은 실재하며 진통제와 침술 등 대체의학, 행동 건강 개입 등을 포함하여 도움이 될 만한 종합 치료 계획을 세워 불안과 우울을 치료하고 파국화 경향을 줄이는 것이 중요하다. 비영리 조직인 고통받는 아이들을 위한 창의적 치유Creative Healing for Youth in Pain(mychyp.org) 웹사이트에서 유용한 정보를 얻을 수 있다.
3. Pinquart, M. 2018. "Parenting stress in caregivers of children with chronic physical condition—a meta-analysis." Stress Health 34(2):197–207.
4. Kim, H. et al. 2021. "Internalizing psychopathology and all-cause mortality: A comparison of transdiagnostic vs. diagnosis-based risk prediction." World Psychiatry 20(2): 276–282.
5. May, R. 1963. "Freedom and responsibility reexamined" in Behavioral Science and Guidance: Proposals and Perspectives, edited by Esther Lloyd-Jones and Esther M. Westervelt, pp. 101–102. New York: Bureau of Publications, Teachers College, Columbia University.

2장

1. 드와이트 아이젠하워 전 대통령이 발명한 행렬이지만 스티븐 코비의 저서 《성공하는 사람들의 7가지 습관The 7 Habits of Highly Effective People》을 통해 유명해졌다.
2. Astill, R. G. et al. 2012. "Sleep, cognition, and behavioral problems in school-age children: A century of research meta-analyzed." Psychological Bulletin 138(6): 1109–1138.
3. Kiris, M. et al. 2010. "Changes in serum IGF-1 and IGFBP-3 levels and growth in children following adenoidectomy, tonsillectomy or adenotonsillectomy." International Journal of Pediatric Otorhinolaryngology 74(5): 528–531.
4. Hartley, J. et al. 2021. "The physical health of caregivers of children with life-limiting conditions: A systematic review." Pediatrics 148(2): 1.
5. Li, L. et al. 2016. "Insomnia and the risk of depression: A meta-analysis of prospective cohort studies."

BMC Psychiatry 16(1): 375.

6. Grandner, M.A. et al. 2016. "Sleep: Important considerations for the prevention of cardiovascular disease." Current Opinion in Cardiology 31(5): 551–565.

7. Grandner, M. A. et al. 2016. "Sleep duration and diabetes risk: Population trends and potential mechanisms." Current Diabetes Reports 16(11): 106.

8. Colten, H. R. & Altevogt, B. M., eds. 2006. Sleep Disorders and Sleep Deprivation: An Unmet Public Health Problem. Board on Health Sciences Policy; National Academies Press.

9. Cohen, S. et al. 2009. "Sleep habits and susceptibility to the common cold." Archives of Internal Medicine 169(1): 62–67.

10. Hudson, A. N., Van Dongen, H. P. A., & Honn, K. A. 2020. "Sleep deprivation, vigilant attention, and brain function: A review." Neuropsychopharmacology 45(1): 21–30.

11. McEwen, B. S. & Karatsoreos, I. N. 2015. "Sleep deprivation and circadian disruption: Stress, allostasis, and allostatic load." Sleep Medicine Clinics 10(1): 1–10.

12. 2012년, 랜셋Lancet은 국제 실무단을 결성하여 건강과 삶의 질에 신체활동이 미치는 영향을 한 회 전체에 걸쳐 다뤘다. 모든 내용이 적절하지만, 특히 다음을 참고하자: Kohl, H. W. III et al. 2012. "The pandemic of physical inactivity: Global action for public health." Lancet, Physical Activity Series Working Group 380(9838): 294–305.

13. Ho, C. L., Wu, W. F., & Liou, Y. M. 2019. "Dose-response relationship of outdoor exposure and myopia indicators: A systematic review and meta-analysis of various research methods." International Journal of Environmental Research and Public Health 16(14): 2595.

14. Fyfe-Johnson, A. L. et al. 2021. "Nature and children's health: A systematic review." Pediatrics 148 (4): 1.

15. Murphy, J. M. et al. 1998. "The relationship of school breakfast to psychosocial and academic functioning: Cross-sectional and longitudinal observations in an inner-city school sample." Archives of Pediatrics and Adolescent Medicine 152(9): 899–907.

16. Greening, L. et al. 2007. "Child routines and youth adherence to treatment for type 1 diabetes." Journal of Pediatric Psychology 32(4): 437–447.

17. Grossoehme, D. H., Filigno, S. S., & Bishop, M. 2014. "Parent routines for managing cystic fibrosis in children." Journal of Clinical Psychology in Medical Settings 21(2): 125–135.

18. Bates, C. R. et al. 2021. "Family rules, routines, and caregiver distress during the first year of pediatric cancer treatment." Psychooncology 30(9): 1590–1599.

19. Bethell, C. et al. 2019. "Positive childhood experiences and adult mental and relational health in a statewide sample: Associations across adverse childhood experiences levels." JAMA Pediatrics 173(11): e193007.

20. Garwick, A. W. et al. 1998. "Family recommendations for improving services for children with chronic conditions." Archives of Pediatrics and Adolescent Medicine 152(5): 440–448.

3. Pinquart, M. 2018. "Parenting stress in caregivers of children with chronic physical condition—a meta-analysis." Stress Health 34(2):197–207.

3장

1. 미국 질병통제예방센터의 훌륭한 웹사이트는 사회적 결정 요인이 건강에 미치는 영향을 요약한다. 이는 공공보건 문제와 관련된 선결 과제이기 때문이다. 2022년 3월 발표된 다음 보고서에는 기본적인 내용이 잘 다뤄져 있다: "Health Equity and Health Disparities Environmental Scan." 2022. Rockville, MD: US Department of Health and Human Services, Office of the Assistant Secretary for Health, Office of Disease Prevention and Health Promotion.

2. Osterberg, L. & Blaschke, T. 2005. "Adherence to medication." New England Journal of Medicine 353(5): 487–497.

3. 복약지도 미준수로 인해 매년 막을 수 있었던 사망이 12만 5,000건, 의료 비용이 1,000억 달러 발생한다. Kleinsinger, F. 2018. "The unmet challenge of medication nonadherence." Permanente Journal 22:18–33.

4. Whitney, D. G. & Peterson, M. D. 2019. "US national and state-level prevalence of mental health disorders and disparities of mental health care use in children." JAMA Pediatrics 173(4): 389–391.

5. Howard, K. I. et al. 1986. "The dose–effect relationship in psychotherapy." American Psychologist 41(2): 159–164.

6. Brooks, S. J. & Stein, D. J. 2015. "A systematic review of the neural bases of psychotherapy for anxiety and related disorders." Dialogues in Clinical Neuroscience 17(3): 261–279.

4장

1. 이 문제로 힘들다면 엘리 르보비츠Eli Lebowitz의 훌륭한 저서 《Breaking Free of Child Anxiety and OCD》를 강력하게 추천한다.

2. 돌봄 지도 작성에 대해 더 알고 싶다면 보스턴 어린이병원과 위스콘신 어린이병원의 자료를 조사해볼 것을 추천한다. 학계 논문을 선호한다면 다음을 참고하자: Adams, S. et al. 2017. "Care maps for children with medical complexity." Developmental Medicine and Child Neurology 59(12): 1299–1306

5장

1. 갓트랜지션Got Transition은 이러한 건강관리 전환을 개선하기 위해 연방정부가 지원하는 국가정보센터다.

2. Kessels, R. P. 2003. "Patients' memory for medical information." Journal of the Royal Society of Medicine 96(5): 219–222.

3. 가족의 소통 계획과 회의에 대해 더 알아보려면 브루스 파일러Bruce Feiler의 《The Secrets of Happy Families》를 추천한다.

4. 아델 파버Adele Faber와 일레인 매즐리시Elaine Mazlish의 《How to Talk So Kids Will Listen & Listen So Kids Will Talk》에는 아이와의 소통을 개선할 수 있는 좋은 아이디어가 많다.

6장

1. 온라인 건강 정보 평가에 대해 자세히 알고 싶다면, 미국국립의학도서관이 개발한 다음의 튜토리얼을 참고하자: https://medlineplus.gov/webeval/EvaluatingInternetHealthInformationTutorial.pdf.

7장

1. 클레어 케인 밀러Claire Cain Miller의 최근 뉴욕타임스 기사 "How same-sex couples divide chores, and what it reveals about modern parenting"은 이 부분을 자세히 설명한다.

2. Daminger, A. 2019. "The cognitive dimension of household labor." American Sociological Review 84(4): 609–633.

3. 이 연구는 상대적으로 규모가 작고 2007년 자료지만, 놀랍게도 누가 아이를 진료에 데려가는지에 대한 최근 전국 연구를 찾기는 어려웠다. Cox, E. D. et al. 2007. "Effect of gender and visit length on participation in pediatric visits." Patient Education and Counseling 65(3): 320–328.

4. Urkin, J. et al. 2008. "Who accompanies a child to the office of the physician?" International Journal of Adolescent Medicine and Health 20(4): 513–518.

5. Daly, M. & Groes, F. 2017. "Who takes the child to the doctor? Mom, pretty much all of the time." Applied Economics Letters 24: 1267–1276.

6. 남성산후우울증 관련 연구의 필요성에 대해 알고 싶다면 다음 기사를 참고하자: Walsh, T. B., Davis, R. N., & Garfield, C. 2020. "A call to action: Screening fathers for perinatal depression." Pediatrics 145(1): e20191193.

7. Yogman, M. et al. 2016. "Fathers' roles in the care and development of their children: The role of pediatricians." Pediatrics 138 (1): e20161128.

8. 가족 내에서 변화를 일으킬 첫걸음을 떼고 싶다면, 이브 로드스키Eve Rodsky의 《Fair Play book》을 읽고 배우자와 대화를 시도해보자. 직장과 가정의 정의를 위한 큰 그림을 이해하려면 유급 출산 휴가, 육아 정책 개선, 가족 내 평등을 지지하는 직장 변화 지지 운동에 대한 팟캐스트와 뉴스레터를 만드는 브리짓 슐트Brigid Schulte의 베터 라이프 랩Better Life Lab을 참고하자.

9. 목표 설정과 업무 동기에 깔린 사회과학에 대해 더 알고 싶다면 다음 기사를 강력히 추천한다: Locke, E. A. & Latham, G. P. 2002. "Building a practically useful theory of goal setting and task motivation. A 35-year odyssey." American Psychologist 57(9): 705–717.

10. 열성경련은 6개월~5세 아동에게 나타나는 고열을 동반한 짧고 일반적이며 스스로 해결되는 발작이다. 매우 무서운 경험이지만 간질 등 질병의 증상이거나 건강에 장기적 위협이 되는 경우는 거의 없다.

11. 약을 폐기할 때는 가장 안전한 방법을 고려하고 약사에게 물어보자. 어떤 지역에서는 약국에 다시 가져가도록 하고 있다.

8장

1.Sharpe, D. & Rossiter, L. 2002. "Siblings of children with a chronic illness: A metaanalysis." Journal of Pediatric Psychology 27(8): 699–710.

9장

1. 이 에세이는 아이의 도전과 관련된 양가감정의 경험을 일반적인 것으로 묘사함으로써 많은 부모에게 도움이 되었다. 그러나 특별한 도움이 필요한 아이의 부모만 이런 경험을 하는 것이 아니라는 사실을 알아두자. 아이가 폭력적 행동을 보이거나 고통스럽고 삶을 제약하는 증상이 있다면 기쁨을 찾기 어렵다. 아이의 도전이 특수한 만큼, 부모 역시 아이의 질병이나 장애를 나름의 방식으로 경험할 자격이 있다.

2. Coller, R. J. et al. 2016. "Medical complexity among children with special health care needs: A two-dimensional view." Health Services Research 51(4): 1644–1669.

3. Guidi, J. et al. 2021. "Allostatic load and its impact on health: A systematic review." Psychotherapy and Psychosomatics 90(1): 11–27.

4. Zimmer, B. 2017. "The Chinese origins of 'paper tiger.' " Retrieved from: https://www.wsj.com/articles/the-chinese-origins-of-paper-tiger-1487873046.

5. Wang, H., Cui, H., Wang, M., & Yang, C. 2021. "What you believe can affect how you feel: Anger among caregivers of elderly people with dementia." Frontiers of Psychiatry 12: 633730.

6. Sullivan, P. M. & Knutson, J. F. 2000. "Maltreatment and disabilities: a population based epidemiological study." Child Abuse and Neglect 24(10): 1257–1273.

7. Hassmén, P., Koivula, N., & Uutela, A. 2000. "Physical exercise and psychological well-being: a population study in Finland." Preventative Medicine 30(1): 17–25.

8. Kammerer, A. 2019. "Scientific underpinnings and impacts of shame." Scientific American.

9. Lindström, C., Aman, J., & Norberg, A. L. 2010. "Increased prevalence of burnout symptoms in parents of chronically ill children." Acta Paediatrica 99(3): 427–432.

10. 여성건강연구Women's Health Initiative는 9만 7,253명의 여성을 추적하여 냉소주의가 사망 위험을 높인다는 사실을 밝혔다.

11. "How society has turned its back on mothers"라는 제목으로 라크시민Lakshmin 박사가 쓴 뉴욕타임스 기사는 여기서 볼 수 있다. https://www.nytimes.com/2021/02/04/parenting/working-mom-burnout-coronavirus.html. 공정을 기하자면, 엄마들이 통계적으로 더 많은 돌봄과 육아 노동을 하는 한편 아빠들 역시 이 노동의 스트레스 수준에 배신감을 느낀다.

12. David, D., Cristea, I., & Hofmann, S. G. 2018. "Why cognitive behavioral therapy is the current gold standard of psychotherapy." Front Psychiatry 9: 4.

13. Eccleston, C. et al. 2015. "Psychological interventions for parents of children and adolescents with chronic illness." Cochrane Database of Systematic Reviews 4(4): CD009660. Update in: Cochrane Database of Systematic Reviews 2019, 2021(6): CD009660.

14. Cousineau, T. M., Hobbs, L. M., & Arthur, K. C. 2019. "The role of compassion and mindfulness in building parental resilience when caring for children with chronic conditions: A conceptual model." Frontiers in Psychology 10: 1602.

15. Nguyen, J. & Brymer, E. 2018. "Nature-based guided imagery as an intervention for state anxiety." Frontiers in Psychology 9: 1858.

16. Slimani, M. et al. 2016. "Effects of mental imagery on muscular strength in healthy and patient participants: A systematic review." Journal of Sports Science & Medicine 15(3): 434–450.

17. Zaccaro, A. et al. 2018. "How breath-control can change your life: A systematic review on psycho-physiological correlates of slow breathing." Frontiers in Human Neuroscience 12: 353.

10장

1. American Psychiatric Association, Diagnostic and Statistical Manual of Mental Disorders, Fifth Edition (DSM-5), American Psychiatric Association, Arlington, VA 2013에 명시된 범불안장애 진단기준에 근거한다.

2. Bennett, S. et al. 2015. "Psychological interventions for mental health disorders in children with chronic physical illness: a systematic review." Archives of Disease in Childhood 100(4): 308–316.

3. American Psychiatric Association, Diagnostic and Statistical Manual of Mental Disorders, Fifth Edition (DSM-5), American Psychiatric Association, Arlington, VA 2013에 명시된 우울증 진단기준에 근거하여 추정했다.

11장

1. 트라우마를 치료하는 근거 기반 접근법에 대해 더 알고 싶다면, 전국 아동 외상성 스트레스 네트워크National Child Traumatic Stress Network에서 제공하는 정보를 검토하자. 웹사이트에 더 다양한 치료법이 자세히 요약되어 있다.

2. Louie, D., Brook, K., & Frates, E. 2016. "The laughter prescription: A tool for lifestyle medicine." American Journal of Lifestyle Medicine 10(4): 262–267.

3. Brown, B. 2013, updated 2017. "The fast track to genuine joy." HuffPost. Retrieved from https://www.huffpost.com/entry/finding-happiness-brene-brown_n _4312653.

12장

1. 미국소아과학회는 식품 알레르기를 포함하여 다양한 질병과 상황을 검토하는 학교 안전에 대한 종합적인 결정문을 다음과 같이 발표했다: Gereige, R. S., Gross, T., & Jastaniah, E. 2022. "Individual medical emergencies occurring at school." Pediatrics 150(1): 1.

2. 응급정보서식Emergency Information Form에 대한 추가 정보를 위해서는 다음 웹사이트를 참고하자: https://www.acep.org/by-medical-focus/pediatrics/medical-forms/emergency-information-form-for-

children-with-special-health-care-needs/.

13장

1. 동기부여에 대해 깊이 있게 알고 싶다면 윌리엄 스틱스러드William Stixrud와 네드 존슨Ned Johnson의 《놓아주는 엄마 주도하는 아이The Self-Driven Child》를 읽어볼 것을 추천한다.

<u>옮긴이</u> 석혜미

연세대학교에서 영어영문학을 전공했고, 한국문학번역원에서 영어권 정규과정
을 수료했다. 글밥아카데미를 수료하고 바른번역 소속 전문 번역가로 활동하고
있다. 옮긴 책으로는 《액트 빅, 씽크 스몰》《암세포 저격수 비타민 B17》《슈퍼 파
워 암기법》《지속 가능한 교육을 꿈꾸다》(공역)《죽음의 역사》《실리콘밸리의 MZ
들》《랜선 사회》 등이 있다.

ADVANCED PARENTING

마인드 육아의 힘

ⓒ 켈리 프레이딘, 2023

초판 1쇄 펴낸날 2023년 8월 7일

지은이 켈리 프레이딘
옮긴이 석혜미
펴낸이 배경란 오세은
펴낸곳 라이프앤페이지
주 소 서울시 종로구 새문안로3길 36, 1004호
전 화 02-303-2097 **팩 스** 02-303-2098
이메일 sun@lifenpage.com
인스타그램 @lifenpage
홈페이지 www.lifenpage.com
출판등록 제2019−000322호(2019년 12월 11일)
디자인 room 501

ISBN 979-11-91462-23-4 (13590)